从零开始学技能丛书

从零开始学电工

快速入门

韩雪涛 主 编
吴 瑛 韩广兴 副主编

本书是一本从零基础开始、系统全面地讲解电工专业基础知识和实用技能的图书。本书以国家相关职业资格标准为指导，从初学者的实际岗位需求出发，根据电工行业的岗位特点，将电工岗位相关的基础知识和实用技能提炼划分成不同模块。在具体内容安排上，本书首先讲解电的基础知识与电气急救灭火的常识；然后是掌握验电器、万用表、兆欧表、钳形表的使用与操作，以及电工计算等技能；在此基础上再进行电子元器件与电气零部件的检测，电气线缆的加工、连接与布线，电气设备的安装等一系列专业操作技能的学习；最后通过大量的岗位实际案例讲解，让读者能够掌握电工线路和PLC与变频技术的应用等专业技能。书中每个模块的知识和技能都严格遵循国家职业资格标准和相关行业规范，大量的实用案例配合多媒体图解演示，让即使是零基础的电工初学者也能非常轻松并快速入门，也为今后的实际工作积累经验，以利于实现从零基础起步快速入门到全面精通的技能飞跃。

本书适合从事和希望从事电工电子领域相关工作的专业技术人员以及业余爱好者阅读，既可作为专业技能认证的培训教材，也可作为各职业技术院校相关专业的实习实训教材来使用。

图书在版编目（CIP）数据

从零开始学电工快速入门 / 韩雪涛主编 . —北京：中央民族大学出版社，2022.9

（从零开始学技能丛书）

ISBN 978-7-5660-2103-8

Ⅰ . ①从…　Ⅱ . ①韩…　Ⅲ . ①电工技术　Ⅳ . ① TM

中国版本图书馆 CIP 数据核字（2022）第 125994 号

从零开始学电工快速入门

主　　编　韩雪涛　　　策　　划　技高学堂

责任编辑　杜星宇　　　责任校对　何晓雨

出版发行　中央民族大学出版社

北京市海淀区中关村南大街27号　　邮编：100081

电话：（010）68472815（发行部）　传真：（010）68932751（发行部）

（010）68932218（总编室）　　（010）68932447（办公室）

经 销 者　全国各地新华书店

印 刷 厂　北京时尚印佳彩色印刷有限公司

开　　本　145mm ×210mm　　1/32　　印　　张　9

字　　数　285千字

版　　次　2022年9月第1版　　印　　次　2022年9月第1次印刷

书　　号　ISBN 978-7-5660-2103-8

定　　价　49.90元

前 言

电工相关的基础知识和岗位技能，对电工电子领域的几乎所有工作岗位来说，都是非常基础也非常重要的。随着国民经济的发展和科学技术的进步，特别是随着城乡建设步伐的加快和人们生活水平的提高，社会上每年都会涌现大量的电工电子领域的就业岗位。而无论是电子产品的生产、销售、运维，还是电工加工、安装、规划、检修，以及各种家用电器和工矿企业用电设备的维修养护，绝大部分的电工电子领域的工作岗位，都要求必须具备电工相关的基础知识和岗位技能。由此可见，**掌握电工相关的基础知识和岗位技能，是极其重要的！**

针对强劲的市场需求，根据工作岗位对电工相关知识和技能的需要，结合初学者的学习特点，我们组织众多的具有丰富的教学经验和岗位实操经验的专家作者，专门编写了这本《从零开始学电工快速入门》，以满足读者**轻松学习、快速入门**的需要，并为读者今后的实际工作积累经验，以利于实现从零基础起步快速入门到全面精通的技能飞跃。

本书定位于电工电子领域的初级和中级读者，是一本从零基础起步专门讲授电工相关基础知识和岗位技能的、多媒体形式的、实用型自学和培训读物。以**“知识够用、技能实用”**为编写理念，本书具有“内容精炼”“易学易用”“视频讲解”“快速入门”的鲜明特点。

内容精练就是本着实用够用的原则，将真正重要的基础知识和基本技能包含其中，按照读者的学习规律和习惯，系统全面地搭建电工学习的体系架构，让读者通过学习能够最大限度掌握必备的基础知识和基本技能。

易学易用就是摒弃大段烦琐的文字叙述，而尽量采用精美的图表，让读者更容易学习和掌握知识的重点与学习的关键点，更容易学以致用。技能通过实战案例来检验，学后就能上手解决实际工作中的问题。做到书本学习与岗位实战的无缝对接，真正能够指导就业和实际工作。

视频讲解则是充分考虑了目前读者的学习方式和学习习惯，将新媒体的学习模式与传统纸质图书相结合，对于知识重点、关键点和拓展内容，都会放置相应的二维码。读者可以通过手机扫描二维码获得最便捷最直观的学习体验，尽可能地缩短学习周期。

快速入门就是通过巧妙编排的内容体系和图表详解再结合二维码的丰富表达，使读者通过以练代学、边学边练的方式，真正做到一看就懂、一学就会，实现知识和技能的快速提升，大大提高学习的效率，达到轻松学习、快速入门的效果。

需要特别说明的是，为了便于读者能够尽快融入行业、融入岗位，所以本书所选用的多为实际工作案例，其中涉及的很多电路图纸都是来自厂家的原厂图纸。为了保证学习效果，便于读者对实物和现场进行比照学习，所以书中部分图形符号和文字符号并未严格按照国家标准进行统一修改，这点请广大读者特别注意。

同时为了便于直接服务广大读者，出版单位专门设立了“技高学堂”微信公众号。读者在学习中遇到相关问题，以及获取本书赠送的相关资料，或加入由知名技术专家及广大同行组成的微信群等，都可以通过微信扫描图中的“技高学堂”微信公众号与我们联系。另外，广大读者还可以通过加入 QQ 群来获取服务和咨询相关问题，群号为 455923666（请根据加群提示进行操作）。

虽然专业的知识和技能我们也一直在学习和探索，但由于水平有限

且编写时间仓促，书中难免会出现一些疏漏，欢迎广大读者指正，同时也期待与您的技术交流。

数码维修工程师鉴定指导中心

网址：http://www.taoo.cn

联系电话：022-83715667/7114807267

E-mail：chinadse@126.com

地址：天津市南开区榕苑路 4 号天发科技园 8-1-401

邮编：300384

编 者

目 录

P029，P032
P033

P065

第7章 /074

电工计算

第8章 /094

练习电子元器件的检测

P107，P108
P109，P111
P114，P116
P121，P126
P129

P130，P132
P140，P150
P156

第12章 /201

练习电气安装

第13章 /228

识读电工电路

P260，P262
P273

第 1 章

了解电的基础知识

1.1 了解电流、电位与电压

1 电流

在导体的两端加上电压，导体内的电子就会在电场力的作用下做定向运动，形成电流。电流的方向规定为电子（负电荷）运动的反方向，即电流的方向与电子运动的方向相反。

图 1-1 为由电池、开关、灯泡组成的电路模型。当开关闭合时，电路形成通路，电池的电动势形成了电压，继而产生了电场力，在电场力的作用下，处于电场内的电子便会定向移动，这就形成了电流。

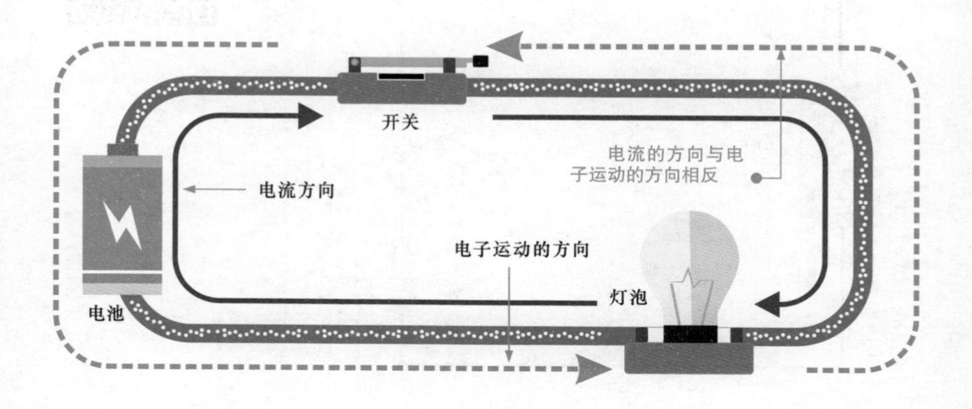

图 1-1　由电池、开关、灯泡组成的电路模型

提示

电流的大小称为电流强度，它是指在单位时间内通过导体横截面的电荷量。电流强度使用字母“I”（或“i”）来表示。

电流强度的单位为安培，简称安，用字母“A”表示。根据不同的需要，还可以用千安（kA）、毫安（mA）和微安（μA）来表示。它们之间的换算关系为：

$$1kA = 1000A \quad 1A = 10^{-3}mA \quad 1A = 10^{-6}\mu A$$

2 电位

某点的电位是指该点与指定的零电位的电压差。电位也称电势，单位是伏特（V），用符号“φ”表示，它的值是相对的，电路中某点电位的大小与参考点的选择有关。

图1-2是由电池、三个阻值相同的电阻和开关构成的电路模型。电路以A点作为参考点，A点的电位为0V（φ_A=0V），则B点的电位为0.5V（φ_B=0.5V），C点的电位为1V（φ_C=1V），D点的电位为1.5V（φ_D=1.5V）。

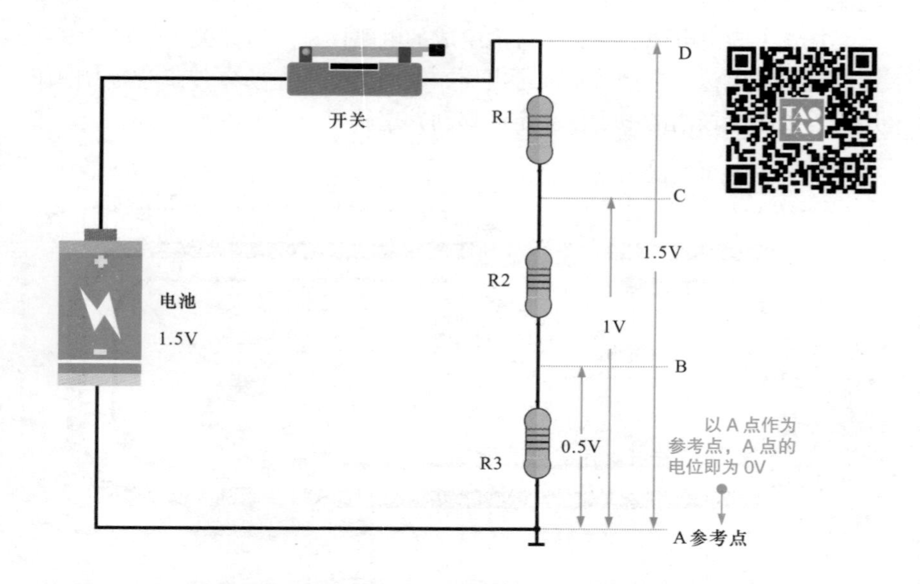

图1-2　由电池、三个阻值相同的电阻和开关构成的电路模型

提示

若以 B 点为参考点，B 点的电位为 0V（φ_B=0V），则 A 点的电位为 −0.5V（φ_A=−0.5V），C 点的电位为 0.5V（φ_C=0.5V），D 点的电位为 1V（φ_D=1V）；

若以 C 点为参考点，C 点的电位即为 0V（φ_C=0V），则 A 点的电位为 −1V（φ_A=−1V），B 点的电位为 −0.5V（φ_B=−0.5V），D 点的电位为 0.5V（φ_D=0.5V）。

若以 D 点为参考点，D 点的电位即为 0V（φ_D=0V），则 A 点的电位即为 −1.5V（φ_A=−1.5V），B 点的电位即为 −1V（φ_B=−1V）；C 点的电位即为 −0.5V（φ_C=−0.5V）。

3 电压

电压也称电位差（或电势差），单位是伏特（V）。电流之所以能够在电路中流动是因为电路中存在电压，即高电位与低电位之间的差值。

图 1-3 为由电池、两个阻值相等的电阻器和开关构成的电路模型。

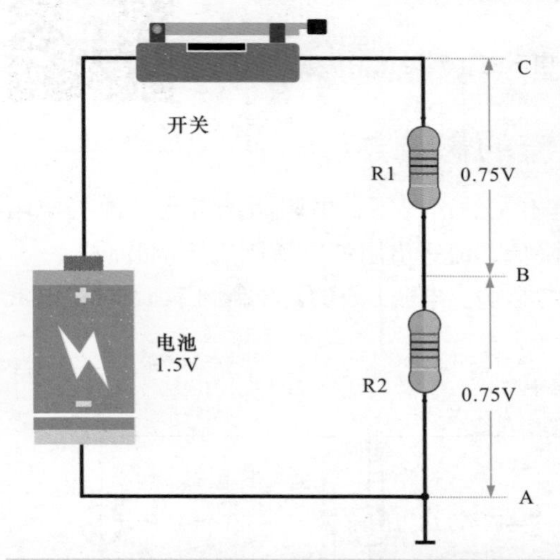

在闭合电路中，任意两点之间的电压就是指这两点之间电位的差值，用公式表示即为 $U_{AB}=\varphi_A-\varphi_B$。以 A 点为参考点（$\varphi_A$=0V），B 点的电位为 0.75V（$\varphi_B$=0.75V），B 点与 A 点之间的 $U_{BA}=\varphi_B-\varphi_A$=0.75V，也就是说加在电阻器 R2 两端的电压为 0.75V；C 点的电位 1.5V（φ_C=1.5V），C 点与 A 点之间的 $U_{CA}=\varphi_C-\varphi_A$=1.5V，也就是说加在电阻器 R1 和 R2 两端的电压为 1.5V

但若单独衡量电阻器 R1 两端的电压（U_{BC}），若以 B 点为参考点（φ_B=0），C 点电位即为 0.75V（φ_C=0.75V），因此加在电阻器 R1 两端的电压仍为 0.75V（U_{CB}=0.75V）

图 1-3　由电池、两个阻值相等的电阻器和开关构成的电路模型

1.2 欧姆定律

欧姆定律规定了电压（U）、电流（I）和电阻（R）之间的关系。在电路中，流过电阻器的电流与电阻器两端的电压成正比，与电阻成反比，

即 $I=U/R$。这就是欧姆定律的基本概念，也是电路中最基本的定律之一。

1.2.1 知晓电压对电流的影响

在电路中电阻阻值不变的情况下，电阻两端的电压升高，流经电阻的电流也成比例增加；电压降低，流经电阻的电流也成比例减小。

图 1-4 为电压变化对电流的影响。电压从 25V 升高到 30V 时，电流值也会从 2.5A 升高到 3A。

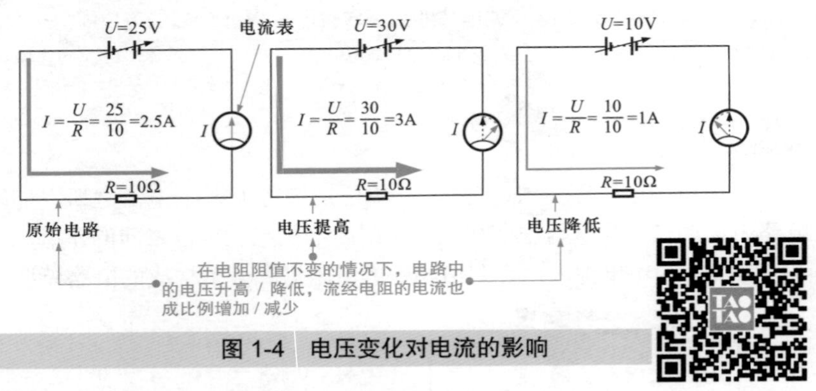

图 1-4 电压变化对电流的影响

1.2.2 知晓电阻对电流的影响

在电路中电阻两端电压值不变的情况下，电阻阻值升高，流经电阻的电流成比例降低；电阻阻值降低，流经电阻的电流则成比例升高。

图 1-5 为电阻变化对电流的影响。电阻从 10Ω 升高到 20Ω 时，电流值会从 2.5A 降低到 1.25A。

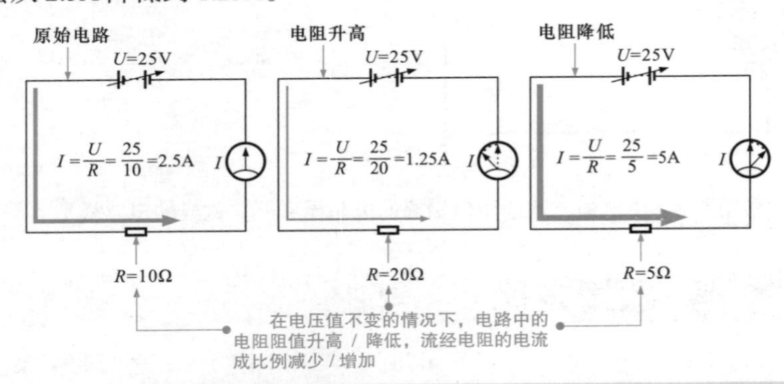

图 1-5 电阻变化对电流的影响

1.3 了解常用的供电方式

1.3.1 直流供电

1 电池（直流）供电

直流电动机驱动电路采用直流电源供电，是典型的直流电路。图 1-6 为电池直流供电电路。

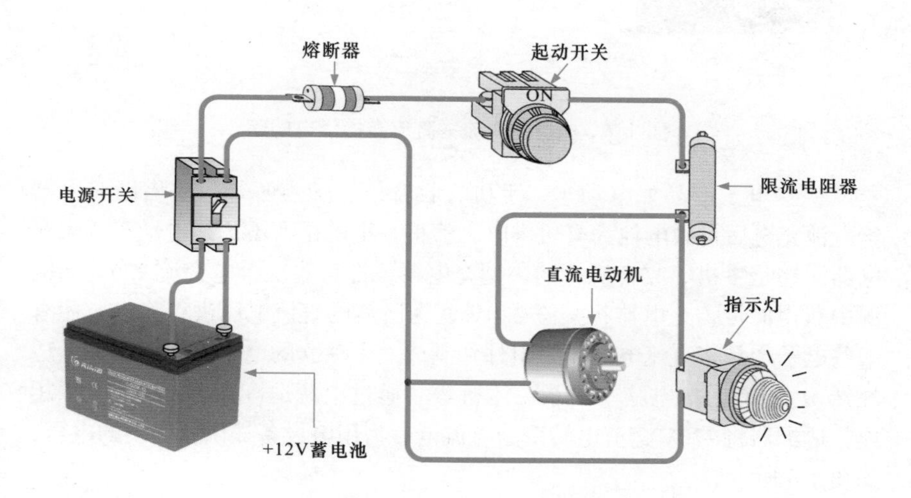

图 1-6 电池直流供电电路

2 交流—直流变换器供电

家庭或企事业单位的供电一般都是采用交流 220V、50Hz 的电源，而在用电设备内部各电路单元及半导体器件则往往需要多种直流电压，因而需要一些电路将交流 220V 电压变为直流电压，再为电路供电。

图 1-7 为典型的交流—直流变换供电电路。由图可知，交流 220V 电压经变压器 T，先变成交流低压（12V）。再经整流二极管 VD 整流后变成脉动直流，脉动直流经 LC 滤波后变成稳定的直流电压。

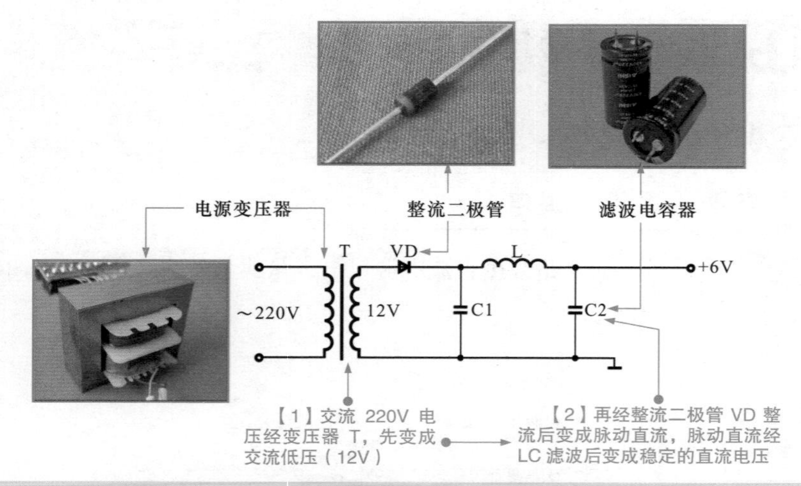

图 1-7 典型的交流—直流变换供电电路

一些电子产品如电动车、手机、收音机、随声听等，是借助充电器给电池充电后再由电池为整机供电。值得一提的是，不论是电动车的大充电器，还是手机、收音机等的小型充电器，都需要从市电交流 220V 的电源中获得能量，充电器将交流 220V 变为所需的直流电压进行充电。还有一些电子产品将直流电源作为附件，制成一个独立的电路单元（又称为适配器），如笔记本电脑、摄录一体机等。通过电源适配器与 220V 电源相连，适配器将 220V 交流电转变为直流电后为用电设备提供所需要的电压，如图 1-8 所示。

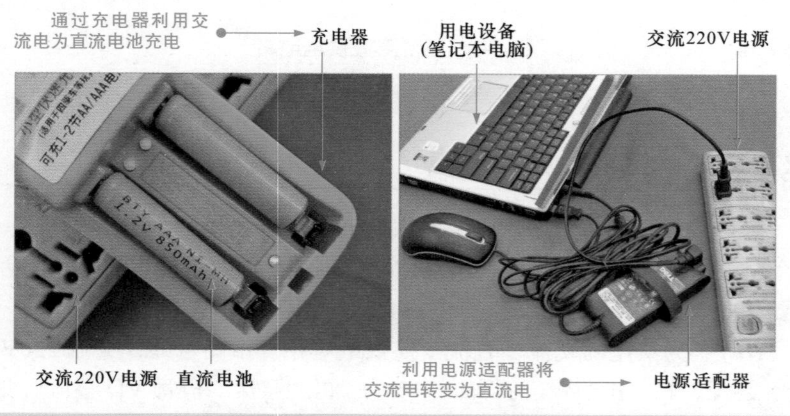

图 1-8 利用 220V 交流市电供电的设备

1.3.2 单相交流供电

单相交流电路的供电方式主要有单相两线制、单相三线制等供电方式，一般的家庭用电都是单相交流电路。

1 单相两线制

从三相三线高压输电线上取其中的两线送入柱上高压变压器输入端，例如高压 6600V 电压经过柱上变压器变压后，其次级向家庭照明线路提供 220V 电压。变压器初级与次级之间隔离，输出端相线（也叫火线）与零线之间的电压为 220V。

图 1-9 为单相两线制的交流供电电路。

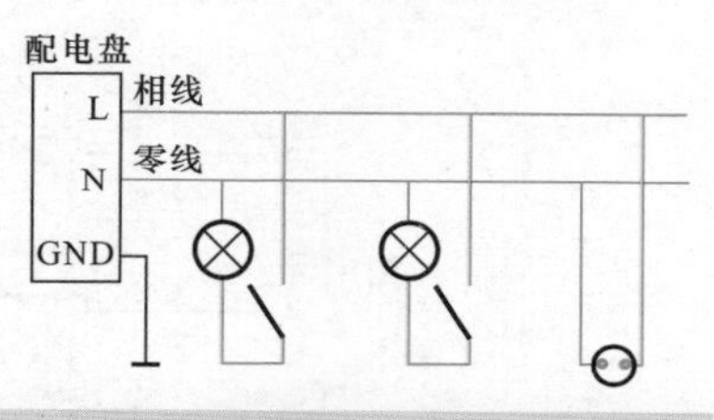

图 1-9 单相两线制的交流供电电路

2 单相三线制

单相三线制供电中的一条线路作为地线与大地相接。此时，地线与相线之间的电压为 220V，零线 N（中性线）与相线（L）之间电压为 220V。由于不同接地点存在一定的电位差，因而零线与地线之间可能有一定的电压。

图 1-10 为单相三线制的交流供电电路。

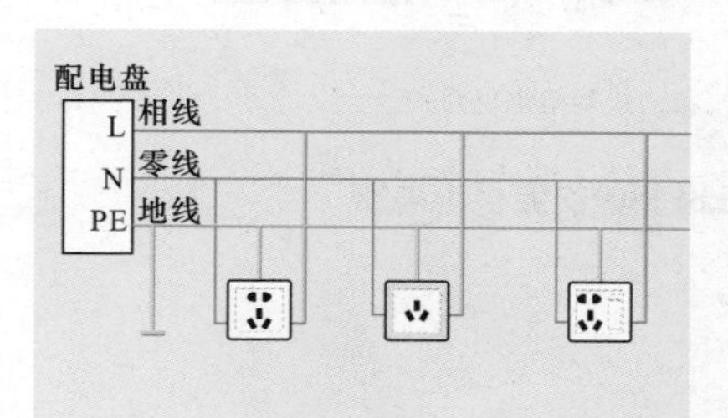

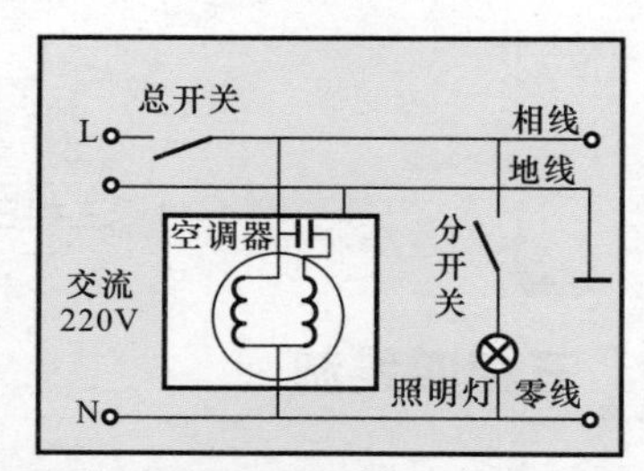

图 1-10 单相三线制的交流供电电路

1.3.3 三相交流供电

三相交流电路的供电方式主要有三相三线制、三相四线制和三相五线制三种供电方法，一般工厂中的电气设备常采用三相交流电路。

1 三相三线制

高压（6600V 或 10000V）经柱上变压器变压后，由变压器引出三根相线送入工厂中，为工厂中的电气设备供电，每根相线之间的电压为 380V，因此工厂中额定电压为 380V 的电气设备可直接接在相线上。

图 1-11 为三相三线制的交流供电电路。

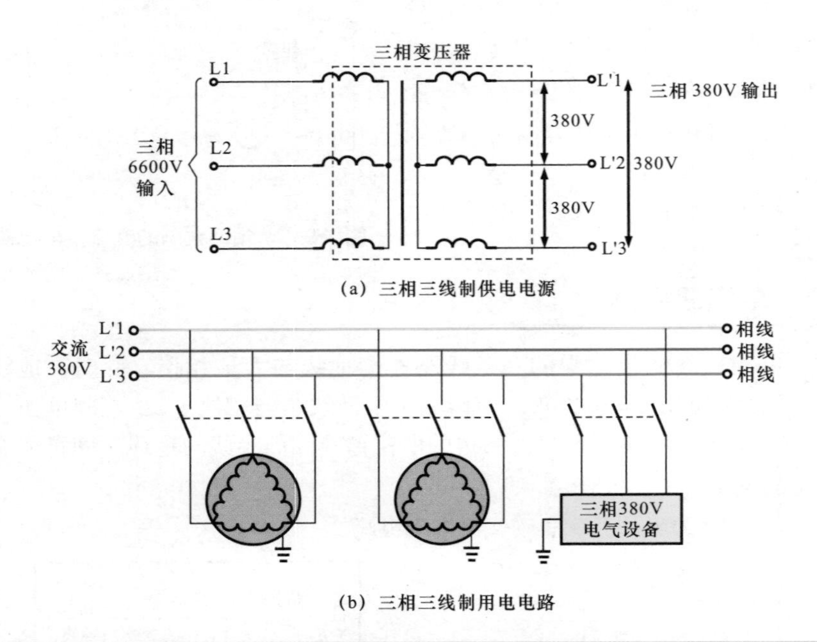

图 1-11 三相三线制的交流供电电路

2 三相四线制

三相四线制供电方式与三相三线制供电方式不同的是，从变压器输出端多引出一条零线。接上零线的电气设备在工作时，电流经过电气设备进行做功，没有做功的电流就可经零线回到电厂，对电气设备起到了保护的作用。与单相四线制供电不同的是，单相四线制供电只取其中的一相加入负载电路，而三相四线制则是将三根相线全部接到用电设备上。

图 1-12 为三相四线制的交流供电电路。

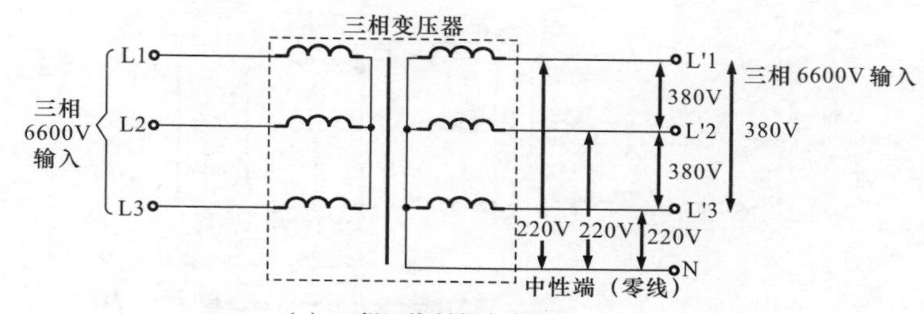

（a）三相四线制供电电源

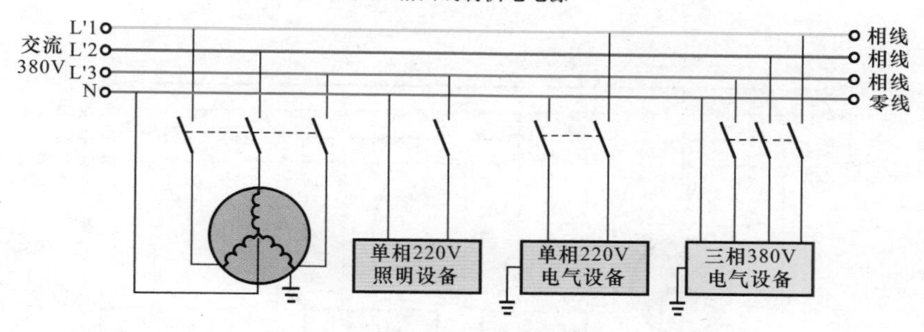

（b）三相四线制用电电路

图 1-12　三相四线制的交流供电电路

提示

在三相四线制供电方式中，三相负载不平衡时或低压电网的零线过长且阻抗过大时，零线将有零序电流通过。过长的低压电网，由于环境恶化、导线老化、受潮等因素，导线的漏电电流通过零线形成闭合回路，致使零线也带一定的电位，这对安全运行十分不利。在零线断路的特殊情况下，断路以后的单相设备和所有保护接零的设备会产生危险的电压，这是不允许的。

3　三相五线制

在前面所述的三相四线制供电系统中，把零线的两个作用分开，即一根线作工作零线（N），另一根线作保护零线（PN），这样的供电接线方式称为三相五线制供电方式。

图 1-13 为三相五线制的交流供电电路。

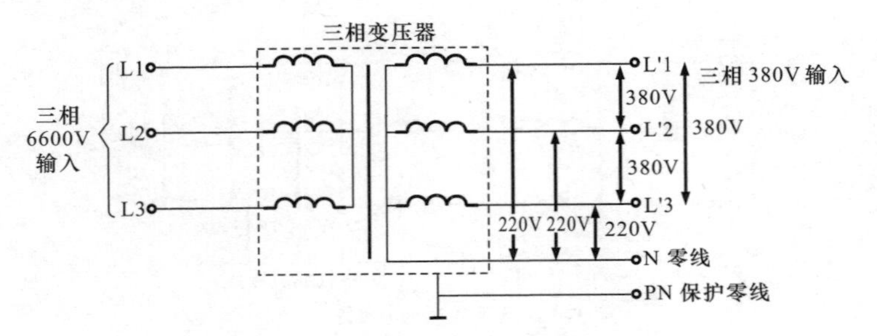

(a) 三相五线制供电电源

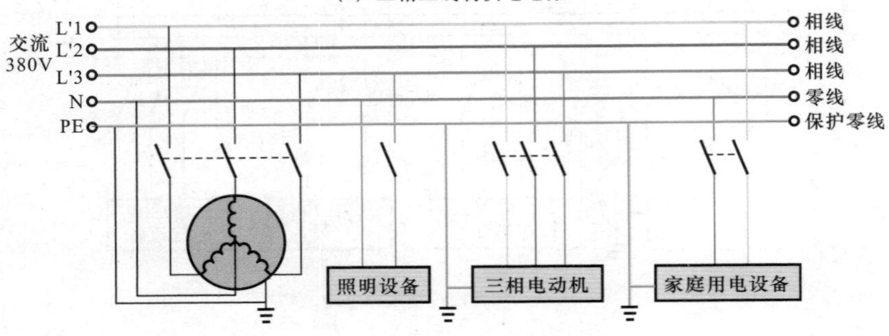

(b) 三相五线制用电电路

图 1-13　三相五线制的交流供电电路

第 2 章

电工急救与电气灭火

2.1 电工急救

2.1.1 知晓触电的危害

触电是电工作业中经常发生的，也是危害最大的一类事故。触电所造成的危害主要体现在当人体接触或接近带电体造成触电事故时，电流流经人体，对接触部位和人体内部器官等造成不同程度的伤害，甚至威胁到生命，造成严重的伤亡事故。

如图 2-1 所示，当人体接触设备的带电部分并形成电流通路的时候，就会有电流流过人体，从而造成触电。

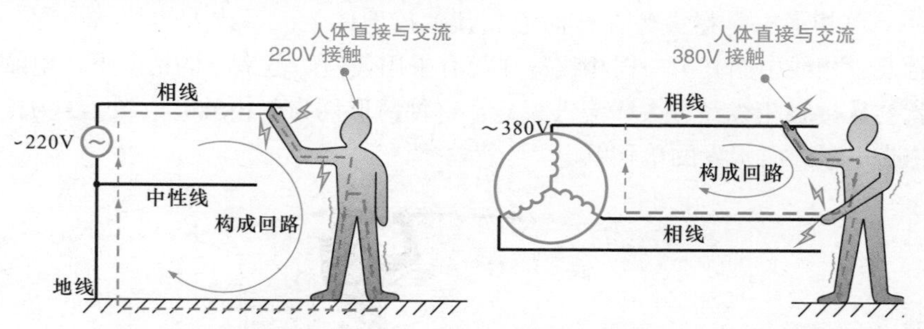

图 2-1　人体触电时形成电流

触电电流是造成人体伤害的主要原因，触电电流是有大小之分的，因此触电引起的伤害也会不同。触电电流按照伤害大小可分为感觉电流、摆脱电流、伤害电流和致死电流。图 2-2 为触电的危害等级。

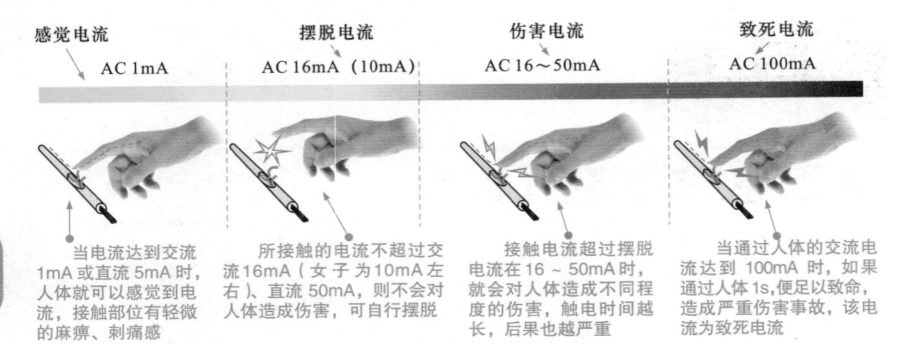

图 2-2　触电的危害等级

根据触电电流危害程度的不同，触电的危害主要表现为“电伤”和“电击”两大类。“电伤”主要是指电流通过人体某一部分或电弧效应而造成的人体表面伤害，主要表现为烧伤或灼伤。一般情况下，虽然“电伤”不会直接造成十分严重伤害，但可能会因电伤造成精神紧张等情况，从而导致摔倒、坠落等二次事故，即间接造成严重危害，需要特别注意防范。

“电击”是指电流通过人体内部而造成内部器官，如心脏、肺部或中枢神经等的损伤。特别是电流通过心脏时，危害性最大。相比较来说，“电击”比“电伤”造成的危害更大。

1　单相触电

单相触电是指人体在地面上或其他接地体上，手或人体的某一部分触及三相线中的其中一根相线，在没有采用任何防范措施的情况下，电流就会从接触相线经过人体流入大地，这种情形称为单相触电。图 2-3 为检修带电断线时引发的单相触电。

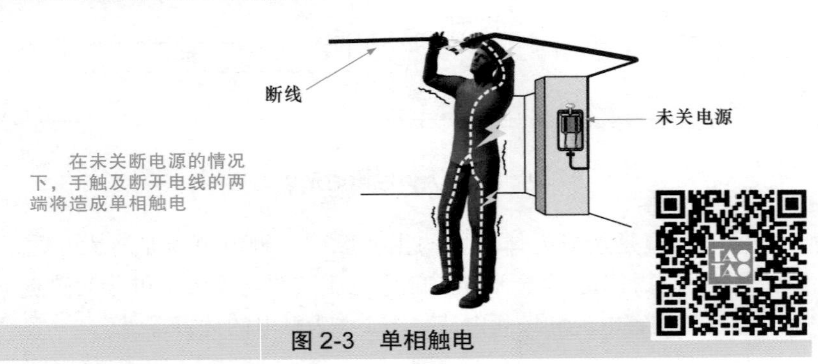

图 2-3　单相触电

2 两相触电

两相触电是指人体两处同时触及两相带电体（三根相线中的两根）所引起的触电事故。这时人体承受的是交流 380V 电压。其危险程度远大于单相触电，轻则导致烧伤或致残，严重的会引起死亡。图 2-4 为两相触电的事故。

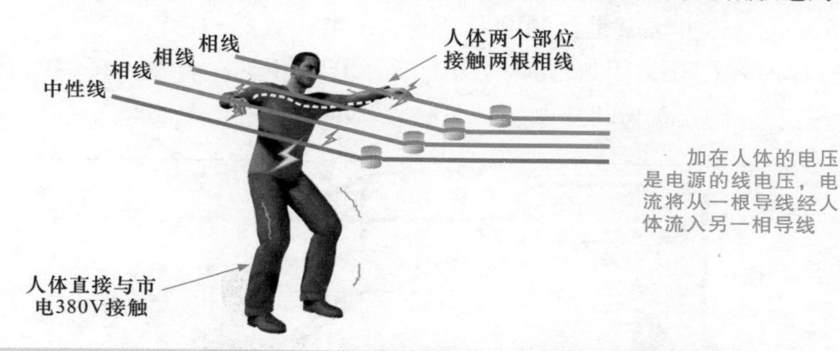

图 2-4　两相触电

3 跨步触电

当架空线路的一根高压相线断落在地上时，电流便会从相线的落地点向大地流散，于是地面上以相线落地点为中心，形成了一个特定的带电区域（半径为 8 ~ 10m），离电线落地点越远，地面电位也越低。人进入带电区域后，当跨步前行时，由于前后两只脚所在地的电位不同，两脚前后间就有了电压，两条腿便形成了电流通路，这时就有电流通过人体，造成跨步触电。图 2-5 为跨步触电的事故。

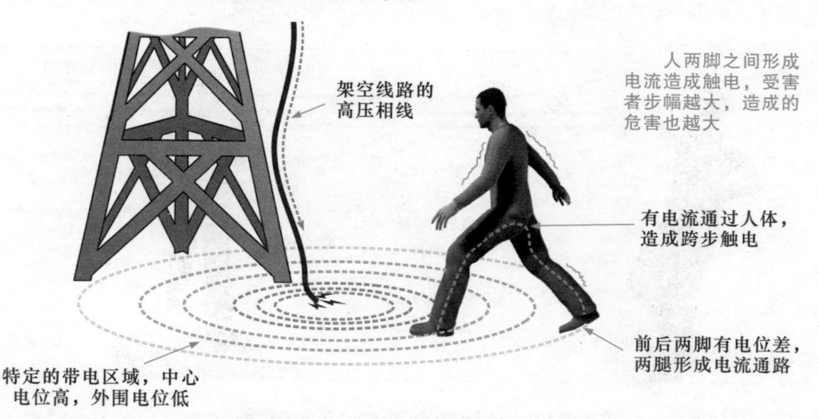

图 2-5　跨步触电

2.1.2 掌握触电急救的方法

1 摆脱低压触电环境

低压触电急救法是指触电者的触电电压低于 1000V 的急救方法。这种急救法的具体方法就是让触电者迅速脱离电源，然后再进行救治。

若救护者在开关附近，应当马上断开电源开关，然后再将触电者移开进行急救。图 2-6 为断开电源开关的急救演示。

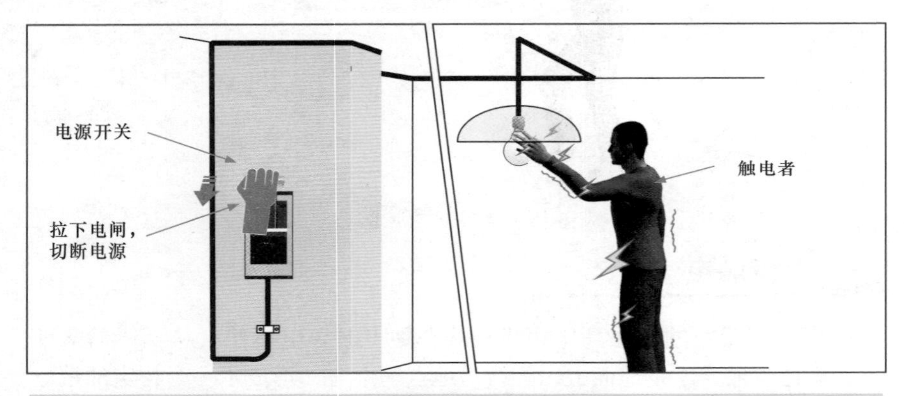

图 2-6 断开电源开关的急救演示

若救护者离开关较远，无法及时关掉电源，切忌直接用手去拉触电者。在条件允许的情况下，需穿上绝缘鞋，戴上绝缘手套等防护用具来切断电线，从而断开电源。图 2-7 为切断电源线的急救演示。

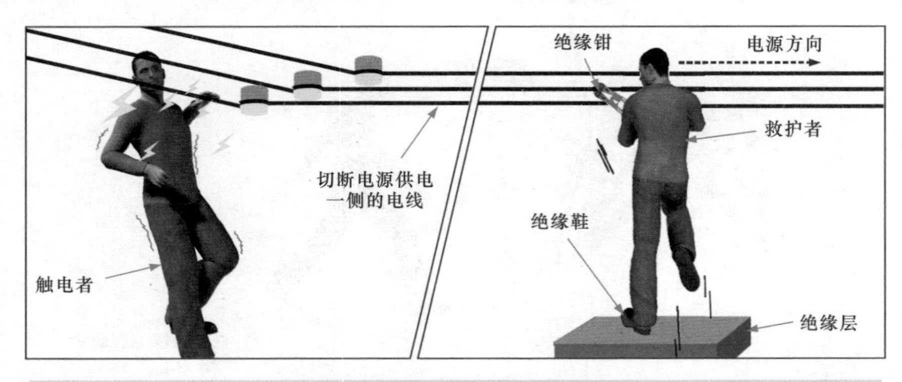

图 2-7 切断电源线的急救演示

若触电者无法脱离电线，应利用绝缘物体使触电者与地面隔离。比如用干燥木板塞垫在触电者身体底部，直到身体全部隔离地面，这时救护者就可以将触电者脱离电线。将木板塞垫在触电者身下的急救方法如图 2-8 所示。

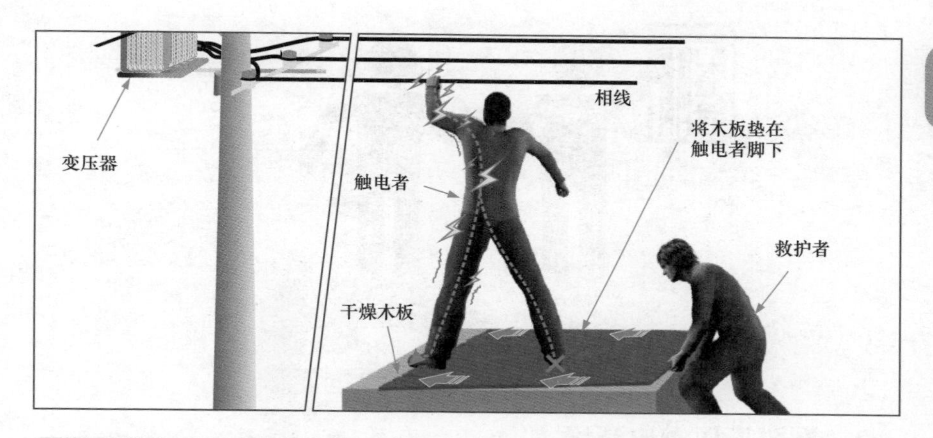

图 2-8　塞垫木板的急救演示

若电线压在触电者身上，可以利用干燥的木棍、竹竿、塑料制品、橡胶制品等绝缘物挑开触电者身上的电线。挑开电线的急救方法如图 2-9 所示。

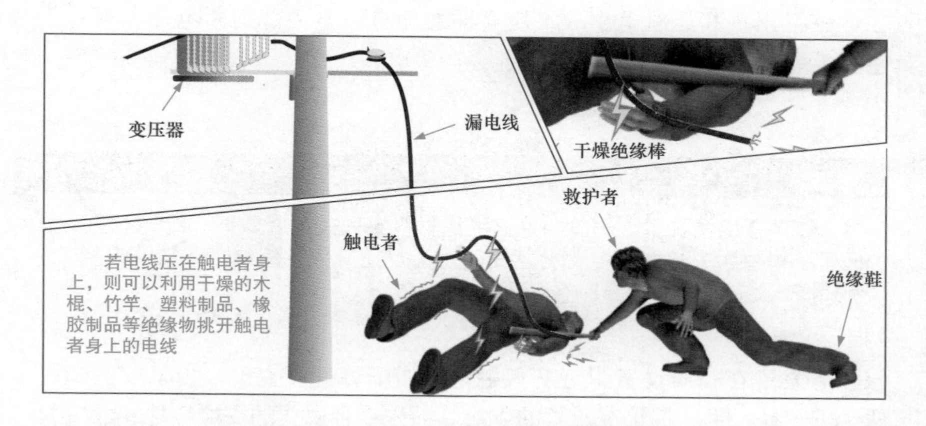

图 2-9　切断电源线的急救演示

提示

如图 2-10 所示，在实施急救的时候，无论情况多么紧急，施救者也不要直接用手拉拽或触碰触电者，否则极易同时触电。

图 2-10　错误急救措施

2　摆脱高压触电环境

高压触电急救法是指电压达到 1000V 以上的高压线路和高压设备的触电事故急救方法。当发生高压触电事故时，其急救方法应比低压触电更加谨慎。因为高压已超出安全电压范围很多，接触高压时一定会发生触电事故；而且在不接触时，靠近高压也会发生触电事故。

一旦出现高压触电事故，应立即通知有关电力部门断电。在没有断电前不能接近触电者，否则有可能会产生电弧，导致抢救者烧伤。

提示

在高压的情况下，一般的低压绝缘材料会失去绝缘效果，因此不能用低压绝缘材料去接触带电部分。需利用高电压等级的绝缘工具拉开电源，例如高压绝缘手套、高压绝缘鞋等。

若发现在高压设备附近有人触电，切不可盲目上前，可采取抛金属线（钢、铁、铜、铝等）急救的方法。即先将金属线的一端接地，然后抛另一端金属线，这里注意抛出的另一端金属线不要碰到触电者或其他人，同时救护者应与断线点保持 8 ~ 10m 的距离，以防跨步电压伤人。抛金属线的急救演示如图 2-11 所示。

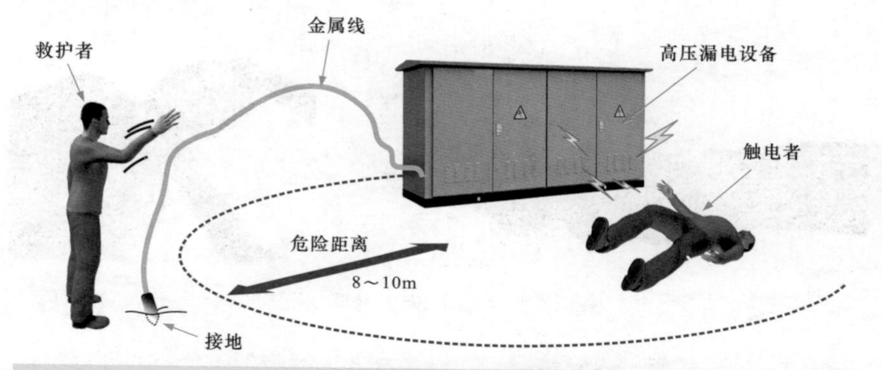

图 2-11 抛金属线的急救演示

3 现场触电急救措施

当触电者脱离电源后，不要将其随便移动，应将触电者仰卧，并迅速解开触电者的衣服、腰带等保证其正常呼吸，疏散围观者，保证周围空气畅通，同时拨打 120 急救电话，以保证用最短的时间将触电者送往医院。做好以上准备工作后，就可以根据触电者的情况，做相应的救护了。

若触电者神志清醒，但有心慌、恶心、头痛、头昏、出冷汗、四肢发麻、全身无力等症状，这时应让触电者平躺在地，并仔细观察触电伤者，最好不要让触电者站立或行走。

当触电者已经失去知觉，但仍有轻微的呼吸及心跳时，应让触电者就地仰卧平躺，让气道通畅，把触电者衣服以及有碍于其呼吸的腰带等物解开帮助其呼吸。并且在 5s 内呼叫触电者或轻拍触电者肩部，以判断触电者意识是否丧失。在触电者神志不清时，不要摇动触电者的头部或呼叫触电者。若情况紧急，可采取一定的急救措施。

（1）触电者身体状况的判断　当触电者意识丧失时，应在 10s 内观察并判断伤者呼吸及心跳情况，判断的方法如图 2-12 所示。观察判断时首先查看伤者的腹部、胸部等有无起伏动作，接着用耳朵贴近伤者的口鼻处，听伤者有无呼吸声音，最后是测嘴和鼻孔是否有呼气的气流，再用一手扶住伤者额头部，另一手摸颈部动脉判断有无脉搏跳动。经过观察后伤者无呼吸也无颈动脉动时，才可以判定伤者呼吸、心跳停止。

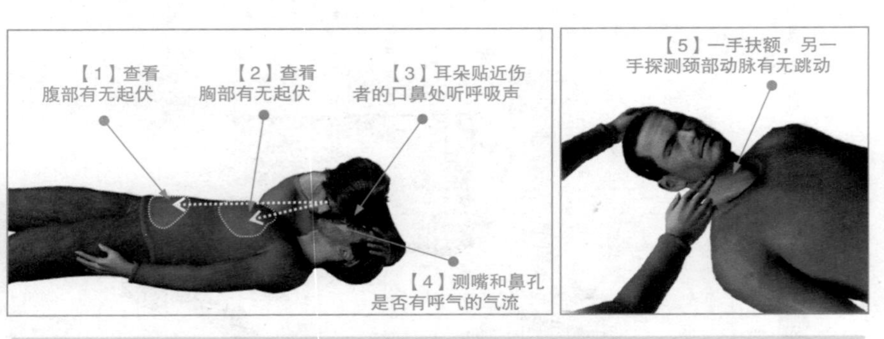

图 2-12 判断触电者身体状况

（2）人工呼吸 通常情况下，当触电者无呼吸但仍然有心跳时，应采用人工呼吸法进行救治。首先使触电者仰卧，头部尽量后仰并迅速解开触电者衣服、腰带等，使触电者的胸部和腹部能够自由扩张。尽量将触电者头部后仰，鼻孔朝天，颈部伸直，图 2-13 为通畅气道的方法。

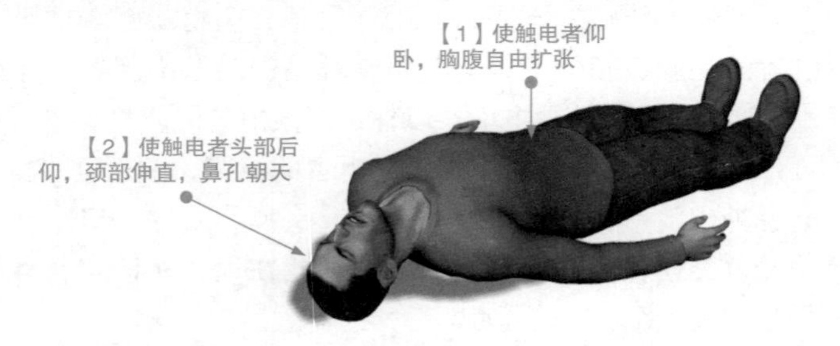

图 2-13 畅通气道

图 2-14 为托颈压额法，也称压额托颌法。救护者站立或跪在伤者身体一侧，用一只手放在伤者前额并向下按压，同时另一手的食指和中指分别放在两侧下颌角处，并向上托起，使伤者头部后仰，气道即可开放。在实际操作中，此方法不仅效果可靠，而且省力、不会造成颈椎损伤，同时便于做人工呼吸。

图 2-15 为仰头抬颌法，也称压额提颌法。若伤者无颈椎损伤，可首选此方法。救助者站立或跪在伤者身体一侧，用一只手放在伤者前额，并向下按压；同时另一只手向上提起伤者下颌，使得下颌向上抬起、头部后仰，气道即可开放。

图 2-14　判断触电者身体状况（托颈压额法）

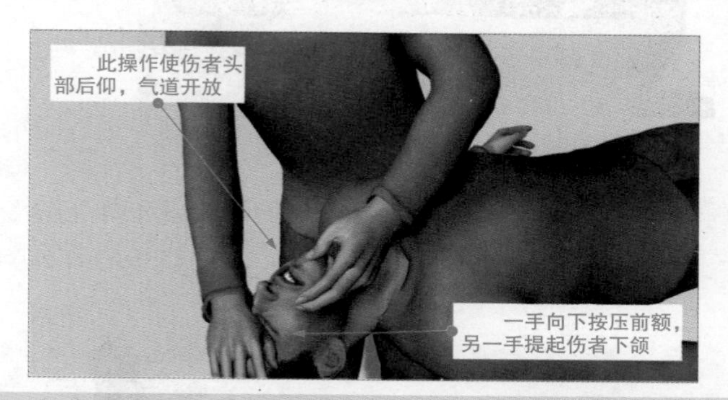

图 2-15　判断触电者身体状况（仰头抬颌法）

图 2-16 为托颌法，也称双手拉颌法。若伤者已发生或怀疑颈椎损伤，选用此法可避免加重颈椎损伤，但不便于做人工呼吸。站立或跪在伤者头顶端，肘关节支撑在伤者仰卧的平面上，两手分别放在伤者额头两侧，分别用两手拉起伤者两侧的下颌角，使头部后仰，气道即可开放。

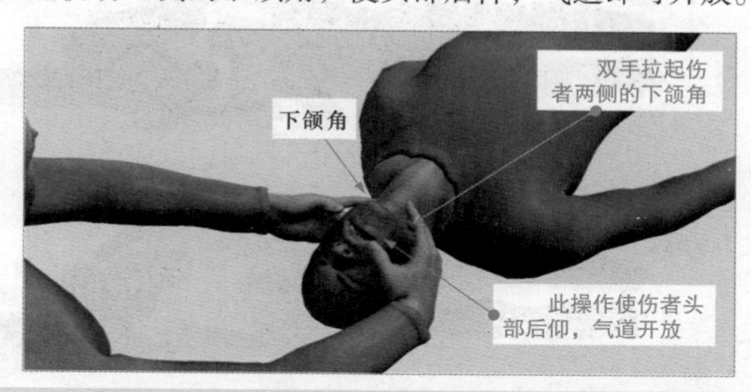

图 2-16　判断触电者身体状况（托颌法）

做完前期准备后，就能对触电者进行口对口的人工呼吸了。首先救护者深吸一口气之后，紧贴着触电者的嘴巴大口吹气，使其胸部膨胀，然后救护者换气，放开触电者的嘴鼻，使触电者自动呼气，如图 2-17 所示。如此反复进行上述操作，吹气时间为 2~3s，放松时间为 2~3s，5s 左右为一个循环。重复操作，中间不可间断，直到触电者苏醒为止。

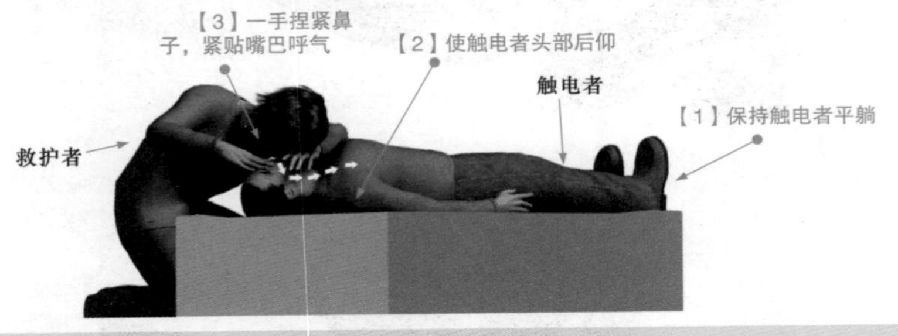

图 2-17　人工呼吸

（3）牵手呼吸　如图 2-18 所示，若救护者嘴或鼻被电伤，无法对触电者进行口对口人工呼吸或口对鼻人工呼吸，也可以采用牵手呼吸法进行救治。

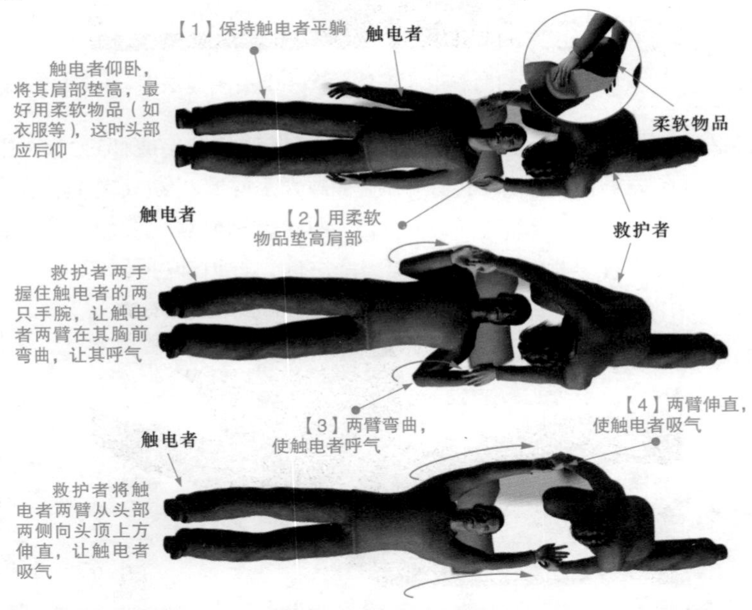

图 2-18　牵手呼吸

（4）胸外心脏按压　胸外心脏按压是在触电者心音微弱、心跳停止或脉搏短而不规则的情况下使用的心脏复苏措施，该方法是帮助触电者恢复心跳的有效救助方法之一。

如图 2-19 所示，让触电者仰卧，解开衣服和腰带，救护者跪在触电者腰部两侧或跪在触电者一侧，救护者将左手掌放在触电者的胸骨按压区，中指对准颈部凹陷的下端，右手掌压在左手掌上，用力垂直向下挤压。成人胸外按压频率为 100 次 / 分。一般在实际救治时，应每按压 30 次后，实施两次人工呼吸。

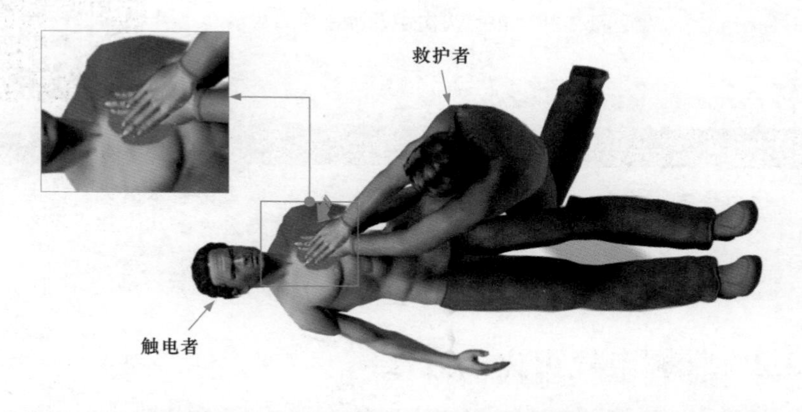

图 2-19　胸外心脏按压复苏

2.2 电气灭火

2.2.1 知晓灭火器的种类

电气火灾通常是指由于电气设备或电气线路操作、使用或维护不当而直接或间接引发的火灾事故。一旦发生电气火灾事故，应及时切断电源，拨打火警电话 119 报警，并使用身边的灭火器灭火。

图 2-20 为电气火灾中几种常用灭火器。

一般来说，对于电气线路引起的火灾，应选择干粉灭火器、二氧化碳灭火器或二氟一氯一溴甲烷灭火器（1211 灭火器）等，这些灭火器中的灭火剂不具有导电性。

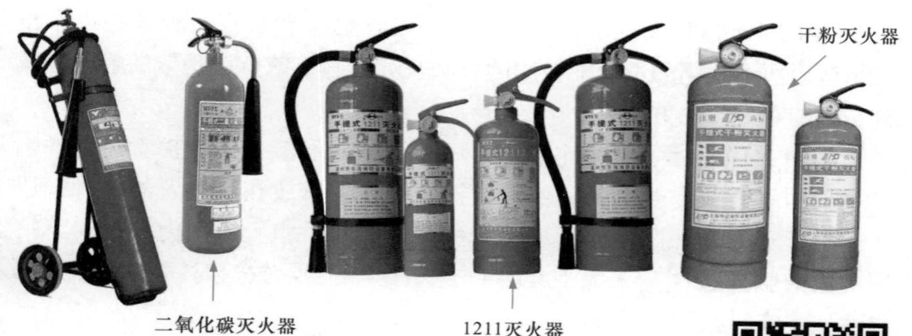

图 2-20　电气火灾中几种常用灭火器

提示

电气类火灾不能使用泡沫灭火器、清水灭火器或直接用水灭火，因为泡沫灭火器和清水灭火器都属于水基类灭火器，这类灭火器其内部灭火剂有导电性，不能用于扑救带电体火灾及其他导电物体火灾。

2.2.2　掌握电气灭火的方法

使用灭火器灭火，要先除掉灭火器的铅封，拔出位于灭火器顶部的保险销，然后压下压把，将喷管（头）对准火焰根部进行灭火，如图 2-21 所示。

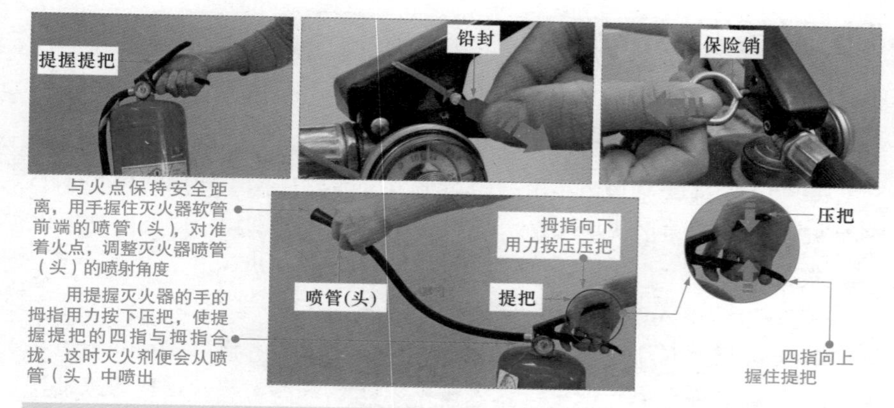

图 2-21　几种灭火器的使用方法

灭火时，应保持有效喷射距离和安全角度（不超过 45°），如图 2-22 所示。对火点由远及近猛烈喷射，并用手控制喷管（头）左右、上下来回扫射；与此同时快速推进，保持灭火剂猛烈喷射的状态，直至将火扑灭。

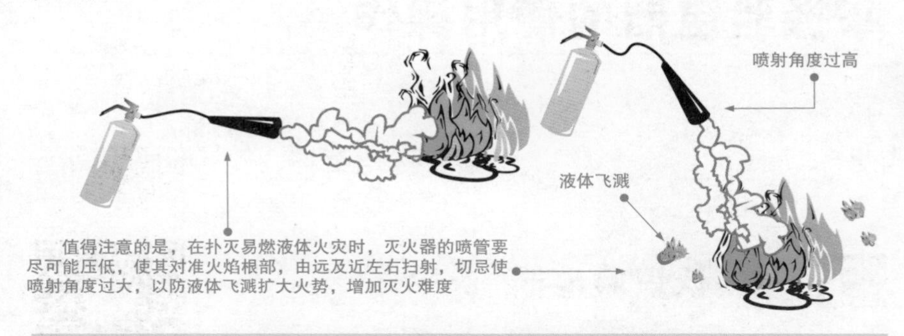

图 2-22　灭火器的操作要领

第3章

掌握验电器的使用操作

3.1 认识验电器

3.1.1 认识高压验电器

高压验电器多用于检测500V以上的高压，图3-1为高压验电器。高压验电器可以分为接触式高压验电器和感应式（非接触式）高压验电器两种，接触式高压验电器由手柄、金属感应探头、指示灯等构成，感应式高压验电器由手柄、感应测试端、开关按钮、指示灯或扬声器等构成。

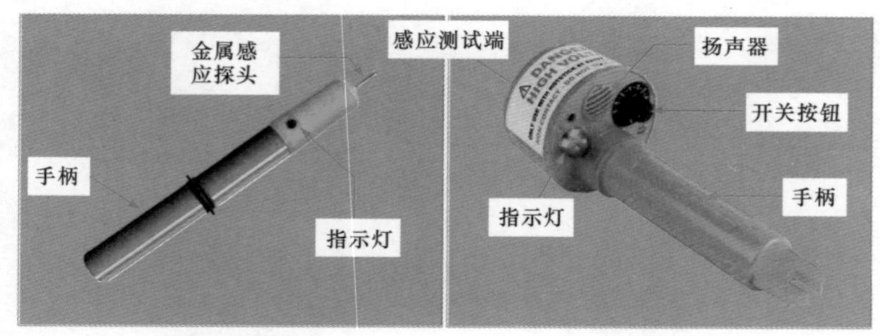

图3-1 高压验电器

3.1.2 认识低压验电器

如图3-2所示，低压验电器多用于检测12～500V的低压，低压验电器的外形较小，便于携带，多设计为螺丝刀形或钢笔形。低压验电器可以分为低压氖管验电器与低压电子验电器两种，低压氖管验电器由金属探头、电阻、氖管、尾部金属部分以及弹簧等构成，低压电子验电器由金属探头、指示灯、显示屏、按钮等构成。

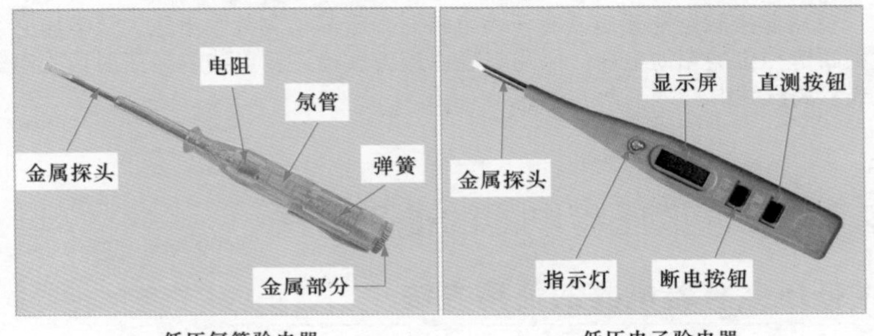

低压氖管验电器　　低压电子验电器

图 3-2　低压验电器的种类和结构

3.2 掌握验电器的使用方法

3.2.1　掌握高压验电器的使用方法

在使用高压验电器时，高压验电器的手柄长度不够时，可以使用绝缘物体延长手柄。应当用佩戴绝缘手套的手去握住高压验电器的手柄，不可以将手越过护环。将高压验电器的金属探头接触待测高压线缆，或使用感应部位靠近高压线缆，高压验电器上的蜂鸣器发出报警声，证明该高压线缆正常，如图 3-3 所示。

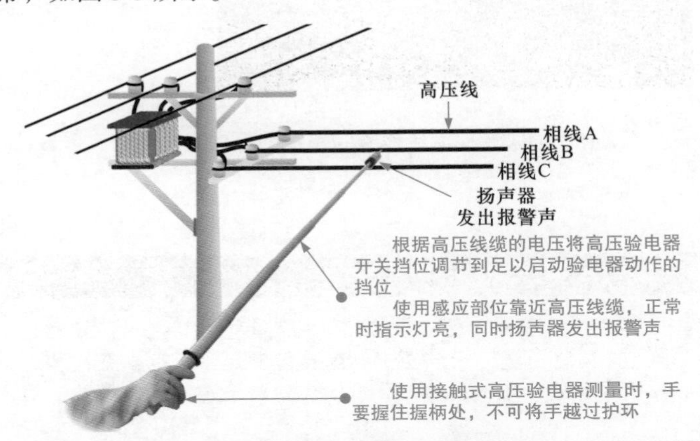

图 3-3　高压验电器的使用方法

提示

使用非接触型的感应式高压验电器时，若需检测某个电压，该电压必须达到所选挡位的启动电压。采用电磁感应方式检测输电线的电压时，验电器应靠近高压线缆。

3.2.2 掌握低压验电器的使用方法

1 低压氖管验电器的使用方法

在使用低压氖管验电器时，用一只手握住低压氖管验电器，大拇指按住尾部的金属部分，将其插入220V电源插座的相线孔中，如图3-4所示。正常时，可以看到验电器中的氖管发亮光，证明该电源插座带电。

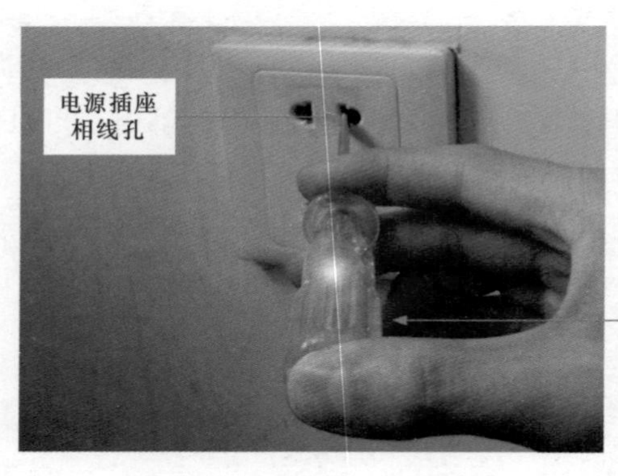

图3-4 低压氖管验电器的使用方法

提示

有些人在使用低压氖管验电器检测时，未将拇指接触低压氖管验电器的尾部金属部分，氖管不亮，无法正确判断该电源是否带电。在检测时，不可以用手触摸低压氖管验电器的金属检测端，这样会造成触电事故，对人体造成伤害，如图3-5所示。

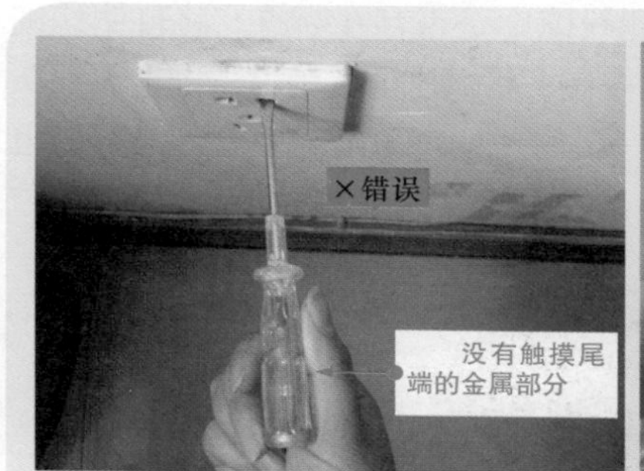

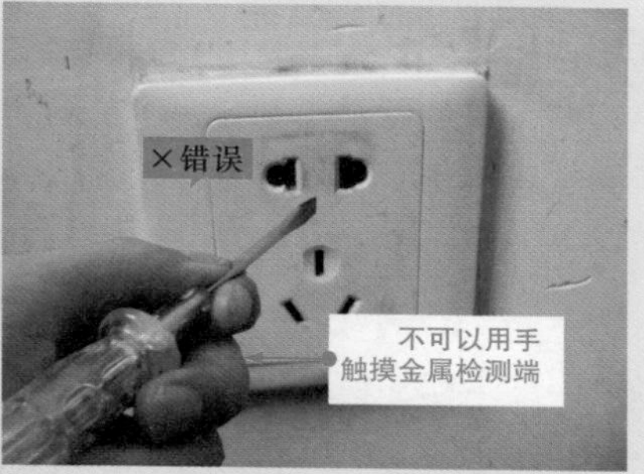

图 3-5　低压氖管验电器的错误使用

2　低压电子验电器的使用方法

使用低压电子验电器时，可以按住电子验电器上的直测按钮。当其插入孔为相线孔时，低压电子验电器的显示屏上即会显示出测量的电压，指示灯亮；当其插入零线孔时，低压电子验电器的显示屏上无电压显示，指示灯不亮，如图 3-6 所示。

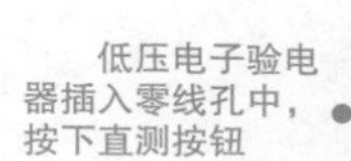

图 3-6　低压电子验电器的使用方法

低压电子验电器还可以用于检测线缆中是否存在断点。将待测线缆连接在相线上，按下验电器上的检测按钮，将低压电子验电器的金属探头靠近线缆来回移动，显示屏上出现“ϟ”时说明该段线缆正常。当低压电子验电器检测的地方“ϟ”标识消失，说明该点为线缆的断点，如图 3-7所示。

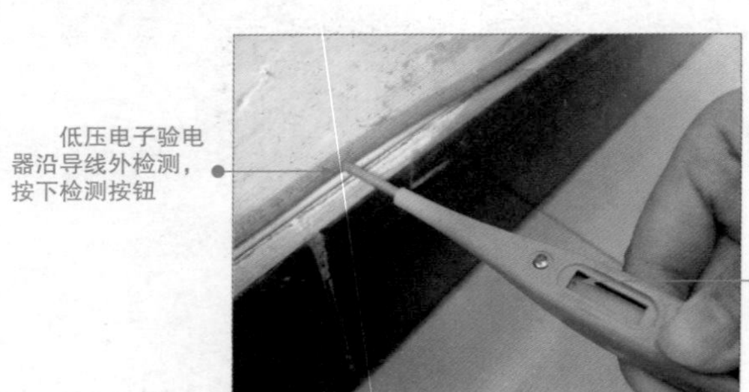

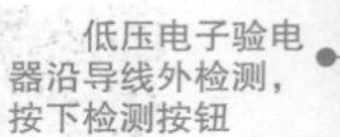

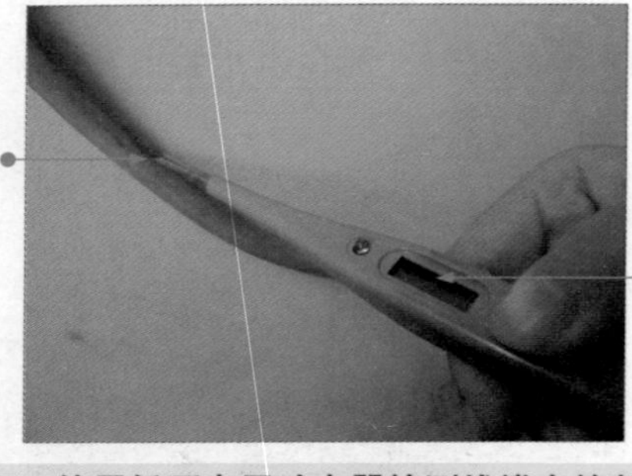

图 3-7　使用低压电子验电器检测线缆中的断点

第4章

掌握万用表的使用操作

4.1 认识万用表

4.1.1 认识指针式万用表

典型的指针式万用表的基本结构见图 4-1。指针式万用表从外观结构上大体可以分为表笔、刻度盘、功能旋钮和插孔等部分。其中，刻度盘用于显示测量的结果，功能旋钮用于控制万用表，插孔用来连接表笔和待测元器件。

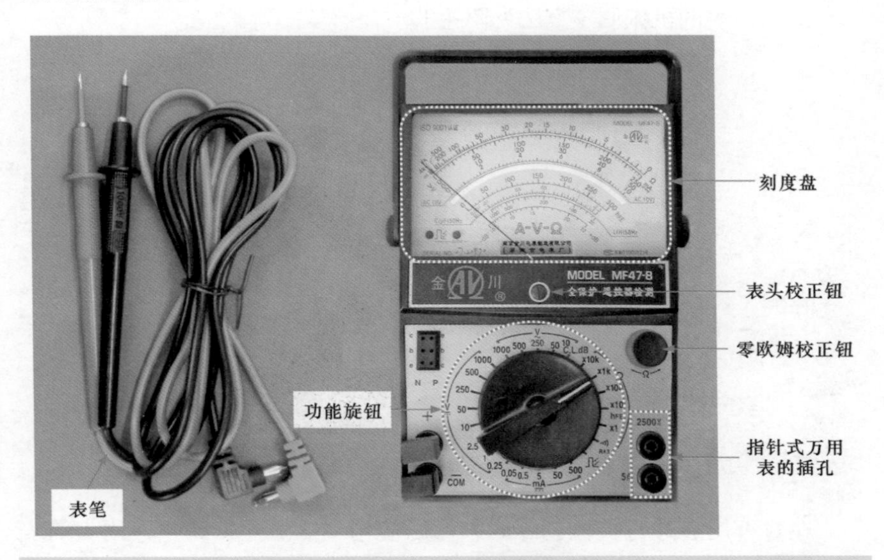

图 4-1　典型的指针式万用表的基本结构

1 刻度盘

由于万用表的功能很多，因此表盘上通常有许多刻度线和刻度值。典型的指针式万用表刻度盘的外形见图 4-2。

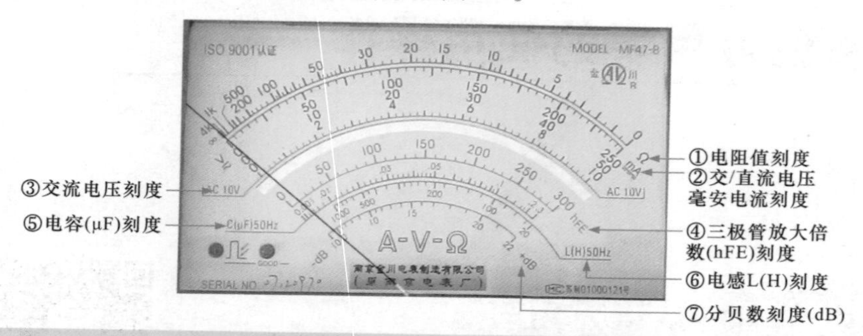

图 4-2 典型的指针式万用表刻度盘的外形

2 表头校正钮

表头校正钮位于表盘下方的中央位置，用于进行万用表的机械调零。正常情况下，指针式万用表的表笔开路时，表的指针应指在左侧 0 刻度线的位置。如果不在 0 位，就必须进行机械调零，以确保测量的准确。

对万用表的机械调零方法见图 4-3。

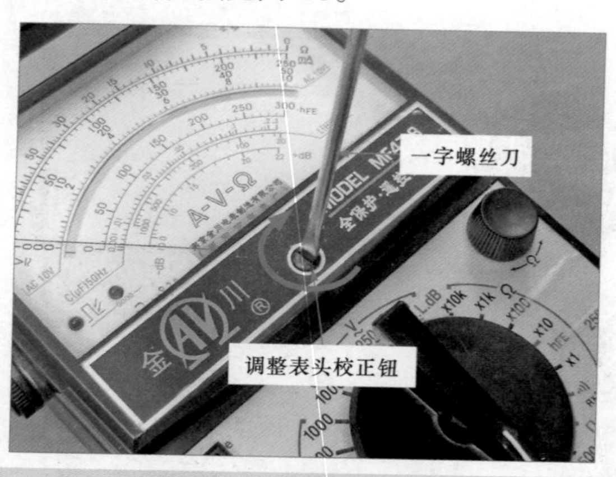

图 4-3 调整表头校正钮

在对万用表进行机械调零时，可以使用一字螺丝刀调整万用表的表头校正钮，完成万用表的机械调零。

3 零欧姆调整钮

为了提高测量电阻的精确度，在使用指针式万用表测量电阻前要进行零欧姆调整。

调整零欧姆校正钮见图 4-4。

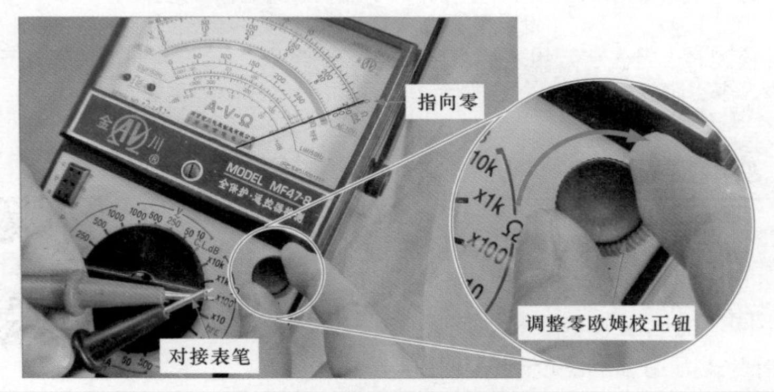

图 4-4 调整零欧姆校正钮

将万用表的两只表笔对接，观察万用表指针是否指向 0Ω。若指针不能指向 0Ω，用手旋转零欧姆校正钮，直至指针精确指向 0Ω 刻度线。

4 三极管检测插孔

在操作面板左侧有两组测量端口，它是专门用来对三极管的放大倍数 h_{FE} 进行检测的。

指针式万用表中三极管的检测插孔见图 4-5。

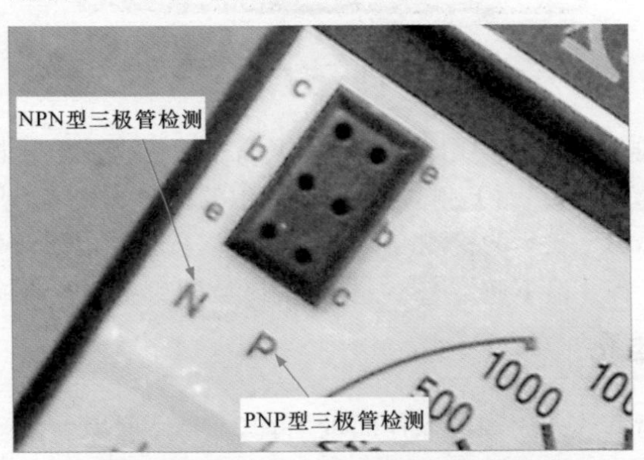

图 4-5 指针式万用表中三极管的检测插孔

提示

在三极管检测插孔中，位于下面的端口下方标记有“N、P”的文字标识，这两个端口分别是用于对 NPN、PNP 型三极管进行检测的。

这两组测量端口都是由 3 个并排的小插孔组成的，分别标识有“c”（集电极）、“b”（基极）、“e”（发射极）的标识，分别对应两组端口的 3 个小插孔。

检测时，首先将万用表的功能旋钮旋至“hFE”挡位，然后将待测三极管的 3 个引脚依标识插入相应的 3 个小插孔中即可。

5　功能旋钮

指针式万用表的功能旋钮位于指针式万用表的主体位置，在其四周标有测量功能及测量范围，主要是用来实现测量不同值的电阻、电压和电流等。

指针式万用表的功能旋钮见图 4-6。

图 4-6　功能旋钮

在功能旋钮的左侧使用“V”标识的区域为直流电压检测（可以检测直流电压的大小），而上侧“V”所标识的区域为交流电压检测，在其右侧的“C.L.dB”表示的检测点为分贝检测，右侧标记为“Ω”的区域为电阻的检测量程，最下侧“mA”标识的区域则为直流电流检测量程。

6　表笔插孔

通常在指针式万用表的操作面板下有 2 ~ 4 个插孔，用来与万用表表笔相连。根据万用表型号的不同，表笔插孔的数量及位置都不尽相同。每个插孔都用文字或符号进行标识。

其中“COM”与万用表的黑表笔相连（有的万用表也用“－”或“*”表示负极），“＋”与万用表的红表笔相连。“5A”是测量电流的专用插孔，连接万用表红表笔，该插孔标识的文字表示所测最大电流值为 5A。“2500V”是测量交 / 直流电压的专用插孔，连接万用表红表笔，插孔标识的文字表示所测量的最大电压值为 2500V。

7 表笔

指针式万用表的表笔分别使用红色和黑色标识，用于待测电路或元器件与万用表之间的连接。

4.1.2 认识数字式万用表

常见数字式万用表的实物外形见图 4-7。数字式万用表分为液晶显示屏、功能旋钮、表笔插孔三部分。功能旋钮用于控制万用表，插孔用来连接表笔和待测元器件。

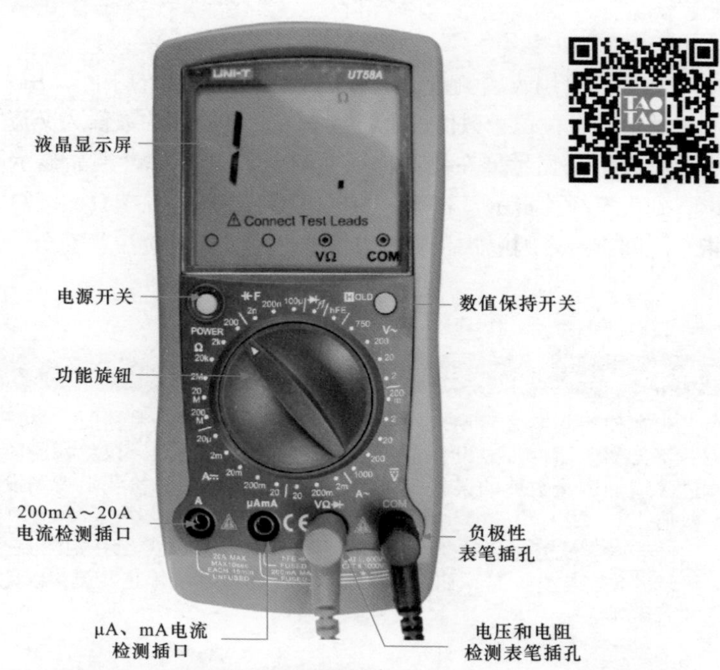

图 4-7 常见数字万用表的实物外形

1 液晶显示屏

液晶显示屏用来显示检测数据、数据单位、表笔插孔指示、安全警告提示等信息。

数字式万用表的液晶显示屏见图 4-8。

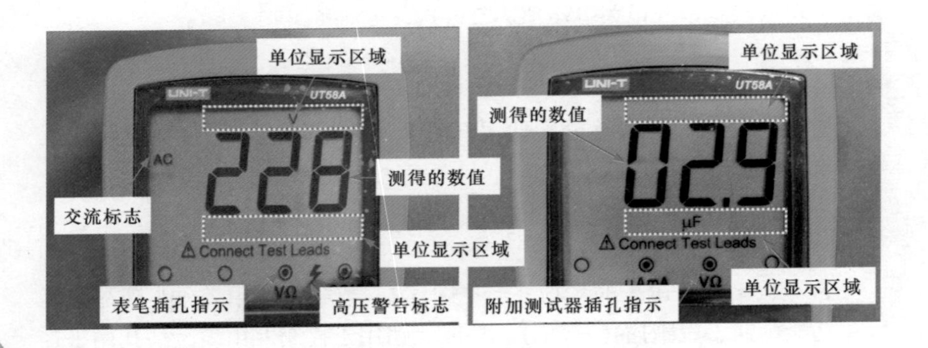

图 4-8　数字式万用表的液晶显示屏

数字式万用表的测量值通常位于液晶显示屏的中间，用大字符显示，测得数值的单位位于数值的上方或下方。若检测的数值为交流电压或交流电流，在液晶显示屏左侧会出现“AC”交流标志。液晶显示屏的下方可以看到表笔插孔指示，若测量的挡位属于高压，在 VΩ 和 COM 表笔插孔指示之间有一个闪电状高压警告标志，测量人员应注意安全。

提示

在使用数字式万用表对元器件（或设备）进行测量时，最好大体估算一下待测元器件（或设备）的最大值后再进行检测，以免检测时量程选择过大增加测量数值的误差，或者选择量程过小无法检测出待测设备的具体数值。

若数字式万用表检测数值超过设置量程，数字式万用表的液晶显示屏将显示“1.”或“－1”，如图 4-9 所示。此时应尽快停止测量，以免损坏数字式万用表。

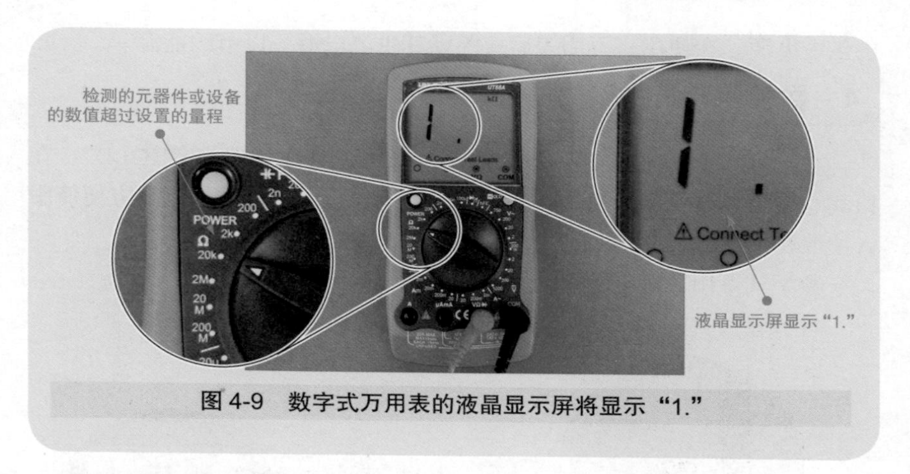

图 4-9 数字式万用表的液晶显示屏将显示“1.”

2 功能旋钮

数字式万用表的液晶显示屏下方是功能旋钮，其功能与指针式万用表的功能旋钮相似，也即为不同的检测设置相对应的量程。

典型数字式万用表的功能旋钮见图 4-10。

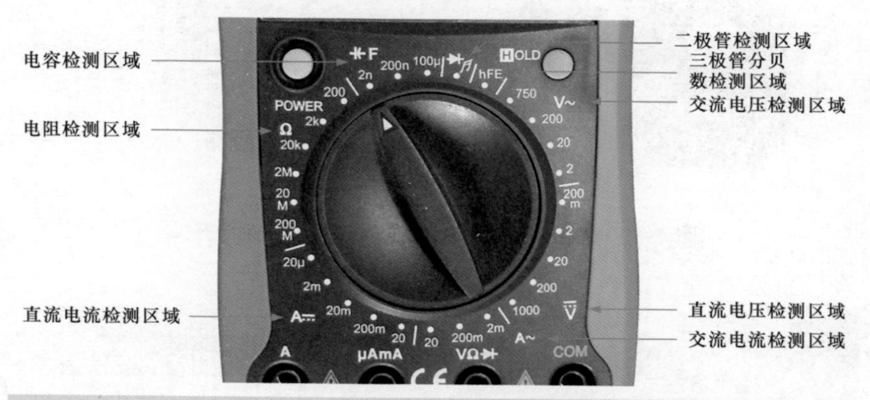

图 4-10 典型数字式万用表的功能旋钮

从图中可以看到，该数字式万用表的测量功能包括电压、电流、电阻、电容、二极管、三极管等。

3 电源开关

电源开关上通常有“POWER”标识，用于启动或关断数字式万用表的供电电源。在使用完万用表后应关断其供电电源，以节约能源。

4 数值保持开关

数字式万用表通常有一个数值保持开关，英文标识为“HOLD”。在检测时按下数值保持开关，可以在显示屏上保持所检测的数据，方便使用者读取和记录数据。

数字式万用表的电源开关和数值保持开关见图 4-11。

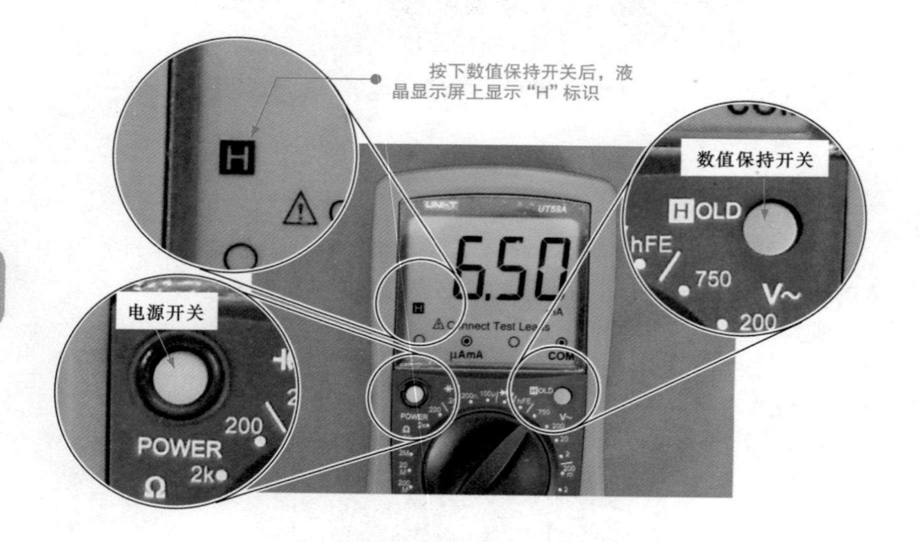

图 4-11 数字式万用表的电源开关和数值保持开关

提示

由于很多数字式万用表有自动断电功能，即长时间不使用时万用表会自动切断供电电源，所以不宜使用数值保持开关长期保存数据。

5 表笔插孔

数字式万用表的表笔插孔主要用于连接表笔的引线插头和附加测试器。数字式万用表的表笔插孔见图 4-12。

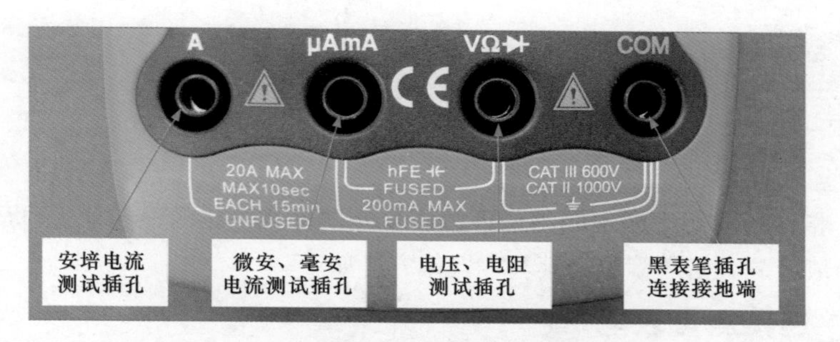

图 4-12　数字式万用表的表笔插孔

红表笔连接测试插孔，如测量电流时红表笔连接 A 插孔或 μAmA 插孔，测量电阻或电压时红表笔连接 VΩ 插孔，黑表笔连接接地端。在测量电容量、电感量和三极管放大倍数时，附加测试器的插头连接 μAmA 和 VΩ 插孔。

提示

数字式万用表的表笔分别使用红色和黑色标识，用于与待测电路或元器件和万用表之间的连接。

有的数字式万用表还配有一个附加测试器，用来扩展数字式万用表的功能。数字式万用表的附加测试器见图 4-13。

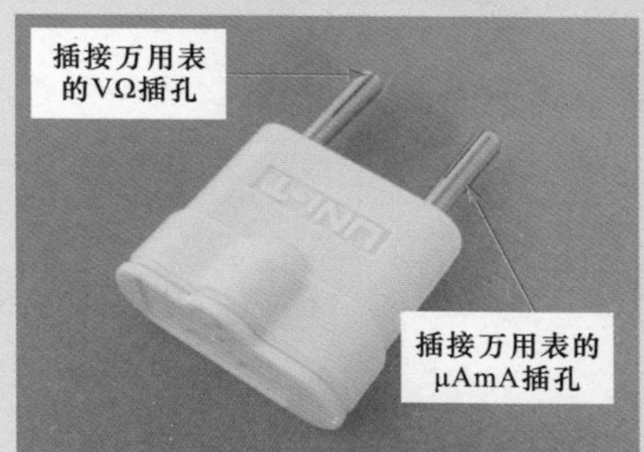

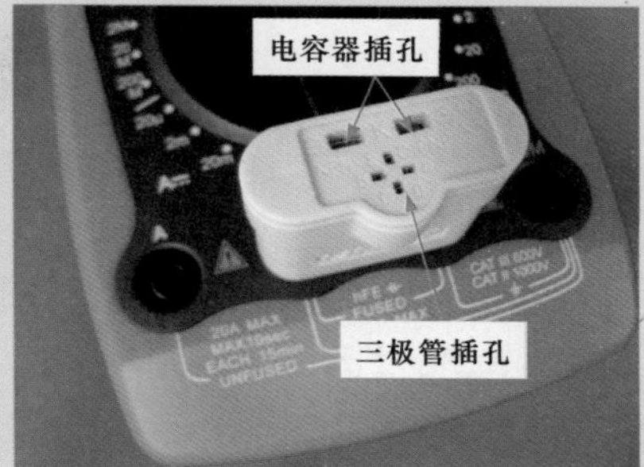

图 4-13　数字式万用表的附加测试器

附加测试器主要用来检测三极管的放大倍数和电容器的电容量。在使用时按照万用表的提示将附加测试器插接在万用表的 μAmA 插孔和 VΩ 插孔上，再将三极管或电容器插接在附加测试器的插孔上即可。

4.2 掌握万用表的使用方法

4.2.1 掌握指针式万用表的使用方法

指针式万用表的不同挡位可以测量元器件或电路的电流值、电压值、电阻值、放大倍数等量，其基本操作方法如下。

1 连接测量表笔

指针式万用表有两支表笔，分别用红色和黑色标识，测量时将其中红色的表笔插到“+”端，黑色的表笔插到“-”或“*”端。

连接万用表的测量表笔见图 4-14。

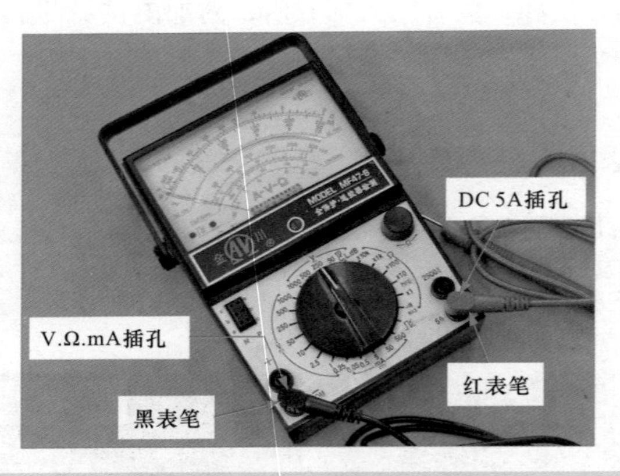

图 4-14 连接万用表的测量表笔

若万用表的表笔插孔数大于两个，一般是有多个正极插孔，则应根据测量需要选择红表笔的插孔。

2 表头校正

指针式万用表的表笔开路时，表的指针应指在 0 的位置。否则在使用指针式万用表测量前应进行表头校正，此调整又称零位调整。

指针式万用表的零位调整见图 4-15。

如果指针没有指到 0 的位置，可用螺丝刀微调校正螺钉使指针处于 0 位，完成对万用表的零位调整。

图 4-15　指针式万用表的零位调整

3　设置测量范围

根据测量的需要，无论测量电流、电压还是电阻，扳动指针式万用表的功能旋钮，将万用表调整到相应测量状态，都可以通过功能旋钮轻松切换。

指针式万用表的功能旋钮设置见图 4-16。

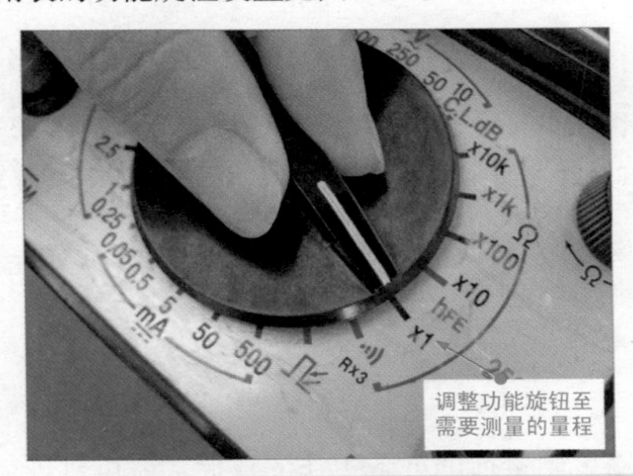

图 4-16　功能旋钮的切换

针对不同的测量对象，可以通过设置功能旋钮来选择测量的是电压、电流还是电阻，以及量程的大小。

4　零欧姆调整

在使用指针式万用表测量电阻值前要进行零欧姆调整，以保证其准确度。

零欧姆调整见图 4-17。

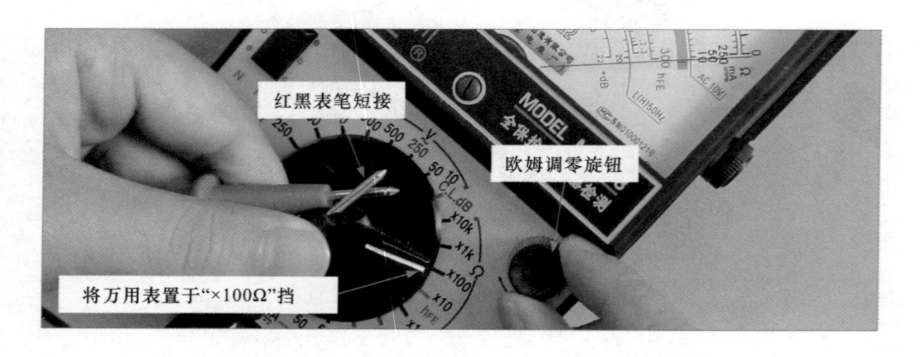

图 4-17　零欧姆调整

首先将功能旋钮旋拨到待测电阻的量程范围，然后将两支表笔互相短接，这时表针应指向 0Ω（表盘的右侧，电阻刻度的 0 值）。如果不在 0Ω 处，就需要调整调零旋钮使万用表指针指向 0Ω 刻度。

提示

值得注意的是：在进行电阻值测量时，每变换一次挡位或量程，就需要重新通过调零电位器进行零欧姆调整，这样才能确保测量电阻值的准确。测量其他量时，则不需要进行零欧姆调整。

5　测量

指针式万用表测量前的准备工作完成后，就可以进行具体的测量，其测量方法会因测量项目的不同而有所差异。

使用指针式万用表检测电阻器阻值的方法见图 4-18。

使用指针式万用表检测电阻器的阻值时，需将红黑表笔分别接入电阻器的两端，通过表盘中指针的指示，读出其电阻值。

指针式万用表不仅可以使用表笔检测电压、电阻及电流等，还可以使用其本身的三极管检测插孔，直接检测三极管的放大倍数。

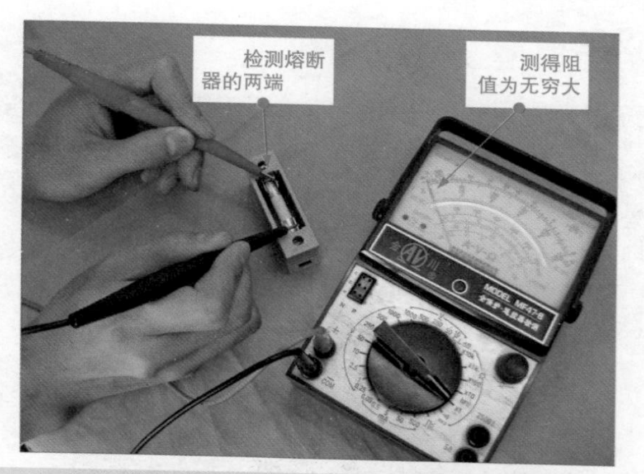

图 4-18　使用指针式万用表检测电阻器的电阻值

提示

使用指针式万用表检测三极管放大倍数的方法见图 4-19。

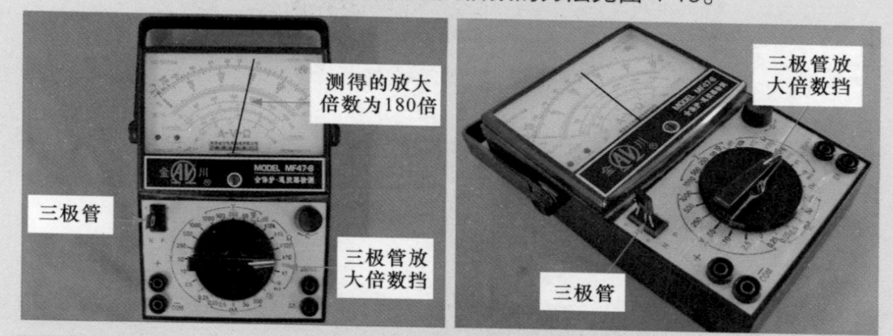

图 4-19　使用指针式万用表检测三极管的放大倍数

检测三极管的放大倍数时，应使用指针式万用表中的三极管检测插孔进行检测。

4.2.2　掌握数字式万用表的使用方法

数字式万用表的操作规程与指针式万用表相似，主要包括连接测量表笔、功能设定、测量结果识读。由于一些数字式万用表带有附加测试器，因此在操作规程中还包括附加测试器的使用。

1 功能设定

数字式万用表使用前不用像指针式万用表那样进行表头零位校正和零欧姆调整，只需根据测量的需要，调整万用表的功能旋钮，将万用表调整到相应测量状态，这样无论是测量电流、电压还是电阻，都可以通过功能旋钮轻松地切换。

数字式万用表的功能旋钮见图 4-20。

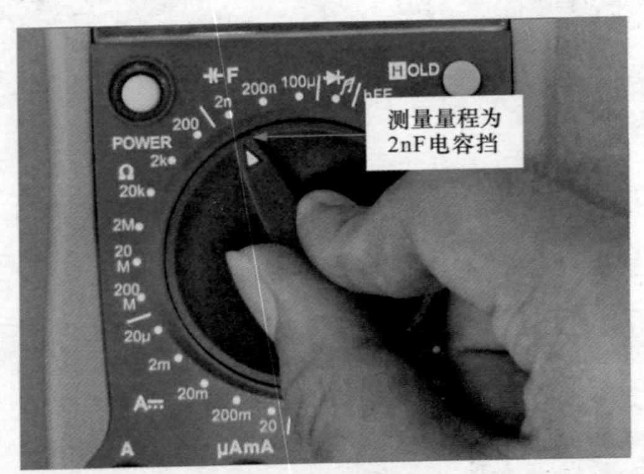

图 4-20　功能旋钮的选择

当前的位置为数字式万用表的电容测量挡，且测量量程为“20Ω”电容挡。

提示

数字式万用表设置量程时，应尽量选择大于待测参数但又与其最接近的挡位。若选择量程范围小于待测参数，万用表液晶屏显示“1.”，表示超范围了；若选择量程远大于待测参数，则可能读数不准确。

2 开启电源开关

首先开启数字式万用表的电源开关，电源开关通常位于液晶显示屏下方功能旋钮上方，带有“POWER”标识。

开启电源开关的操作见图 4-21。

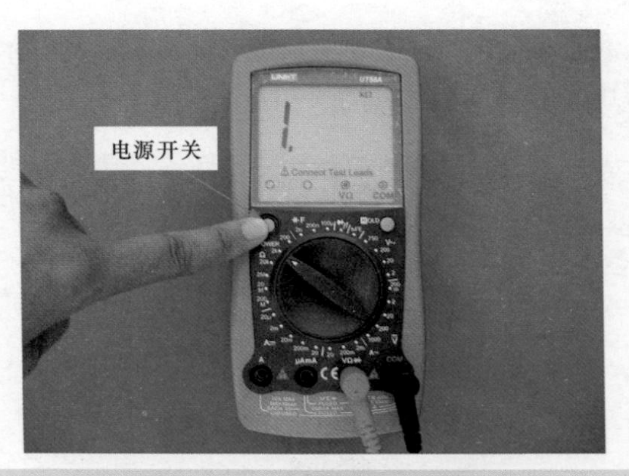

图 4-21 开启电源开关的操作

3 连接测量表笔

数字式万用表也有两支表笔，用红色和黑色标识，测量时将其中红色的表笔插到测试端，黑色的表笔插到“COM”端（COM 端是检测的公共端）。

数字式万用表的连接操作见图 4-22。

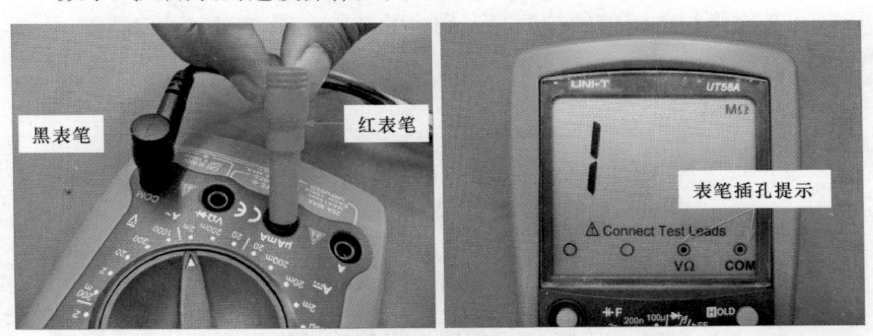

图 4-22 连接测量表笔

在连接红表笔时，应注意表笔插孔的标识，根据测量值选择红表笔插孔。对于液晶显示屏上有表笔插孔的数字式万用表，应按照标识连接表笔。

4 测量结果识读

测量前的准备工作完成后，就可以进行具体的测量了。在识读测量值时，应注意数值和单位，同时还应读取功能显示以及提示信息。

数字式万用表的识读信息见图 4-23。

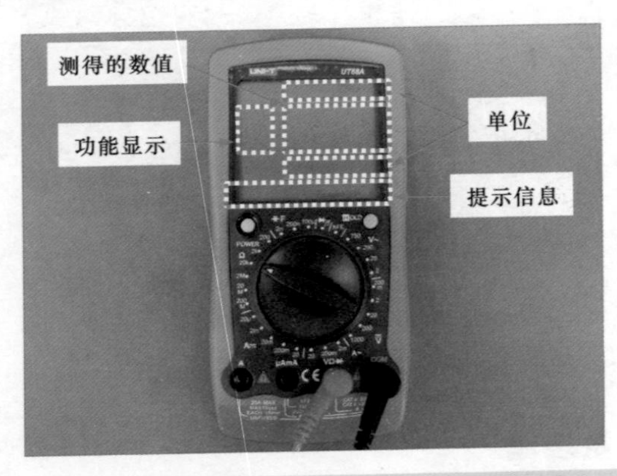

图 4-23　打开数字式万用表的电源开关

在使用该数字式万用表检测时，可以在液晶屏上读到测得的数值、单位以及功能显示、提示信息等。此时可以按下数值保持开关“HOLD”，使测量数值保持在液晶显示屏上。

在某次进行电阻值的检测时万用表的读数见图 4-24。

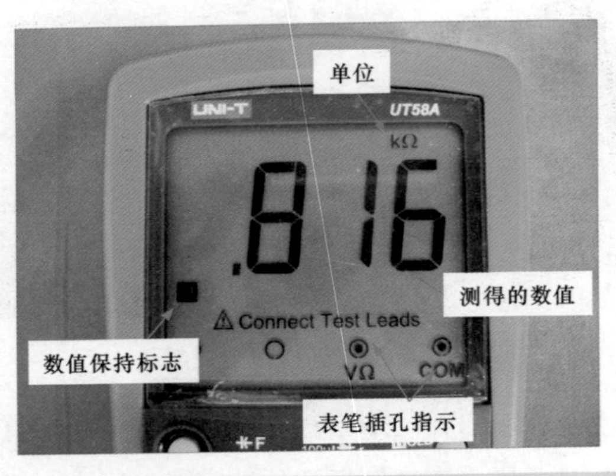

图 4-24　检测电阻值的读数

从图中可以看到数字式万用表液晶显示屏上的信息，显示测量值“.816”，数值的上方为单位 kΩ，即所测量的电阻值为 0.816kΩ ；液晶显示屏的下方可以看到表笔插孔指示为 VΩ 和 COM，即红表笔插接在 VΩ

表笔插孔上，黑表笔插接在 COM 表笔插孔上。在液晶显示屏左侧有“H”标志，说明此时数值保持开关“HOLD”已按下。若需要恢复测量状态，只需再次按下数值保持开关即可。

5　附加测试器的使用

数字式万用表的附加测试器用于检测电容器的电容量和三极管的放大倍数。附加测试器的使用见图 4-25。

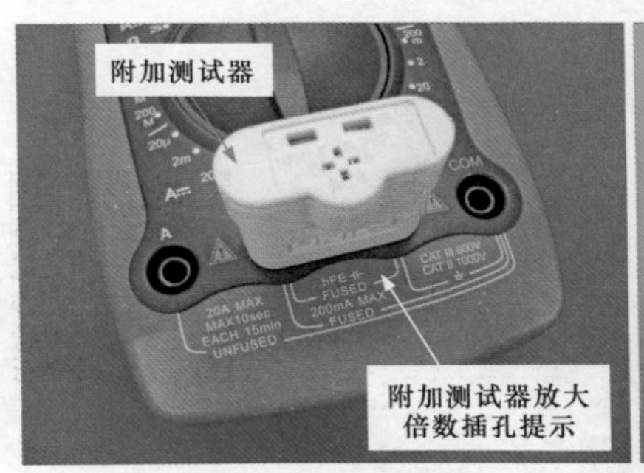

图 4-25　附加测试器的使用

在使用时应先将附加测试器插在表笔插孔中，再将待测元器件插在附加测试器上，同时应注意被测元器件与插孔相对应。

第 5 章

掌握兆欧表的使用操作

5.1 认识兆欧表

5.1.1 认识手摇式兆欧表

兆欧表也称为绝缘电阻表，主要用于检测电气设备、家用电器以及线缆的绝缘电阻或高值电阻。绝缘体的电阻值与普通电阻值不同，绝缘电阻值非常大。如果电源线与接地线之间的绝缘阻值较小，就容易发生漏电情况，对人身及电气设备本身造成危害，因此掌握兆欧表的功能和用法就显得尤为重要。

兆欧表可以测量所有导电型、抗静电型及静电泄放型材料的阻抗或电阻。使用兆欧表测出绝缘性能不良的设备和产品，可以有效地避免发生触电伤亡及设备损坏等事故。

手摇式兆欧表的内部无内置电池，但在其内部安装有小型手摇发电机，可以通过手动摇柄产生高压加到检测端。手摇式兆欧表主要由刻度盘、接线端子、手动摇杆、测试线等部分构成，图 5-1 为典型的手摇式兆欧表。

提示

手摇式兆欧表通常只能产生一种电压，当需要测量不同电压下的绝缘电阻时，就要选择相应的手摇式兆欧表。若测量额定电压在 500V 以下的设备或线路的绝缘电阻时，可选用 500V 或 1000V 兆欧表；测量额定电压在 500V 以上的设备或线路的绝缘电阻时，应选用 1000 ~ 2500V 的兆欧表；测量绝缘子时，应选用 2500 ~ 5000V 兆欧表。一般情况下，测量低压电气设备的绝缘电阻时，可选用 0 ~ 200MΩ 量程的兆欧表。

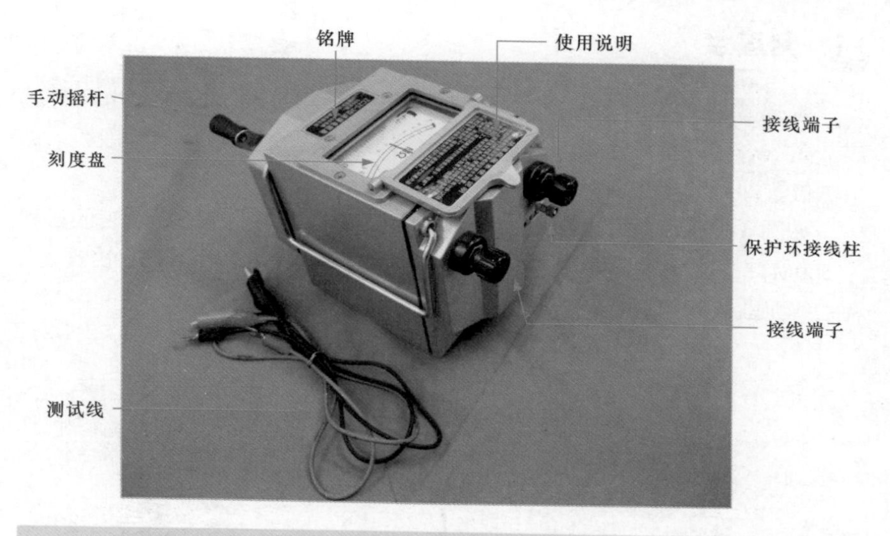

图 5-1　手摇式兆欧表的实物外形

通常，在手摇式兆欧表上安装有铭牌标识和使用说明，可以通过观察铭牌标识和使用说明了解该手摇式兆欧表的产品信息和使用要求。

图 5-2 为手摇式兆欧表的铭牌标识和使用说明。铭牌标识上标有型号、额定电压、量程和生产厂家等信息；使用说明位于刻度盘上方，简单介绍了该手摇式兆欧表的使用方法和注意事项。

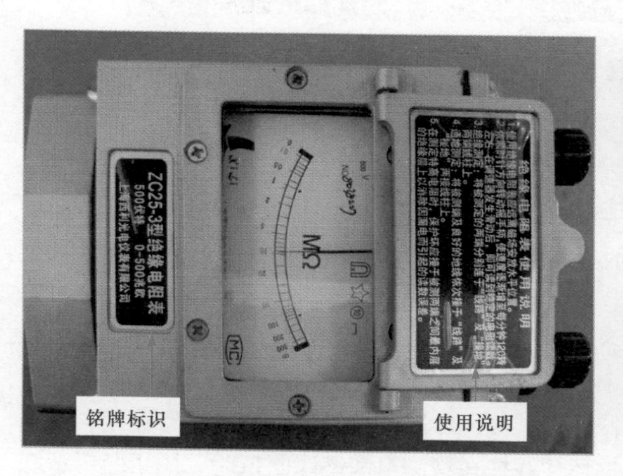

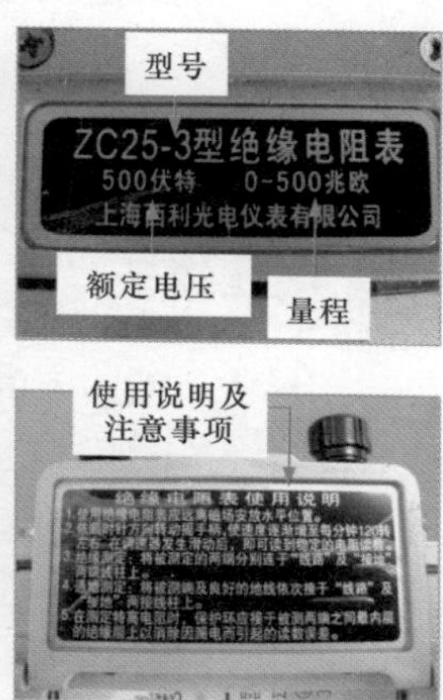

图 5-2　手摇式兆欧表的铭牌标识和使用说明

1 刻度盘

手摇式兆欧表的刻度盘由量程、刻度线、指针和额定输出电压等构成。兆欧表会以指针指示的方式指示出测量结果，根据指针在刻度线上的指示位置即可读出当前测量的具体数值。

如图 5-3 所示，可以通过刻度盘上的标识得知该手摇式兆欧表的量程为 500MΩ，额定输出电压为 500V，指针初始位置一直位于 10MΩ 处。有一些兆欧表的指针在待机状态时指向∞。

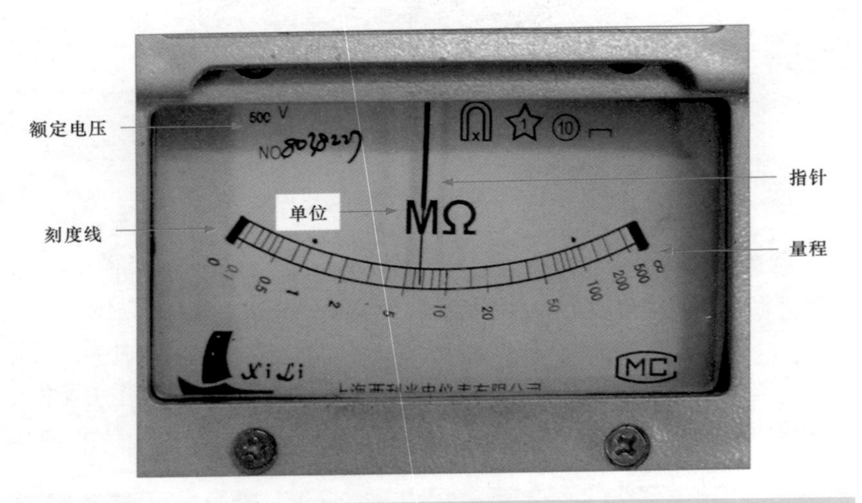

图 5-3 手摇式兆欧表的刻度盘

2 接线端子

手摇式兆欧表上的接线端子是用于与测试线进行连接的，通过测试线与待测设备进行连接，对其绝缘阻值进行检测。

如图 5-4 所示，手摇式兆欧表共有三个接线端子：线路端子 L 用以连接被测导体，习惯上使用红色测试线与线路端子相连；接地端子 E 通常在测量时，用于与电器外壳、接地棒以及线路绝缘层等进行连接，习惯上使用黑色测试线；保护环接线柱在检测电缆绝缘阻值时，用于与屏蔽线进行连接。

图 5-4　手摇式兆欧表的接线端子

3　测试线

手摇式兆欧表的测试线可以分为红色测试线与黑色测试线，用于连接手摇式兆欧表与待测设备。

图 5-5 为手摇式兆欧表的测试线，红色测试线用来与线路接线端子（L）连接，黑色测试线用来与接地接线端子（E）连接。测试线的一端为 U 形接口，用来与接线端子连接；另一端为鳄鱼夹，用以夹住待测部位，有效防止滑脱。

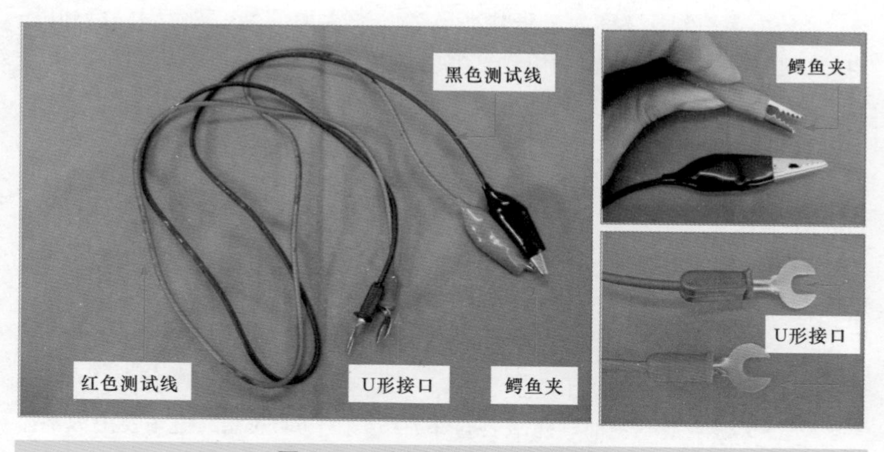

图 5-5　手摇式兆欧表的测试线

4 手动摇杆

手摇式兆欧表的手动摇杆与内部的发电机相连，当顺时针摇动摇杆时，兆欧表中的小型发电机开始发电，为检测电路提供高压。

图 5-6 为手摇式兆欧表的手动摇杆。在使用手摇式兆欧表进行测试时，应当顺时针摇动手动摇杆，这样可以使手摇式兆欧表的输出端开始输出高电压。

图 5-6 手摇式兆欧表的手动摇杆

5.1.2 认识电动式兆欧表

电动式兆欧表又称为电子式兆欧表，通常内部装有内置电池和升压电路，在检测时内置电池为电动式兆欧表提供所需要的高压电源。而电动式兆欧表根据显示检测数值的方式不同，又可分为数字式兆欧表与指针式兆欧表。

数字式兆欧表使用数字直接显示测量的结果，其内部通常使用内置电池作为电源，它采用 DC/DC 变换技术提升至所需的直流高压。图 5-7 为数字式兆欧表的实物外形，它具有测量精度高、输出稳定、功能多样、经久耐用等特点，并可以通过改变挡位从而改变输出电压。

指针式兆欧表内部同样设有内置电池作为电源，它是使用刻度表值，具有体积小、重量轻、便于携带等特点。图 5-8 为指针式兆欧表的实物外形。

图 5-9 为典型的电动式兆欧表的外形结构。电动式兆欧表主要由数字显示屏、测试线连接插孔、功能按钮、量程调节旋钮以及测试钮等部分构成。

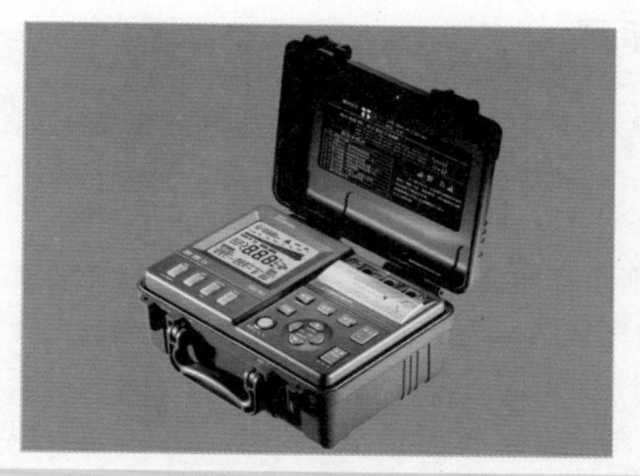

图 5-7　数字式兆欧表的实物外形

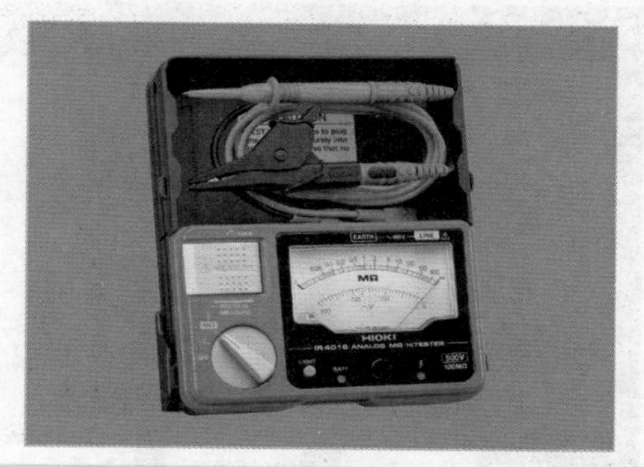

图 5-8　指针式兆欧表的实物外形

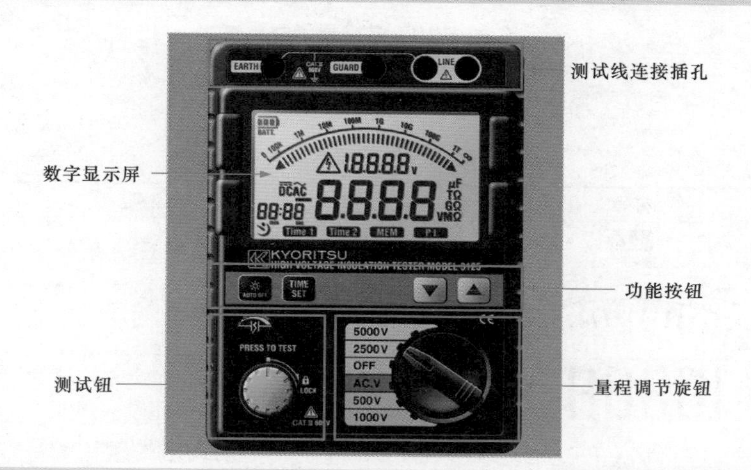

图 5-9　典型的电动式兆欧表的外形结构

1 数字显示屏

电动式兆欧表的数字显示屏可以显示被测电阻的数值，此外还能显示很多辅助信息，如电池状态、高压电压值、高压警告、测试时间、存储指示、极性符号等。

如图 5-10 所示，数字显示屏直接显示测试时所选择的高压挡位以及高压警告。通过电池状态可以了解数字式兆欧表内的电量，测试时间可以显示测试的时间，计时符号闪动时表示当前处于计时状态。对于检测到的绝缘阻值，可以通过光标刻度盘读出测试的读数，也可以直接显示出检测的数值以及单位。

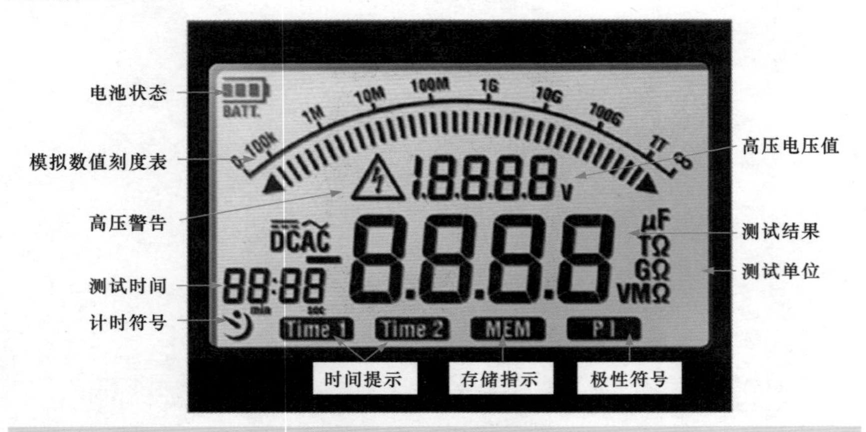

图 5-10 数字显示屏

表 5-1 为数字显示屏显示符号的意义。

表 5-1 数字显示屏显示符号的意义

符号	定义	说明
BATT	电池状态	显示电池的使用量
0 100k 1M 10M 100M 1G 10G 100G 1T ∞	光标刻度表	显示测试阻值的范围
1.8.8.8.8 V	高压电压值	输出高压值
	高压警告	按下测试键后输出高压时，该符号点亮

（续）

符号	定义	说明
88:88 min sec	测试时间	测试时显示的时间
(计时符号图标)	计时符号	当处于测试状态时，该符号闪动，表明正在测试计时
8.8.8.8	测试结果	测试的阻值结果，无穷大显示为“—— ——”
μF TΩ GΩ VMΩ	测试单位	测试结果的单位
Time1	时间提示	到时间提示
Time2	时间提示	到时间提示并计算吸收比
MEM	存储指示	当按存储键显示测试结果时，该符号点亮
P1	极性指示	极性指数符号，当到 Time2 计算完极性指数后，点亮该符号

2 测试线连接插孔

电动式兆欧表上的测试线连接插孔用于与测试线进行连接，便于电动式兆欧表通过测试线与待测设备进行连接，可以对设备进行检测。

如图 5-11 所示，电动式兆欧表共有三类连接插孔：地线连接插孔（EARTH）、屏蔽线连接插孔（GUARD）、线路连接插孔（LINE），通常检测绝缘电阻时只连接接地插孔和线路插孔即可。只有在检测其有屏蔽层的电缆时，才将屏蔽线接到 GUARD 端。

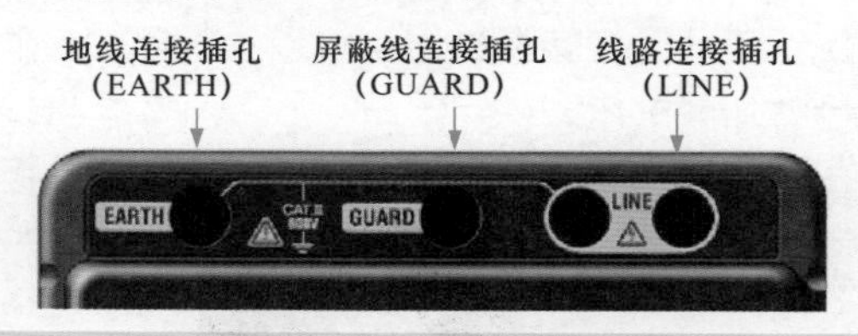

图 5-11 测试线连接插孔

3 功能按钮

电动式兆欧表的功能按钮主要由背光灯控制键、时间设置键和上下控制键等构成。

图 5-12 为电动式兆欧表的功能按钮，背光灯控制键可用于控制数字显示屏内的背光灯点亮或熄灭，时间设置键用于设置显示的时间等信息，上下键用于控制数据的读取与数据的修改等。

图 5-12　电动式兆欧表的功能按钮

4　量程调节旋钮

电动式兆欧表的量程调节旋钮可以选择测试挡位和测试量程。

图 5-13 为电动式兆欧表的量程调节旋钮，该电动式兆欧表可以调节的量程有交流测试挡（AC）、关闭挡（OFF）、500V、1000V、2500V、5000V 等多个挡位。

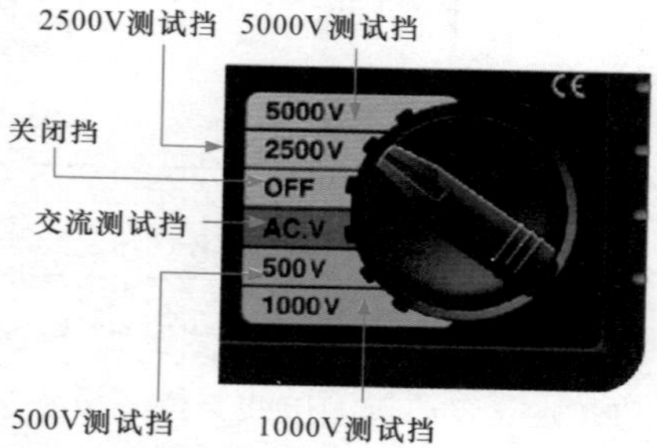

图 5-13　电动式兆欧表的量程调节旋钮

5　测试钮

电动式兆欧表的测试钮用于检测设备或线缆的绝缘电阻值。

图 5-14 为电动式兆欧表的测试钮，需要测试绝缘电阻值时，按下测试钮即可加载电压。若此时旋转测试钮，可以锁定此键，使电动式兆欧表可以一直为检测设备加载电压。

图 5-14　电动式兆欧表的测试钮

5.2 掌握兆欧表的使用方法

5.2.1 掌握手摇式兆欧表的使用方法

1 连接测试线

使用手摇式兆欧表检测室内供电电路的绝缘阻值时，首先将 L 电路接线端子拧松，然后将红色测试线的 U 形接口接在连接端子（L）上，再拧紧 L 电路接线端子；再将 E 接地端子拧松，并将黑色测试线的 U 形接口接入连接端子，拧紧 E 接地端子，如图 5-15 所示。

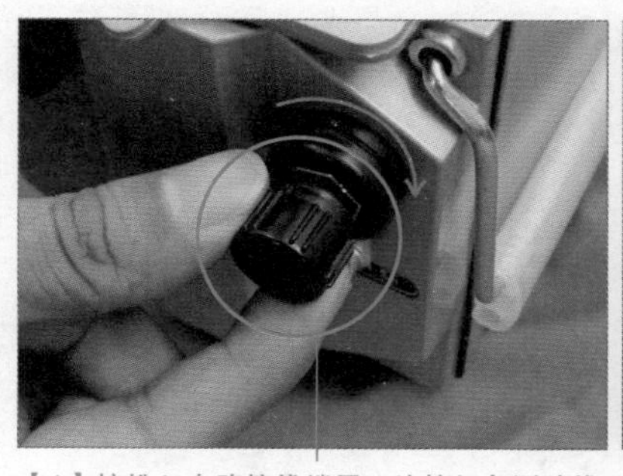

【1】拧松 L 电路接线端子，连接红色测试线

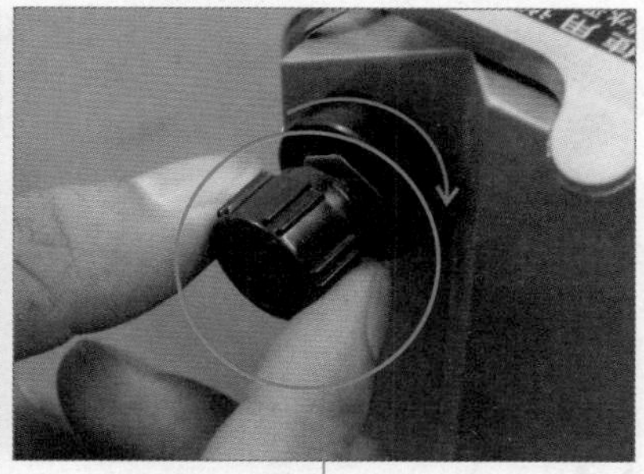

【2】拧松 E 接地线端子，连接黑色测试线

图 5-15 将红黑测试线与接线端子进行连接

2 对兆欧表进行空载检测

在使用手摇式兆欧表进行测量前，应对手摇式兆欧表进行开路与短路测试，检查兆欧表是否正常。将红黑测试夹分开，顺时针摇动摇杆，兆欧表指针应当指示“无穷大”；再将红黑测试夹短接，顺时针摇动摇杆，兆欧表指针应当指示“零”。说明该兆欧表正常，注意摇速不要过快，如图 5-16 所示。

3 检测室内供电电路的绝缘阻值

将室内供电电路上的总断路器断开，然后将红色测试线连接支路开关（照明支路）输出端的电线，黑色测试线连接在室内的地线或接地端(接地棒)，如图 5-17 所示。然后顺时针旋转兆欧表的摇杆，检测室内供电电路与大地间的绝缘电阻。若测得阻值大于 0.5MΩ，则说明该电路绝缘性很好，是安全的。注意，检测时切忌带电操作。

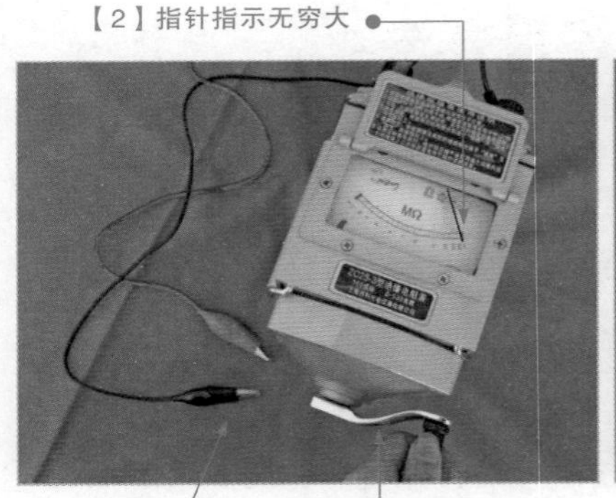

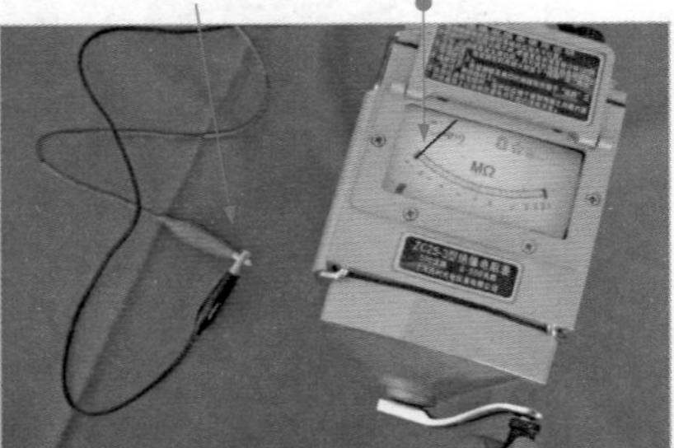

图 5-16　使用前检测兆欧表

【1】红色测试线
连接支线开关
【4】测得阻抗
约为 0.5MΩ
MΩ
照明支路
插座支路
接地端
【2】黑色测试线
连接接地棒
【3】顺时针摇动摇杆

图 5-17　检测室内供电电路与接地端的绝缘电阻

提示

在使用兆欧表进行测量时，需要手提兆欧表进行测试，保证提兆欧表的手稳定，防止兆欧表在摇动摇杆时晃动，并且应当使兆欧表水平放置再去读取检测数值。在转动摇杆手柄时，应当由慢至快。若发现指针指向零时，应当立即停止摇动摇杆，以防兆欧表内部的线圈损坏。兆欧表在检测过程中，严禁用手触碰测试端以防电击。在检测结束后进行拆线时，也不要触及引线的金属部分。

4 检测线缆的绝缘电阻

使用手摇式兆欧表检测线缆的绝缘阻值时，同样应将红色测试线连接到连接端子（L）上，黑色测试线连接至接地端子（E）上；然后将保护环端子 G 拧松，绿色导线连接至保护环端子上，再将保护环端子拧紧即可，如图 5-18 所示。

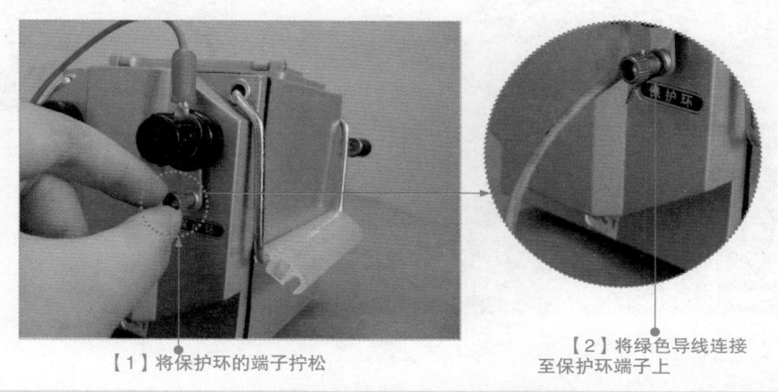

图 5-18 绿色导线与保护环端子连接

当绿色导线与保护环端子连接完成后，应当将绿色导线的另一端与线缆内层的屏蔽层进行连接，再将黑色接线夹（E 端）夹在线缆的外绝缘层上，并将红色接线夹夹在线缆内的芯线上，如图 5-19 所示。

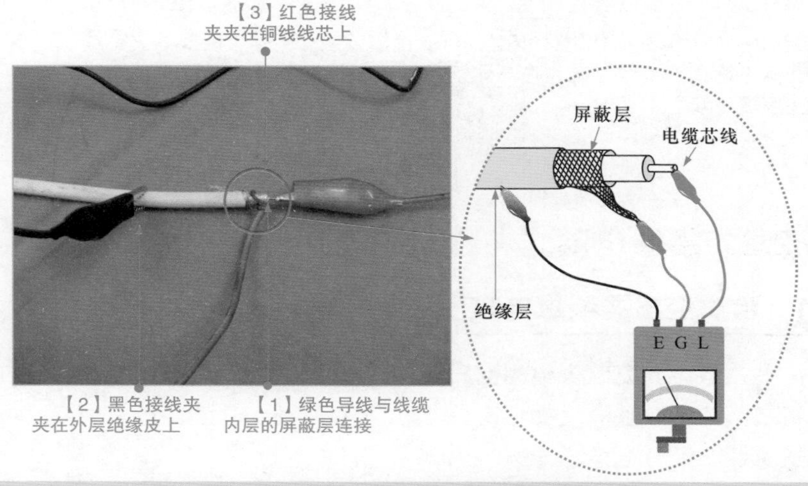

图 5-19 待测线缆的连接方法

当测试线缆与手摇式兆欧表连接好后，可以顺时针匀速摇动摇杆，观察刻度盘上指针的指向，此时检测到的阻抗为“70MΩ”，如图 5-20 所示。

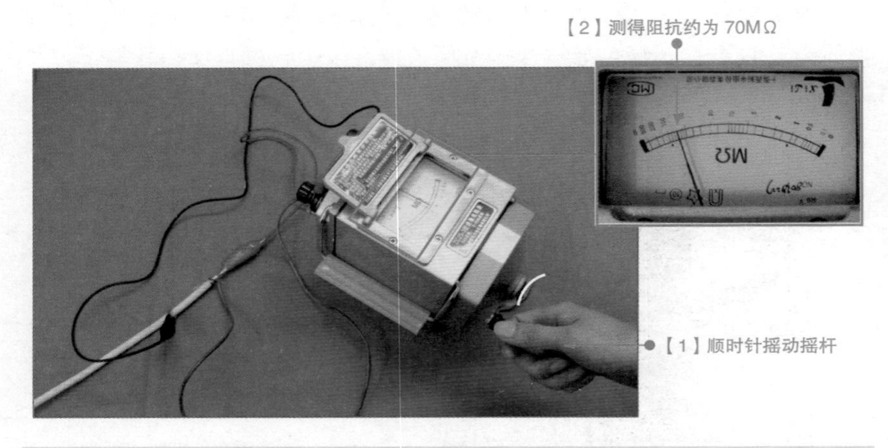

图 5-20　摇动摇杆测试线缆的绝缘阻值

提示

在使用兆欧表测量线缆的绝缘阻值时，当兆欧表为线缆所加的电压为 1000V 时，线缆的绝缘阻值达到 1MΩ 以上；若加载的电压为 10kV 时，线缆的绝缘阻值达到 10MΩ 以上，可以说明该线缆绝缘性能良好。若线缆绝缘性能不能达到上述要求，在与之连接的电气设备等运行过程中，可能导致短路故障的发生。

5.2.2　掌握电动式兆欧表的使用方法

1　检测变压器绝缘电阻

使用数字式兆欧表检测变压器的绝缘阻值时，需要分别对变压器的绕组之间的绝缘阻值以及与铁心之间的绝缘阻值进行检测，图 5-21 为待测变压器的实物外形。

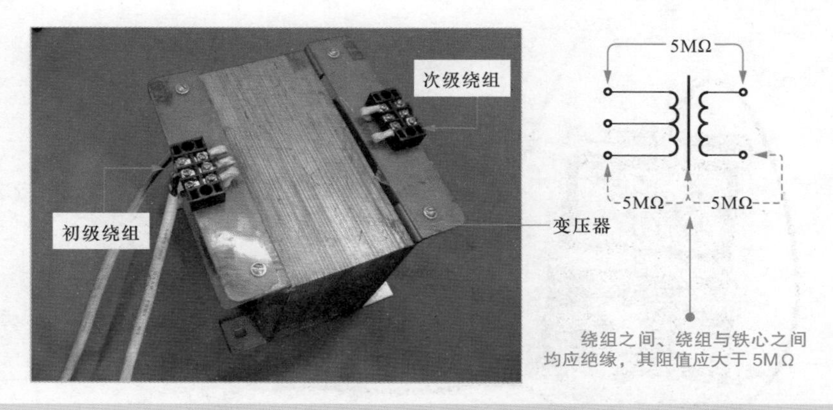

图 5-21　待测变压器的实物外形

将数字式兆欧表的量程调整为“500V”挡，显示屏上也会同时显示量程为 500V；然后将红表笔插入线路端“LINE”孔中，再将黑表笔插入接地端“EARTH”孔中，如图 5-22 所示。

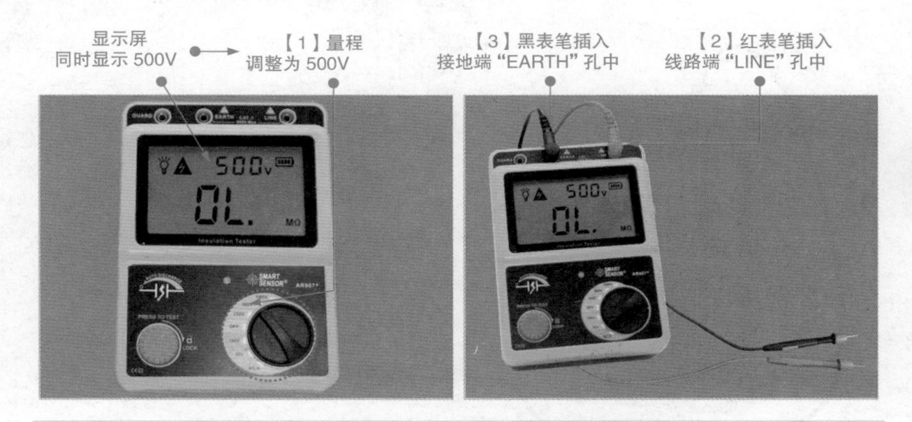

图 5-22　调整数字式兆欧表的量程并连接表笔

将数字式兆欧表的红表笔搭在变压器初级绕组的任意一根线芯上，黑表笔搭在变压器的金属外壳上，然后按下数字式兆欧表的测试按钮，此时数字式兆欧表的显示盘显示绝缘阻值为 500MΩ，如图 5-23 所示。

将数字式兆欧表的红表笔搭在变压器次级绕组的任意一根线芯上，黑色表笔搭在变压器的金属外壳上，然后按下数字式兆欧表的测试按钮，此时数字式兆欧表的显示盘显示绝缘阻值为 500MΩ，如图 5-24 所示。

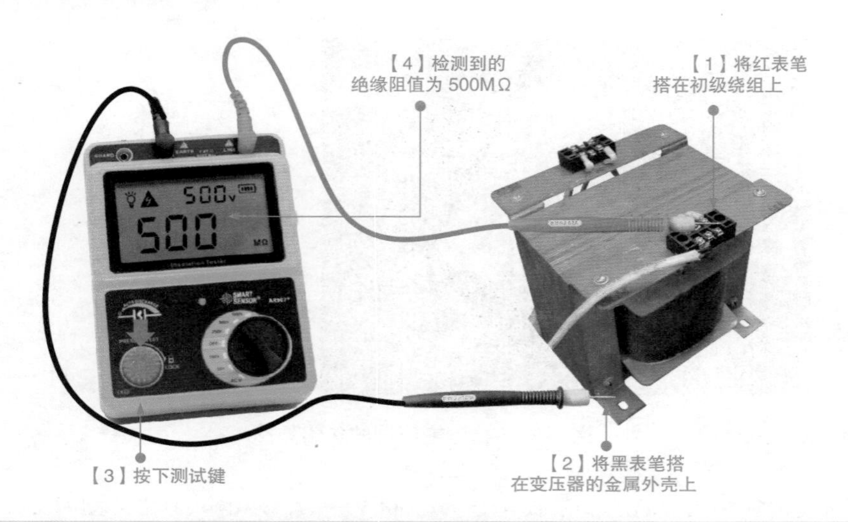

图 5-23　测试变压器初级绕组的绝缘阻值

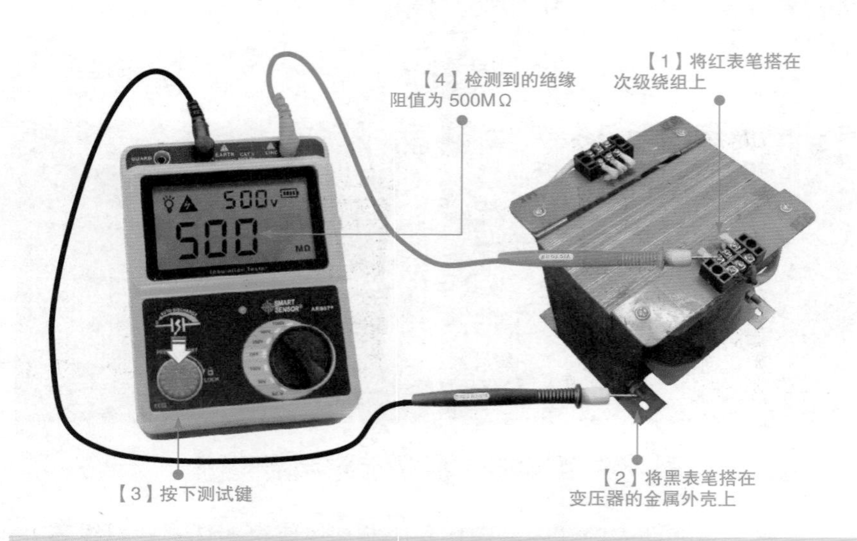

图 5-24　测试变压器次级绕组的绝缘阻值

将数字式兆欧表的红表笔搭在变压器次级绕组的任意一根线芯上，黑表笔搭在变压器初级绕组的任意一根线芯上，然后按下数字式兆欧表的测试按钮，此时数字式兆欧表的显示盘显示绝缘阻值为 500MΩ，如图 5-25 所示。

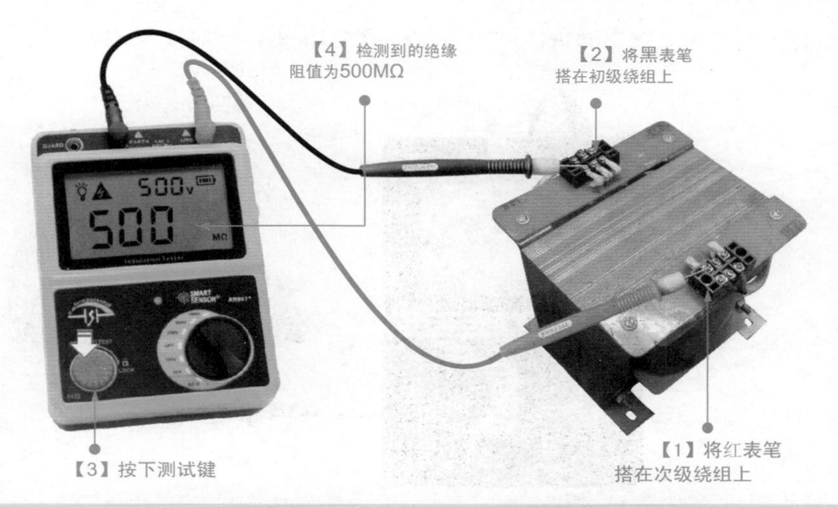

图 5-25　测试变压器初级绕组与次级绕组之间的绝缘阻值

2　检测电动机绝缘电阻

将指针式兆欧表的挡位调整为“2500V”挡，指针式兆欧表上的电源指示灯亮起；然后将红色测试夹的连接线插入线路端“LINE”孔中，将黑色测试夹的连接线插入接地端“EARTH”孔中，如图 5-26 所示。

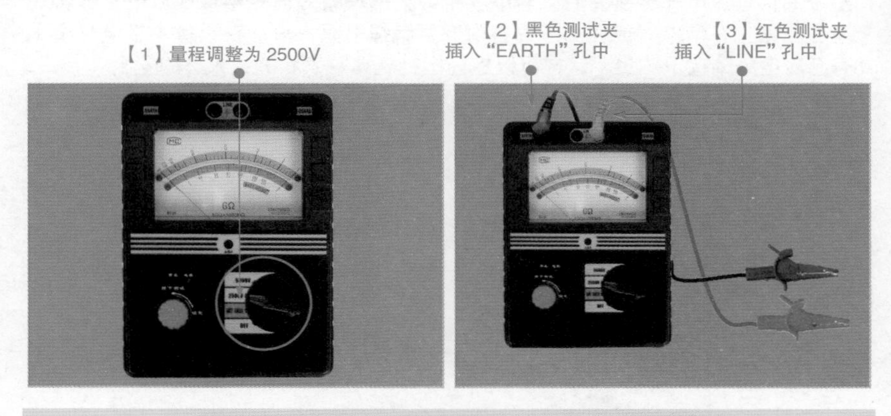

图 5-26　调整指针式兆欧表的挡位并连接测试夹

将指针式兆欧表的红色测试夹夹在电动机的引线线芯上，再将黑色测试夹夹在电动机的外壳上，再按下测试按钮，此时高压指示灯也会同时亮起，指针式兆欧表的指针指示为 0.8GΩ，如图 5-27 所示。

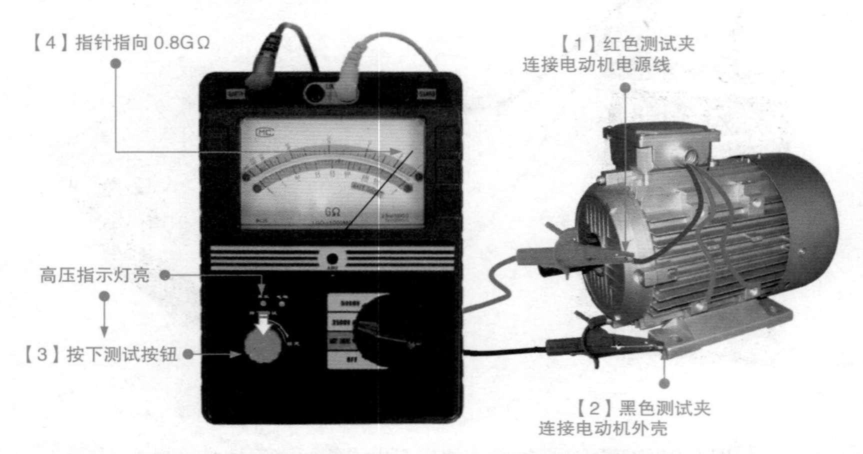

图 5-27　使用指针式兆欧表检测电动机的绝缘阻值

提示

在使用指针式兆欧表检测电动机等大型带电设备时，应当断开待测的电动机与供电电路的一切连接，特别是要切断供电电源。然后将电动机引线端短接并接地放电 1 分钟左右，若电容量较大的设备应当短接接地放电 2 分钟左右。禁止在雷电时或在高压设备附近测绝缘电阻，只能在设备不带电且没有感应电的情况下测量，这样可以保证指针式兆欧表和测试人员的安全。

第 6 章

掌握钳形表的使用操作

6.1 认识钳形表

6.1.1 了解钳形表的种类与特点

钳形表主要是用于检测电气设备或线缆的交流电流，也可检测电压、电阻等项。在使用钳形表检测交流电流时不需要断开电路，可直接通过导线的电磁感应电流进行测量，是一种较为方便的测量仪表。

钳形表是电工操作人员常常会使用到的检测工具，比较常见的钳形表可以分为指针式钳形表（模拟式钳形电流表）、通用型数字钳形表、高压钳形表、漏电电流数字钳形表等。

1 指针式钳形表

指针式钳形表主要用于检测交流电流，可以通过调整不同的量程，测量不同范围的电流量，图 6-1 为指针式钳形表的实物外形。在对家用电器设备交流电流进行检测时，多采用指针式钳形表。

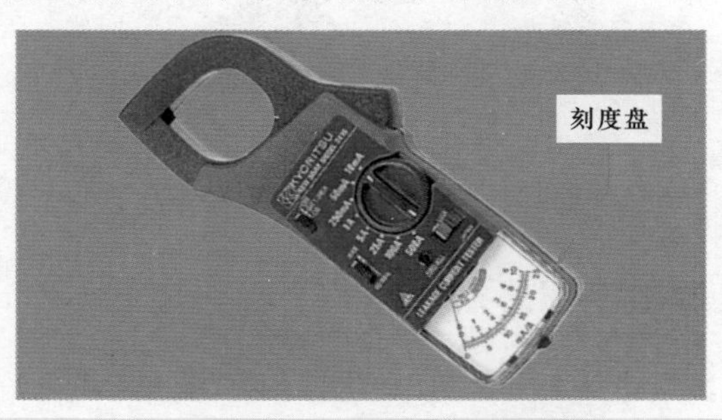

图 6-1　指针式钳形表的实物外形

2 通用型数字钳形表

通用型数字钳形表将钳形表与万用表进行结合，使该类钳形表除了可以用于检测交流电流外，还增加了检测电压、电阻等功能，图 6-2 为通用型数字钳形表的实物外形。

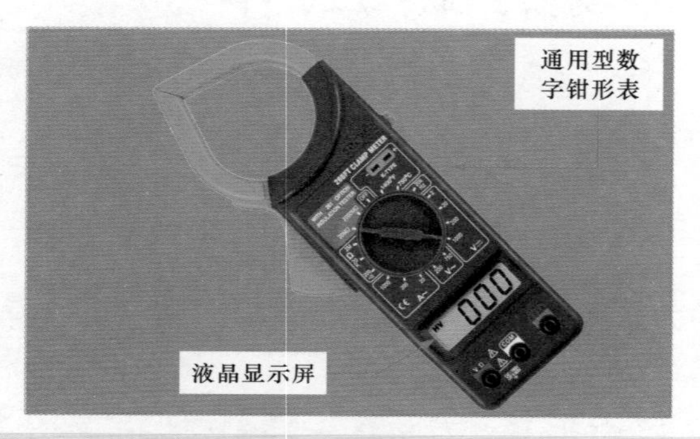

图 6-2 通用型数字钳形表的实物外形

3 高压钳形表

高压钳形表主要在检测高压交流电流时使用，图 6-3 为高压钳形表的实物外形。在对三相高压线缆的电流进行检测时，可以使用高压钳形表。

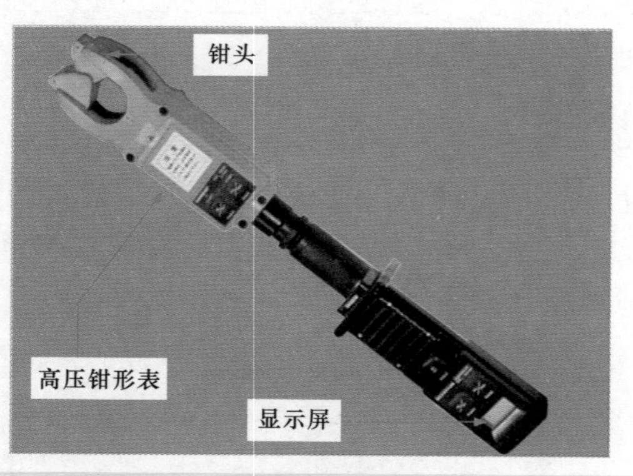

图 6-3 高压钳形表的实物外形

4 漏电电流数字钳形表

漏电电流数字钳形表主要用于检测交流设备的漏电电流，图 6-4 所示为漏电电流数字钳形表的实物外形。当需要确认电气设备中的漏电部位时，可以使用漏电电流数字钳形表对电路进行检测。

图 6-4 漏电电流数字钳形表的实物外形

6.1.2 了解钳形表的结构组成

通用型数字钳形表的应用较为广泛，并且功能多样，可以满足不同用户的需求。这里以典型的通用型数字钳形表为例，讲解钳形表的结构和键钮分布。

图 6-5 为通用型数字钳形表的实物外形。通用型数字钳形表主要由钳头、钳头扳机、锁定开关（保持按钮）、功能旋钮、显示屏、表笔接口和红黑表笔等构成。

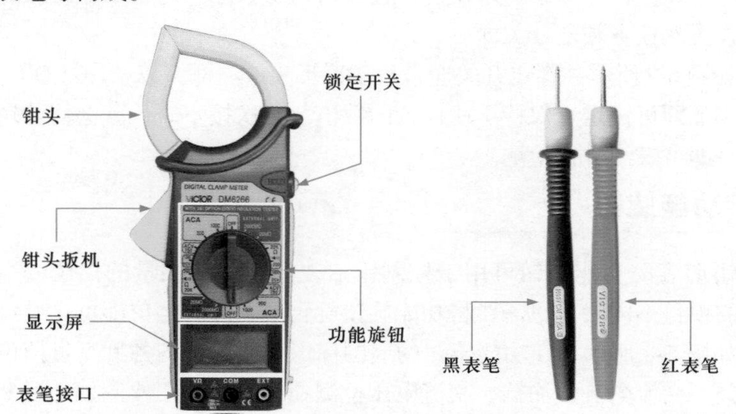

图 6-5 通用型数字钳形表的实物外形

1 钳头扳机和钳头

钳形表的钳头扳机是用于控制钳头部分开启和闭合的工具，钳头是表内检流器线圈的活动铁心。它使被测导线能穿入钳口，用于对导线交流电流的检测。

如图 6-6 所示，当按压钳头扳机时，钳头即会打开，在钳头的接口处可以看到铁心；当松开钳形表的钳头扳机后，钳头即会闭合。

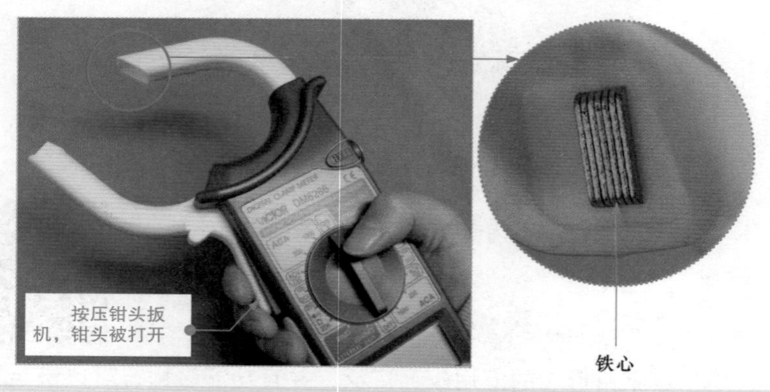

图 6-6 钳形表钳头扳机和钳头

2 锁定开关

锁定开关可以用于锁定显示屏上显示的数据，方便在空间较小或黑暗的地方锁定检测数值，以便于识读。若需要去除保存的数据继续进行检测时，再次按下锁定开关即可。

如图 6-7 所示，锁定开关通常位于钳形表的一侧，以“HOLD”表示，将其按下即可锁定（保持）所检测的数值。再次按下时，就会清除锁定的数据，即可继续进行检测。

3 功能旋钮

钳形表的功能旋钮可用于控制钳形表的开关与测量的挡位，当需要检测的项目不同时，只需要将功能旋钮旋转至对应的挡位即可。

如图 6-8 所示，在功能旋钮的周围标识了钳形表的各种测量挡位：电源开关、交流电流检测挡、交流电压检测挡、直流电压检测挡、通断检测挡、电阻检测挡、绝缘电阻检测挡等。

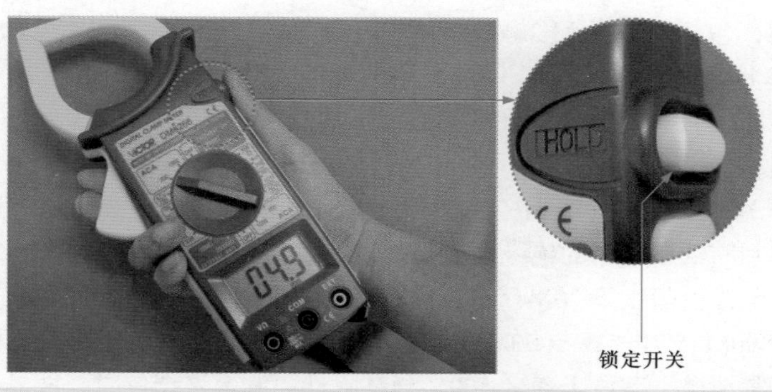

图 6-7　钳形表的锁定开关

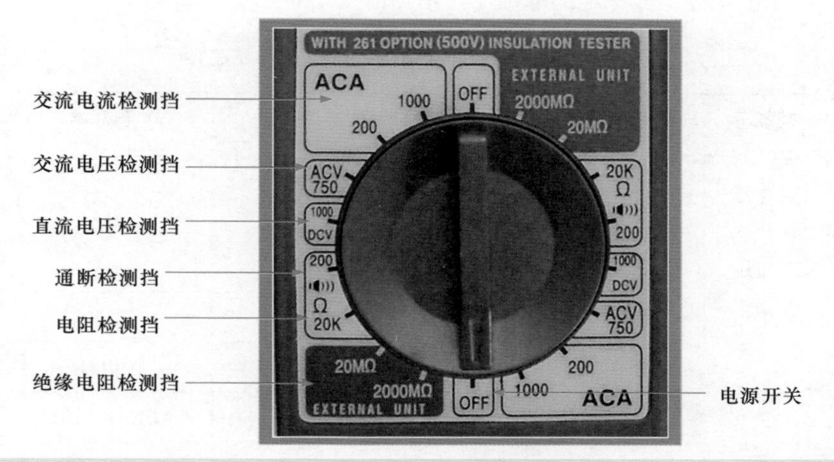

图 6-8　钳形表的功能旋钮

（1）交流电流检测挡　该挡通过钳口对各线路或电器的交流电流进行检测，包括 200A/1000A 两个量程：当检测的交流电流小于 200A 时，旋钮应置于 AC 200A 挡；电流大于 200A 小于 1000A 时，应选择 AC 1000A 挡。其他电量的检查是通过表笔进行的。

（2）交流电压检测挡　用来对低压交流电气线路、家用电器等交流供电部分进行检测，最高输入电压为 750V。

（3）直流电压检测挡　用来对直流电气线路、家用电器等直流供电部分进行检测，最高被测电压为 1000V。

（4）电阻检测档　用来对电子电路或电气线路中元器件的阻值进

行检测，包括 200Ω 和 20kΩ 两个量程。200Ω 挡可用于检测 200Ω 以下电阻器的阻值以及用于判断电路的通断，当回路阻值低于 70±20Ω 时，蜂鸣器发出警示音；20kΩ 挡用于检测大于 200Ω 小于 20kΩ 的电阻器阻值。

（5）绝缘电阻检测挡　用来检测各种低压电器的绝缘阻值，通过测量结果判断低压电器的绝缘性能是否良好，包括 20MΩ 和 2000MΩ 两个量程：绝缘电阻小于 20MΩ 时旋钮置于 20MΩ 挡，绝缘电阻大于 20MΩ 小于 2000MΩ 时选择 2000MΩ 挡。检测绝缘电阻，需配以 500V 测试附件。正常情况下，若未连接 500V 测试附件而调至该挡位时，液晶屏显示值处于游离状态。

钳形表各功能量程的准确度和精确值见表 6-1。

表 6-1　钳形表各功能量程的准确度和精确值

功能	量程	准确度	精确值
交流电流	200A	±（3.0%× 读数 + 5）	0.1A（100mA）
	1000A		1A
交流电压	750V	±（0.8% × 读数 + 2）	1V
直流电压	1000V	±（1.2% × 读数 + 4）	1V
电阻	200Ω	±（1.0% × 读数 + 3）	0.1Ω
	20kΩ	±（1.0% × 读数 + 1）	0.01kΩ（10Ω）
绝缘电阻值	20MΩ	±（2.0% × 读数 + 2）	0.01MΩ（10kΩ）
	2000MΩ	≤ 500MΩ ±（4.0% × 读数 + 2） > 500MΩ ±（5.0% × 读数 + 2）	1MΩ

4　显示屏

钳形表的显示屏主要用于显示检测时的量程、单位、检测数值的极性以及检测到的数值等。

如图 6-9 所示，钳形表检测到的数值位于显示屏的中间。当检测电压时，单位位于检测数值的右侧；若检测电流或电阻时，则不显示单位；而当检测电压和电流为负值时，数值左侧会显示负极的标识。

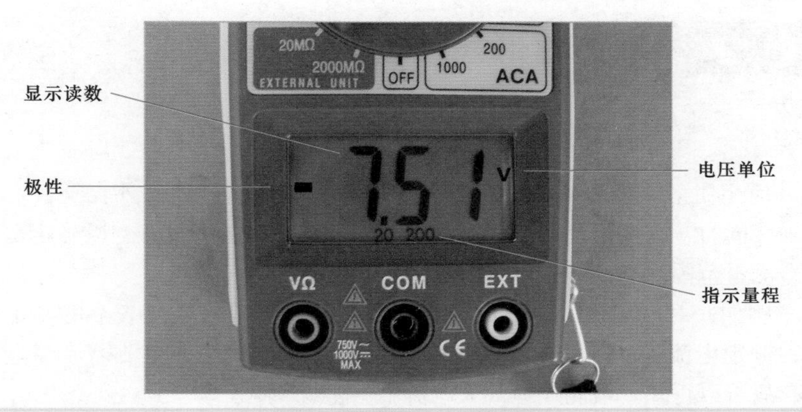

图 6-9 钳形表的显示屏

5 表笔插孔

钳形表的表笔接口用于连接红黑表笔和绝缘测试附件时使用，便于使用钳形表检测电压、电阻以及绝缘阻值。

如图 6-10 所示，钳形表共有三个表笔接口：电压电阻输入接口（红表笔接口）、接地 / 公共接口（黑表笔接口）、绝缘测试附件接口（EXT）。在测量交流电压、直流电压、电阻时需要用到电压电阻输入接口（红表笔接口）、公共 / 接地接口（黑表笔接口）；而在测量绝缘电阻时，需要将 500V 测试附件与绝缘测试附件接口（EXT）连接。

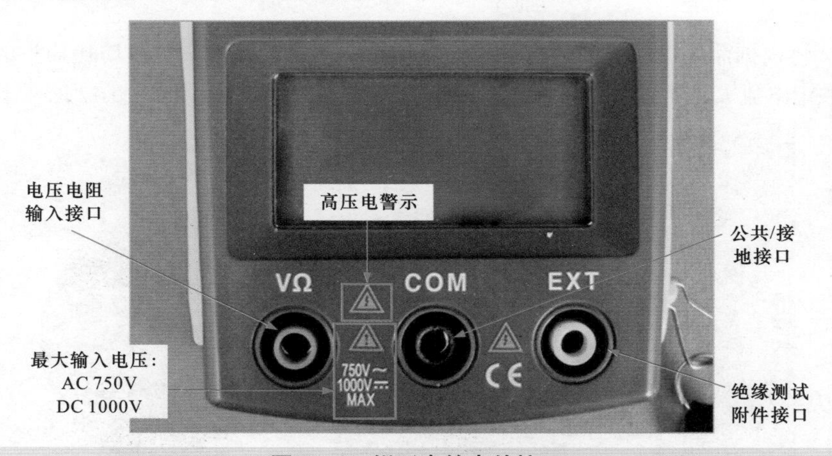

图 6-10 钳形表的表笔接口

6.2 掌握钳形表的使用方法

6.2.1 掌握钳形表检测电流的方法

使用钳形表检测电流时，首先应当查看钳形表的绝缘外壳是否发生破损。同时，在测量前还要对待测线缆的额定电流进行核查，以确定是否符合测量范围。

例如，对电度表的供电线缆进行测量时，先检查电度表上的额定电流，额定电流为40A，如图6-11所示。由于供电线缆的电流需流经电度表，故可以得知，被测线缆最大电流不会超过40A。

【1】检查钳形表的绝缘外壳是否破损

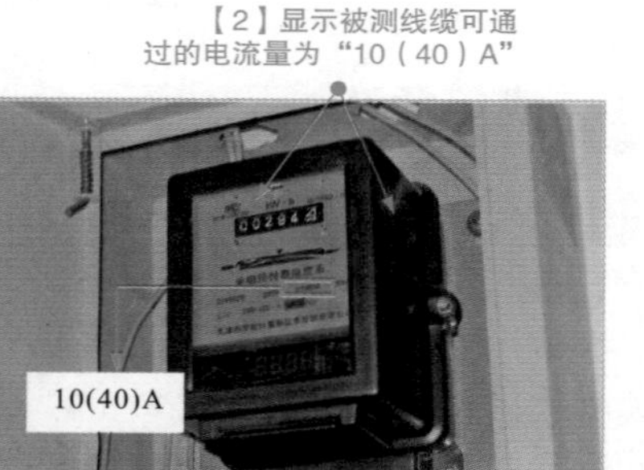

图6-11　检查钳形表的绝缘性能和待测线缆的额定电流

根据需要检测线缆通过的额定电流量，选择的钳形表挡位应比通过的额定电流大，所以应当将钳形表的挡位调至AC 200A挡，如图6-12所示。

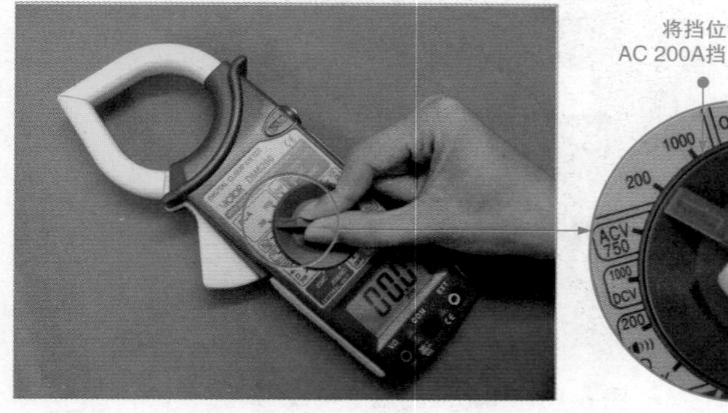

图6-12　调整钳形表挡位

提示

在使用钳形表检测电流时，应先查看待测设备的额定电流，不可随意选取一个挡位，在带电的情况下也不可转换钳形表的挡位。带电转换钳形表的挡位会导致钳形表内部电路损坏，从而无法使用。

当调整好钳形表的挡位后，先确定“HOLD”键锁定开关打开，然后按压钳头扳机，使钳口张开，将待测线缆中的相线放入钳口中，松开钳口扳机，使钳口紧闭，此时即可观察钳形表显示的数值。若钳形表无法直接观察到检测数值时，可以按下“HOLD”键锁定开关，在将钳形表取出后，即可对钳形表上显示的数值进行读取，如图 6-13 所示。

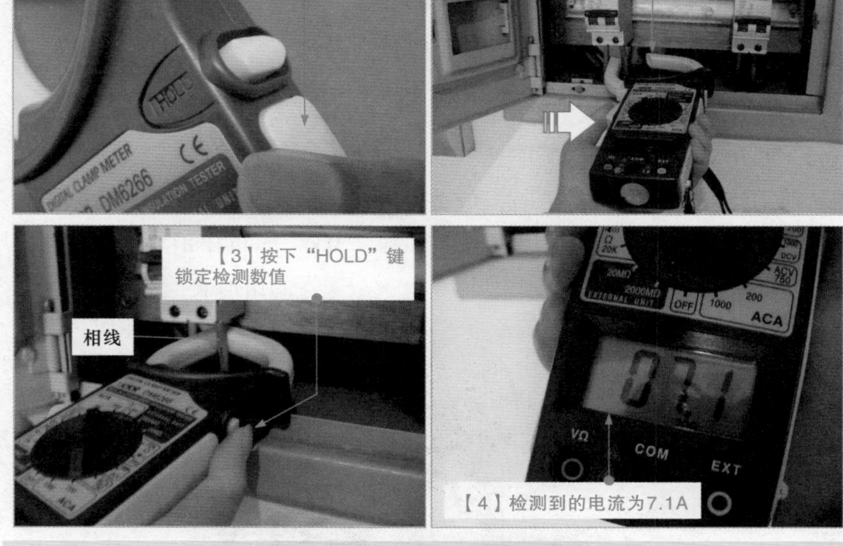

图 6-13　钳形表测量电流

钳形表在检测电流时，不可以用钳头直接钳住裸导线进行检测；并且在钳住线缆后，应当保证钳口密封不可分离（若钳口分离会影响到检测数值的准确性）。

提示

有一些线缆的相线和零线被包裹在一个绝缘皮中，从外观上看，感觉是一根导线。如果此时使用钳形表进行检测，实际上是钳住了两根导线，这样操作无法测量出真实的电流量，如图 6-14 所示。

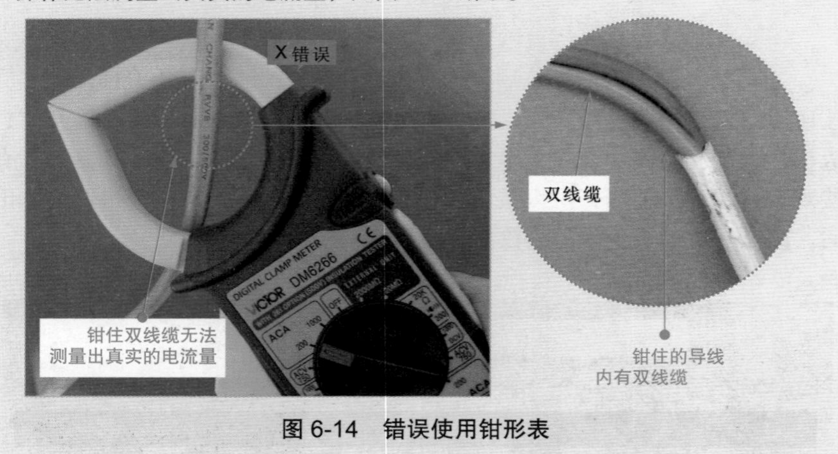

图 6-14　错误使用钳形表

6.2.2　掌握钳形表检测电压的方法

使用钳形表检测电压时，应先查看需要检测设备的额定电压值。图 6-15 所示电源插座的供电电压为交流 220V，应将钳形表挡位调整为 AC 750V。

图 6-15　查看待测设备的额定电压并调整钳形表挡位

将红表笔插入电压电阻输入接口 VΩ 孔中，将黑表笔插入接地 / 公共接口 COM 孔中，如图 6-16 所示。

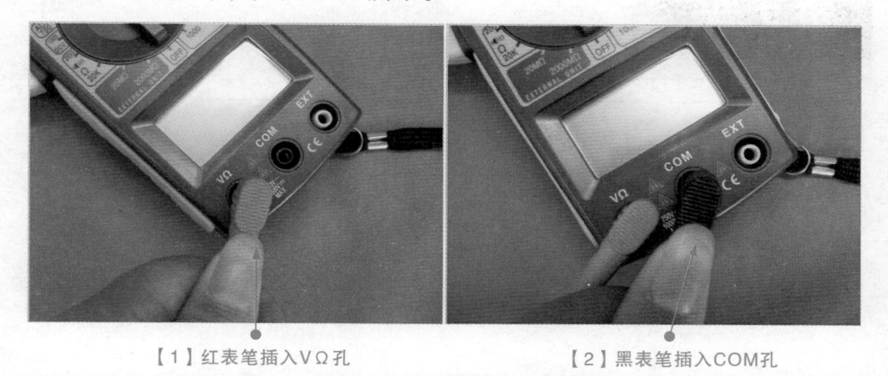

图 6-16　连接检测表笔

将钳形表上的黑表笔插入电源插座的零线孔中，再将红表笔插入电源插座的相线孔中，在钳形表的显示屏上即可显示检测到的 AC 220V 电压，如图 6-17 所示。

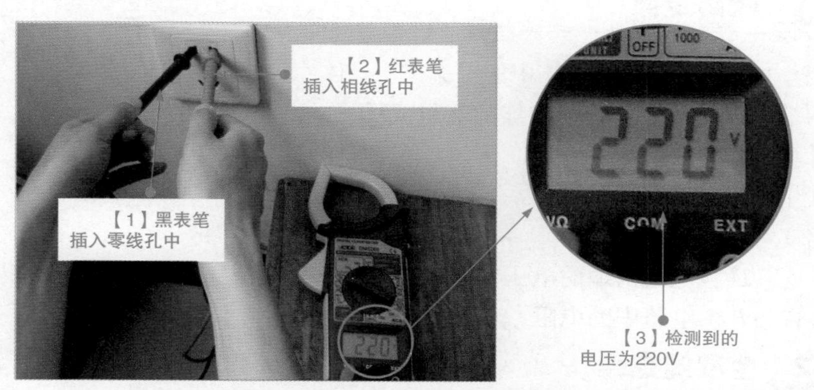

图 6-17　检测电源插座电压

提示

在使用钳形表测量电压时，若测量的是交流电压，可以不用区分正负极；而当测量的电压为直流电压时，必须先将黑表笔连接负极，再将红表笔连接正极。

第7章

电 工 计 算

7.1 电工常用计算公式

7.1.1 基础电路计算公式

1 欧姆定律

如图 7-1 所示，导体中的电流，与导体两端的电压成正比，与导体的电阻成反比。

计算公式为：$I=U/R$

式中，I：电路中的电流，单位为 A（安培）；

U：电路两端的电压，单位为 V（伏特）；

R：电路中的电阻，单位为 Ω（欧姆）。

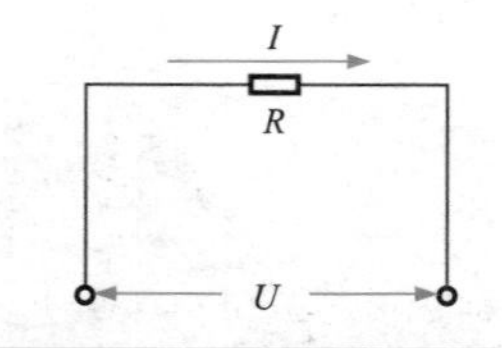

图 7-1 欧姆定律电路

2 全欧姆定律

如图 7-2 所示，全电路欧姆定律研究的是整个闭合电路。在整个闭合电路中，电流与电源的电动势成正比，与内、外电路的电阻之和成反比。

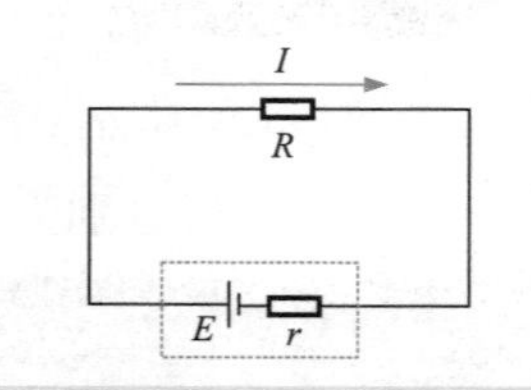

图 7-2 全电路欧姆定律电路

计算公式为：$I=E/(R+r)$

常用的变形式有：$E=I\times(R+r)$；$E=U_{外}+U_{内}$；$U_{外}=E-I\times r$。

式中，E：电源的电动势，单位为 V；

I：电路中的电流，单位为 A；

r：电源的内阻，单位为 Ω；

R：电路中的负载电阻，单位为 Ω。

3 电阻串联计算公式

如图 7-3 所示，电路中两个或两个以上的电阻器首尾连接（没有分支）构成串联电路。在串联电路中，电流处处相等，串联电路总电压等于各处电压之和，串联电阻的等效电阻（总电阻）等于各电阻之和，串联电路总功率等于各功率之和。

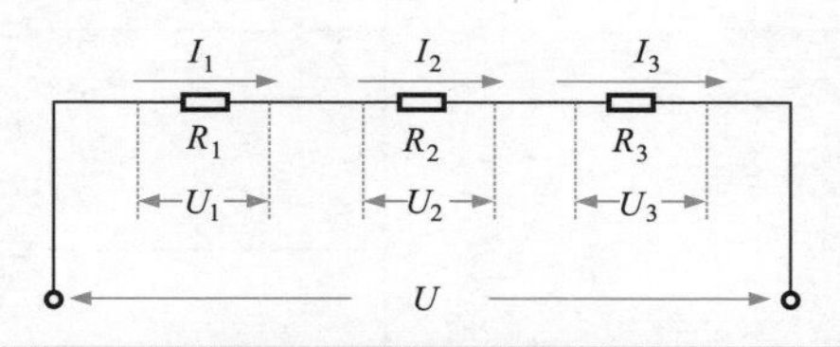

图 7-3 电阻串联电路

电阻串联导体中的电流，与导体两端的电压成正比，与导体的电阻成反比。

计算公式为：$I_1=I_2=I_3$；$R_{总}=R_1+R_2+R_3$；$U_{总}=U_1+U_2+U_3$；$P_{总}=P_1+P_2+P_3$

式中，$R_{总}$：电路中的总电阻（各电阻之和），单位为 Ω（欧姆）；

R_1、R_2、R_3 分别为串联电路中的分电阻，单位为 Ω（欧姆）；

$U_{总}$：串联电路总电压，单位为 V（伏特）；

U_1、U_2、U_3：串联电路各电阻的分电压，单位为 V（伏特）。

4 电阻并联计算公式

如图 7-4 所示，电路中两个或两个以上的电阻器首首相连，同时尾尾亦相连构成并联电路。在并联电路中，各支路电压相等，干路电流等于各支路电流之和，总电阻的倒数等于各分电阻的倒数之和。

计算公式为：$I_{总}=I_1+I_2+I_3$；$1/R_{总}=1/R_1+1/R_2+1/R_3$；$U_1=U_2=U_3$

式中，$R_{总}$：电路中的总电阻（各电阻之和），单位为 Ω（欧姆）；

R_1、R_2、R_3 分别为并联电路中的分电阻，单位为 Ω（欧姆）；

U_1、U_2、U_3：串联电路各电阻的分电压，单位为 V（伏特）。

5 电阻混联计算公式

混联电路是串联、并联混用的电路。在这种电路中，可先按纯串联和纯并联电路部分的特点计算等效电阻、电压、电流，然后再逐步合成，求得整个混联电路的等效电阻、电流和电压。

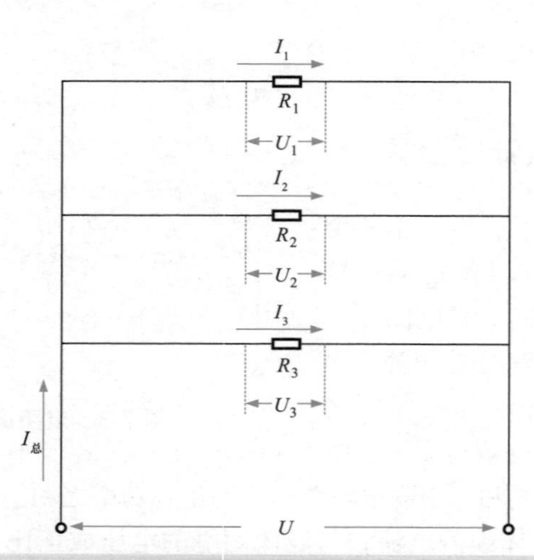

图 7-4　电阻并联电路

如图 7-5 所示，在三个电阻器构建的简单混联电路模型中，计算公式为：

$R_{总}=R_1+(R_2\times R_3)/(R_2+R_3)$；$I_{总}=U_{总}/R_{总}$；$U_1=I_{总}\times R_1$；

$U_2=U_3=I_{总}\times(R_2\times R_3)/(R_2+R_3)$

式中，$R_{总}$：电路中总电阻（各串联和并联电路等效电阻之和），单位为 Ω（欧姆）；

R_1、R_2、R_3 分别为混联电路中的分电阻，单位为 Ω（欧姆）；

$U_{总}$：串联电路总电压，单位为 V（伏特）；

U_1、U_2、U_3：串联电路各电阻的分电压，单位为 V（伏特）；

$I_{总}$：混联电路总电流，单位为 A（安培）。

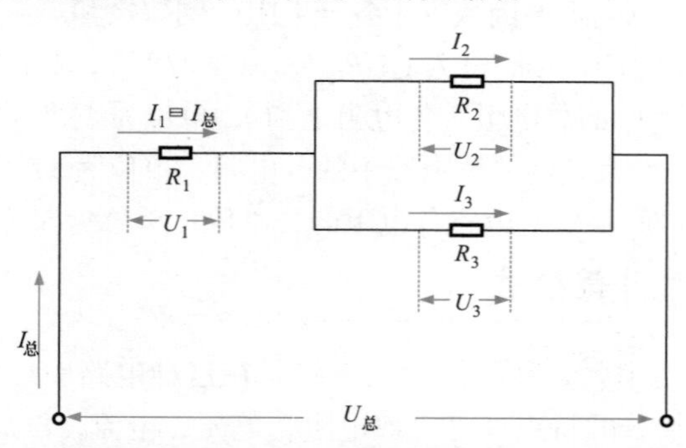

图 7-5　电阻混联电路

6 电阻阻值与导体属性的关系计算公式

电阻阻值与导体属性的关系计算公式为：$R = \rho \times (L/S)$

式中，R：导体电阻，单位为 Ω；

ρ：电阻率，单位为 Ω · m；

L：导体长度，单位为 m；

S：导体的横截面积，单位为 m^2。

7 电容串联总容量计算公式

如图 7-6 所示，电容串联方式的电路中，总电容计算公式为：

$$1/C_{总} = 1/C_1 + 1/C_2 + 1/C_3$$

式中，$C_{总}$：电路中总电容量，单位为 F（法）；

C_1、C_2、C_3：电路中各分电容的电容量，单位为 F（法）。

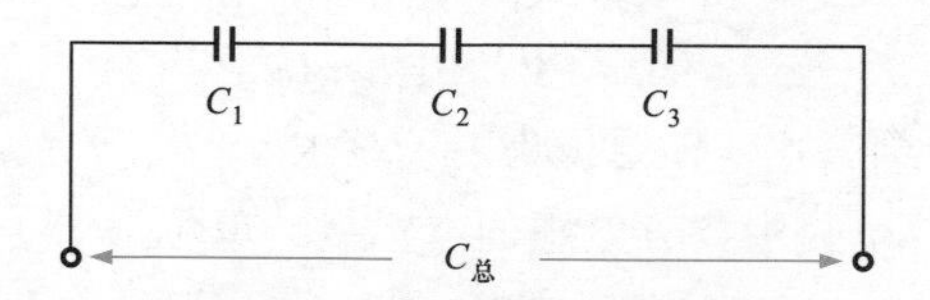

图 7-6 电容串联电路

8 电容并联总容量计算公式

如图 7-7 所示，电容并联方式的电路中，总电容计算公式为：

$$C_{总} = C_1 + C_2 + C_3$$

式中，$C_{总}$：电路中总电容量，单位为 F（法）；

C_1、C_2、C_3：电路中各分电容的电容量，单位为 F（法）。

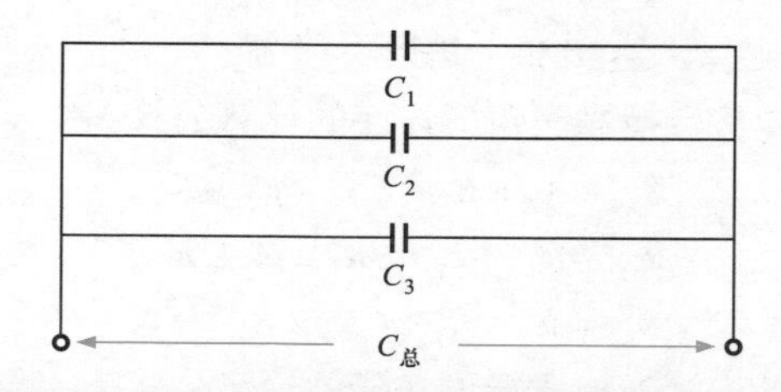

图 7-7 电容并联电路

9　电感串联总容量计算公式

如图 7-8 所示，电感串联方式的电路中，总电感量计算公式为：

$$L_{总}=L_1+L_2+L_3$$

$L_{总}$：电路中总电感量，单位为 H（亨）；

L_1、L_2、L_3：电路中各分电感的电感量，单位为 H（亨）。

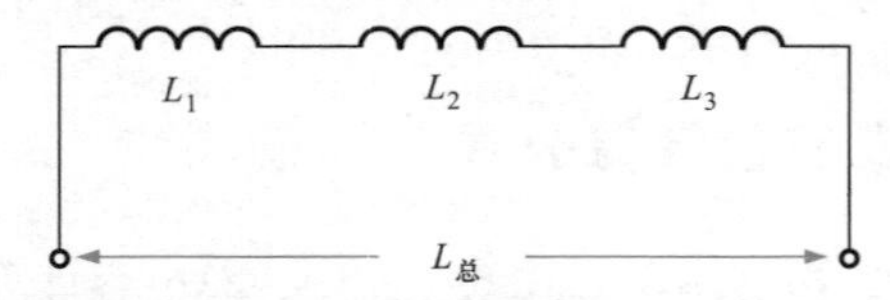

图 7-8　电感串联电路

10　电感并联总容量计算公式

如图 7-9 所示，电感并联方式的电路中，总电感量计算公式为：

$$1/L_{总}=1/L_1+1/L_2+1/L_3$$

$L_{总}$：电路中总电感量，单位为 H（亨）；

L_1、L_2、L_3：电路中各分电感的电感量，单位为 H（亨）。

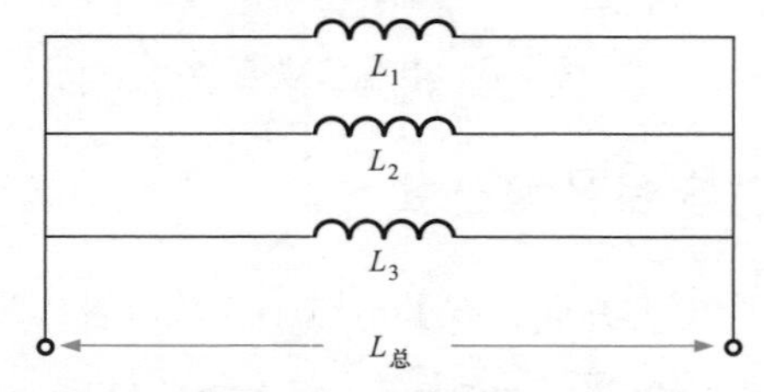

图 7-9　电感并联电路

11　电阻星形与三角形连接变换的计算公式

图 7-10 为电阻星形连接和三角形连接方式。

电阻由星形连接转换成三角形连接的计算公式为：

$$R_{23}=R_2+R_3+(R_2\times R_3)/R_1\ ;$$

$$R_{12}=R_1+R_2+(R_1\times R_2)/R_3\ ;$$

$$R_{31}=R_3+R_1+(R_3\times R_1)/R_2。$$

电阻由三角形连接转换成星形连接的计算公式为：

$$R_1 = (R_{12} \times R_{31}) / (R_{12} + R_{23} + R_{31});$$
$$R_2 = (R_{23} \times R_{12}) / (R_{12} + R_{23} + R_{31});$$
$$R_3 = (R_{31} \times R_{23}) / (R_{12} + R_{23} + R_{31})。$$

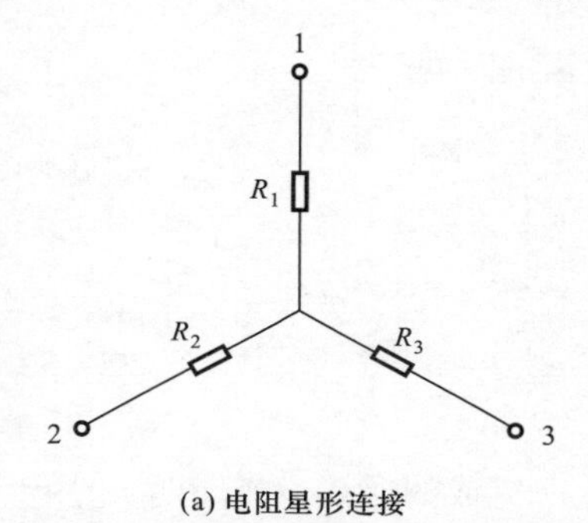

(a) 电阻星形连接

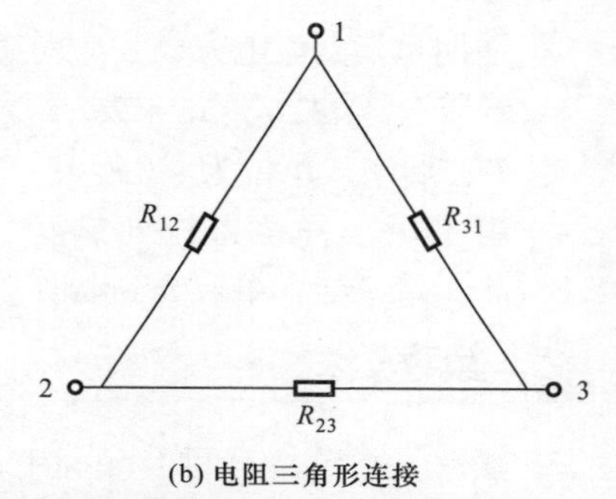

(b) 电阻三角形连接

图 7-10　电阻星形与三角形连接方式

12　电容星形与三角形连接变换的计算公式

图 7-11 为电容星形与三角形连接方式。

电容由星形连接转换成三角形连接的计算公式为：

$$C_{12} = (C_1 \times C_2) / (C_1 + C_2 + C_3);$$
$$C_{23} = (C_2 \times C_3) / (C_1 + C_2 + C_3);$$
$$C_{31} = (C_1 \times C_3) / (C_1 + C_2 + C_3)。$$

电容由三角形连接转换成星形连接的计算公式为：

$$C_1 = C_{12} + C_{31} + (C_{12} \times C_{31}) / C_{23};$$
$$C_2 = C_{23} + C_{12} + (C_{23} \times C_{12}) / C_{31};$$
$$C_3 = C_{31} + C_{23} + (C_{31} \times C_{23}) / C_{12}$$

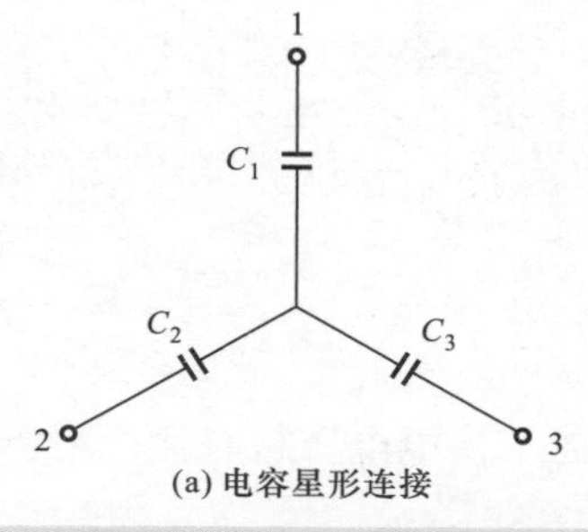

(a) 电容星形连接

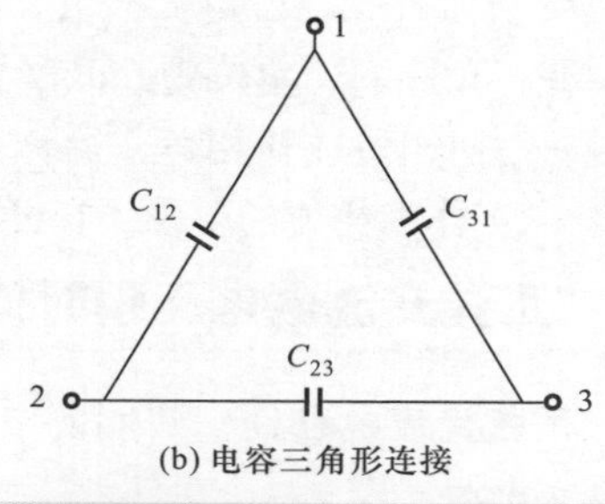

(b) 电容三角形连接

图 7-11　电容星形与三角形连接方式

7.1.2 交流电路计算公式

1 周期公式

周期是指交流电完成一次周期性变化所需的时间。

计算公式为：$T = 1/f = 2\pi/\omega$

T：周期，单位为 s（秒）；

f：频率，单位为 Hz（赫兹）；

ω：角频率，单位为 rad/s（弧度 / 秒）。

2 频率公式

频率是指单位时间（1s）内交流电变化所完成的循环（或周期），用英文字母 f 表示。

计算公式为：$f = 1/T = \omega/2\pi$

3 角频率公式

角频率相当于一种角速度，它表示了交流电每秒变化的弧度，角频率用希腊字母 ω 表示。

计算公式为：$\omega = 2\pi f = 2\pi/T$

4 正弦交流电电流瞬时值公式

正弦交流电的数值是在不断变化的，在任一瞬间的电流称为正弦交流电电流瞬时值，用小写字母 i 表示。

计算公式为：$i = I_{max} \times \sin(\omega t + \varphi)$

I_{max}：电流最大值，单位为 A（安培）；

t：时间，单位为 s（秒）；

ω：角频率，单位为 rad/s（弧度 / 秒）；

φ：初相位或初相角，简称初相，单位为 rad（弧度）。在电工学中，用度（°）作为相位的单位，1rad=57.2958°。

5 正弦交流电电压瞬时值公式

正弦交流电在任一瞬间的电压称为正弦交流电电压瞬时值，用小写字母 u 表示。

计算公式为：$u = U_{max} \times \sin(\omega t + \phi)$
式中，U_{max}：电压最大值，单位为 V（伏特）。

其他字母含义与上面相同，以后凡是首次出现的字母，如含义相同，则不再重述。

6　正弦交流电电动势瞬时值公式

正弦交流电在任一瞬间的电动势称为正弦交流电电动势瞬时值，用小写字母 e 表示。

计算公式为：$e = E_{max} \times \sin(\omega t + \phi)$
式中，E_{max}：电动势最大值，单位为 V（伏特）。

7　正弦交流电电流最大值公式

正弦交流电电流的瞬时值中的最大值（或振幅）称为正弦交流电电流的最大值或振幅值，用大写字母 I 并在右下角标注 max 表示。

计算公式为：$I_{max} = \sqrt{2} \times I = 1.414 \times I$
式中，I：电流有效值，单位为 A（安培）。

8　正弦交流电电压最大值公式

正弦交流电电压的瞬时值中的最大值（或振幅）称为正弦交流电电压的最大值或振幅值，用大写字母 U 并在右下角标注 max 表示。

计算公式为：$U_{max} = \sqrt{2} \times U = 1.414 \times U$
式中，U：电压有效值，单位为 V（伏特）。

9　正弦交流电电动势最大值公式

正弦交流电电动势的瞬时值中的最大值（或振幅）称为正弦交流电电动势的最大值或振幅值，用大写字母 E 并在右下角标注 max 表示。

计算公式为：$E_{max} = \sqrt{2} \times E = 1.414 \times E$
式中，E：电动势有效值，单位为 V（伏特）。

10　正弦交流电电流有效值公式

正弦交流电电流的有效值大约等于它的最大值的 0.707 倍，电流有效值用大写字母 I 表示。

计算公式为：$I = I_{max}/\sqrt{2} = 0.707 \times I_{max}$

11 正弦交流电电压有效值公式

正弦交流电电压的有效值等于它的最大值的 0.707 倍，电压有效值用大写字母 U 表示。

计算公式为：$U=U_{max}/\sqrt{2}=0.707\times U_{max}$

12 正弦交流电电动势有效值公式

正弦交流电电动势的有效值等于它的最大值的 0.707 倍，电动势有效值用大写字母 E 表示。

计算公式为：$E=E_{max}/\sqrt{2}=0.707\times E_{max}$

13 感抗公式

交流电通过具有电感线圈的电路时，电感有阻碍交流电通过的作用，这种阻碍作用就称为感抗，用英文字母 X_L 表示。

计算公式为：$X_L=\omega L=2\pi fL$

式中，L：电感，单位为 H（亨利，简称“亨”）。

14 容抗公式

交流电通过具有电容的电路时，电容有阻碍交流电通过的作用，这种阻碍作用就称为容抗，用英文字母 X_C 表示。

计算公式为：$X_C=1/(\omega\times C)=1/(2\pi fC)$

式中，C：电容，单位为 F（法拉，简称“法”）。

15 相电压公式

三相交流电流负载的星形（Y）连接方式如图 7-12 所示。在三相交流电路中，三相输电线（相线）与中性线之间的电压称为相电压，通常用符号 U_ϕ 表示。

计算公式为：$U_\phi=U_l/\sqrt{3}$

式中，U_ϕ：相电压，单位为 V（伏）；

U_l：线电压，单位为 V（伏）。

16 相电流公式

在三相交流负载的星形（Y）连接方式电路中，每相负载中流过的电流就称为相电流，用符号 I_ϕ 表示。

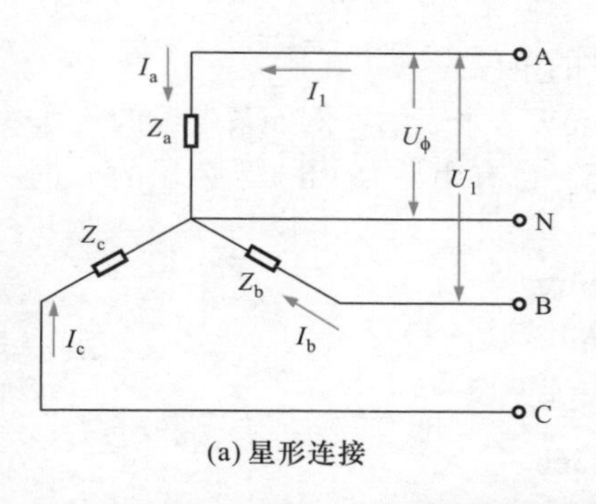

(a) 星形连接

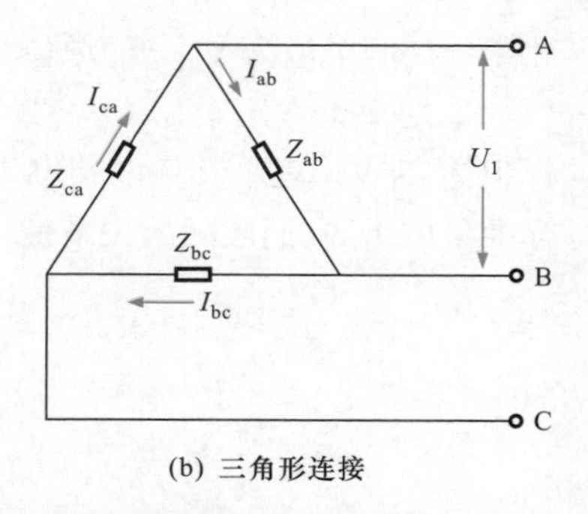

(b) 三角形连接

图 7-12 三相交流电路负载的星形或三角形连接方式

计算公式为：$I_\phi = I_1$

式中，I_ϕ：相电流，单位为 A（安）；

I_1：线电流，单位为 A（安）。

17 线电压公式

三相交流电流负载的三角形（△）连接方式如图 7-12 所示。在三相交流电路中，三相输电线（相线）与各线之间的电压就称为线电压，通常用符号 U_1 表示。

计算公式为：$U_1 = U_\phi$

式中，U_1：线电压，单位为 V（伏）。

18 线电流公式

在三相交流电流负载的三角形（△）连接方式电路中，三相输电线（相线）各线中流过的电流称为线电流，用符号 I_1 表示。

计算公式为：$I_1 = \sqrt{3}\, I_\phi$

7.2 电功率的计算

7.2.1 电功率的基本计算

电功率是指电流在单位时间内（秒）所做的功，以字母“P”表示，即

$$P = W/t = UIt/t = UI$$

式中，U 的单位为 V；I 的单位为 A；P 的单位为 W（瓦特）。

电功率也常用千瓦（kW）、毫瓦（mW）来表示。例如某电极的功率标识为 2kW，表示其耗电功率为 2 千瓦。也有用马力（h）来表示的（非标准单位），它们之间的关系是：

$$1\text{kW} = 10^3\text{W}$$

$$1\text{mW} = 10^{-3}\text{W}$$

$$1\text{h} = 0.735\text{kW}$$

$$1\text{kW} = 1.36\text{h}$$

根据欧姆定律，电功率的表达式还可转化为：

由 $P = W/t = UIt/t = UI$，$U=IR$，因此可得

$$P = I^2R$$

由 $P = W/t = UIt/t = UI$，$I =U/R$，因此可得

$$P = U^2/R$$

由以上公式可看出：

1）当流过负载电阻的电流一定时，电功率与电阻值成正比。

2）当加在负载电阻两端的电压一定时，电功率与电阻值成反比。

大多数电气设备都标有电瓦数或额定功率。如电烤箱上标有 220V 1200W 字样，则 1200W 为其额定电功率。额定电功率即电气设备安全正常工作的最大电功率。电气设备正常工作时的最大电压叫额定电压，例如 AC 220V，即交流 220V。

在额定电压下的电功率叫作额定功率。实际加在电气设备两端的电压叫实际电压，在实际电压下的电功率叫实际功率。只有在实际电压与额定电压相等时，实际功率才等于额定功率。

在一个电路中，额定功率大的设备实际消耗功率不一定大，应由设备两端实际电压和流过设备的实际电流决定。

7.2.2 电功率的相关计算

在电网中，由电源供给负载的电功率有两种：一种是有功功率，另一种是无功功率。

1 有功功率公式

有功功率是用于保持用电设备正常运行所需要的电功率，就是将电

能转换为其他形式能量（比如机械能、光能、热能）的电功率。

有功功率通常用英文字母 P 表示，分为单相交流电路的有功功率和对称三相交流电路的有功功率。

单相交流电路的有功功率的计算公式为：$P = U \times I \times \cos\varphi$

对称三相交流电路的有功功率的计算公式为：$P = 3U_{\phi} \times I_{\phi} \times \cos\varphi = \sqrt{3}\, U_1 \times I_1 \times \cos\varphi$

式中，P：有功功率，单位为 W（瓦）或 kW（千瓦）；

U：交流电压有效值，单位为 V（伏）；

I：交流电流有效值，单位为 A（安）。

φ：相电压与相电流的相位差。

2　无功功率公式

无功功率是用于电路内电场与磁场的交换，并用来在电气设备中建立和维持磁场的电功率。它不对外做功，而是转变为其他形式的能量。凡是有电磁线圈的电气设备，要建立磁场就要消耗无功功率。例如，电动机需要建立和维持旋转磁场，使转子转动，从而带动机械运动，电动机的转子磁场就是靠从电源取得的无功功率建立的。

无功功率通常用英文字母 Q 表示，分为单相交流电路的无功功率和对称三相交流电路的无功功率。

单相交流电路的无功功率的计算公式为：$Q = U \times I \times \sin\varphi$

对称三相交流电路的无功功率的计算公式为：$Q = 3U_{\phi} \times I_{\phi} \times \sin\varphi = \sqrt{3}\, U_1 \times I_1 \times \sin\varphi$

Q：无功功率，单位为 var（乏）。

提示

无功功率并不是无用功率，相反它的用处很大。电动机的转子磁场就是靠从电源取得的无功功率建立的。变压器也同样需要无功功率，才能使变压器的一次线圈产生磁场，在二次线圈感应出电压。没有无功功率，电动机不转，变压器不能变压，交流接触器不会吸合。

3 视在功率公式

视在功率是指电路中总电压的有效值与电流的有效值的乘积。对于电源来说，视在功率由有功功率和无功功率混合而成，比如变压器提供的功率既包含有功功率也包含无功功率，所以变压器的容量单位就是视在功率。

视在功率通常用英文字母 S 表示，分为单相交流电路的视在功率和对称三相交流电路的视在功率。

单相交流电路的视在功率的计算公式为：$S=U\times I$

对称三相交流电路的视在功率的计算公式为：$S=3U_{\phi}\times I_{\phi}=\sqrt{3}\,U_1\times I_1$
式中，S：视在功率，单位为 VA（伏安）。

4 功率因数公式

在交流电路中，电压与电流之间的相位差（φ）的余弦叫作功率因数，用符号 $\cos\varphi$ 表示。在数值上，功率因数是有功功率和视在功率的比值。

计算公式为：$\cos\varphi=P/S$

式中，$\cos\varphi$：功率因数；

P：有功功率，单位为 W（瓦）；

S：视在功率，单位为 VA（伏安）。

7.2.3 电功率互相换算的口诀

当已知功率因数和有功功率时，可根据换算口诀估算出视在功率。

口诀

九、八、七、六、五；
一、二、四、七、十。

口诀说明：

1）“九、八、七、六、五”是把功率因数按 0.9、0.8、0.7、0.6、0.5 排列出来，口诀中省略小数点。

2）“一、二、四、七、十”表示将千瓦换算成千伏安时，每千瓦应增大的成数，与口诀前半句的各种功率因数数值一一对应。例如，“一”对应前半句口诀中的“九”，即功率因数为 0.9 时，将千瓦换算成千伏安应加大一成（即 ×1.1）；“七”对应前半句口诀中的“六”，即功率因数为 0.7 时，将千瓦换算成千伏安应加大六成（即 ×1.6）。

例如，已知电气设备的有功功率为26kW，功率因数为0.5，求其视在功率。

根据口诀可知，功率因数0.5对应增大成数为“十”，即增大一倍（×2），因此视在功率估算为：$S = 26 \times 2 = 52$（kVA）。

再如，已知电气设备的有功功率为12kW，功率因数为0.7，求其视在功率。

根据口诀可知，功率因数0.7对应增大成数为“四”，即增大四成（×1.4），因此视在功率估算为：$S = 12 \times 1.4 = 16.8$（kVA）。

7.2.4 电能的计算

电能是指使用电以各种形式做功（产生能量）的能力。在直流电路中，当已知设备的功率为P时，其t时间内消耗或产生的电能为：

$$W = Pt$$

在国际单位制中，电能的单位为焦耳（J）。在日常生活用电中，也常用千瓦时（kWh）表示，生活中常说的1度电即为1kWh。结合欧姆定律，电能计算公式还可表示为：

$$W = Pt = UIt = I^2Rt = \frac{U^2}{R}t$$

式中，W：电能，单位为kWh（千瓦时）；

P：功率；

t：设备工作时间。

例如，一台工业电炉的额定功率为10kW，连续工作8个小时所消耗的电能为：$10 \times 8 = 80$（kWh）。

7.3 电气线缆安全载流量的计算

电线电缆的载流量是指一条电线电缆线路在输送电能时所通过的电流量。安全载流量是指在规定条件下，导体能够连续承载而不致使其稳定温度超过规定值的最大电流。

电线电缆的载流量受多个因素影响，例如横截面积、绝缘材料、电线电缆中的导体数、安装或敷设方法、环境温度等，其计算较为复杂。

7.3.1 电气线缆安全载流量的常规计算

1 根据功率计算安全载流量

根据功率计算安全载流量时，一般根据负载的不同分为电阻性负载和电感性负载。

电阻性负载是指仅通过电阻类的元件进行工作的纯阻性负载，也简称为阻性负载，如白炽灯（靠电阻丝发光）、电阻炉、烤箱、电热水器等。

电阻性负载安全载流量计算公式为

$$I=P/U$$

式中：I 为安全载流量，P 为负载功率，U 为负载输入电压。

1. 计算时，电线电缆最高的工作温度，塑料绝缘线为 70℃，橡胶绝缘线为 65℃。

2. 电线电缆周围环境温度应为 30℃，当实际温度不等于 30℃时，电线电缆的安全载流量应按校正系数表 7-1、表 7-2 乘以校正系数：

安全电流 I = 安全载流量 × 校正系数

提示

根据《民用建筑电气设计标准》（GB51348—2019），导体敷设的环境温度与载流量校正系数应符合下列规定：

1. 当沿敷设路径各部分的散热条件不相同时，电缆载流量应按最不利的部分选取。

2. 导体敷设处的环境温度，应满足下列规定：

（1）对于直接敷设在土壤中的电缆，应采用深埋处历年最热月的平均地温。

（2）敷设在室外空气中或电缆沟中时，应采用敷设地区最热月的日最高温度平均值；

（3）敷设在室内空气中时，应采用敷设地点最热月的日最高温度平均值，有机械通风的应采用通风设计温度；

（4）敷设在室内电缆沟和无机械通风的电缆竖井中时，应采用敷设地点最热月的日最高温度平均值加 5℃。

3. 导体的允许载流量，应根据敷设处的环境温度进行校正，校正系数应按现行国家标准《低压电气装置 第 5-52 部分：电气设备的选择和安装 布线系统》(GB/T 16895.6—2014) 的有关规定确定 (表 7-1、表 7-2)。

4. 当土壤热阻系数与载流量对应的热阻系数不同时，敷设在土壤中的电缆的载流量应进行校正，其校正系数应按现行国家标准《低压电气装置 第 5-52 部分：电气设备的选择和安装 布线系统》(GB/T 16895.6—2014) 的有关规定确定 (表 7-1、表 7-2)。

表 7-1 环境空气温度不同于 30℃时的校正系数 (用于敷设在空气中的电缆载流量)

环境温度℃	绝缘			
	PVC	XLPE 或 EPR	矿物绝缘	
			PVC 外护套和易于接触的裸户套 70℃	不允许接触的裸户套 105℃
10	1.22	1.15	1.26	1.14
15	1.17	1.12	1.20	1.11
20	1.12	1.08	1.14	1.07
25	1.06	1.04	1.07	1.04
30	1.00	1.00	1.00	1.00
35	0.94	0.96	0.93	0.96
40	0.87	0.91	0.85	0.92
45	0.79	0.87	0.78	0.88
50	0.71	0.82	0.67	0.84
55	0.61	0.76	0.57	0.80
60	0.50	0.71	0.45	0.75
65	—	0.65	—	0.70
70	—	0.58	—	0.65
75	—	0.50	—	0.60
80	—	0.41	—	0.54
85	—	—	—	0.47
90	—	—	—	0.40
95	—	—	—	0.32

表 7-2 地下温度不同于 20℃时的校正系数 (用于埋地管槽中的电缆的载流量)

地下温度 /℃	绝缘	
	PVC	XLPE 或 EPR
10	1.10	1.07
15	1.05	1.04
20	1.00	1.00

（续）

地下温度 /℃	绝缘	
	PVC	XLPE 或 EPR
25	0.95	0.95
30	0.89	0.93
35	0.84	0.89
40	0.77	0.85
45	0.71	0.80
50	0.63	0.76
55	0.55	0.71
60	0.45	065
65	—	0.60
70	—	0.53
75	—	0.46
80	—	0.38

电感性负载是指带有电感参数的负载，即负载电流滞后负载电压一个相位差的负载，如日光灯（靠气体导通发光）、高压钠灯、变压器、电动机等。

电感性负载安全载流量计算公式为

$$I = P/U\cos\phi$$

式中，I：安全载流量，单位为 A（安）；

P：负载功率，单位为 W（瓦）；

U：负载输入电压，单位为 V（伏）

$\cos\phi$：功率因数。

不同电感性负载的功率因数不同，一般日光灯负载的功率因数 $\cos\phi = 0.5$。统一计算家庭用电气时，功率因数 $\cos\phi$ 一般取 0.8。

需要注意的是，计算家庭电气安全载流量时，因为家用电器一般不会同时使用，因此计算式需要乘以公用系数 0.5，即计算应为

$$I = P\times 公用系数 /U\cos\phi$$

例如，一个家庭所有用电器总功率为 5000W，则安全载流量 $I = P\times$ 公用系数 $/U\cos\phi = 5000\times 0.5/(220\times 0.8)\approx 14$（A）。

同样，以上假设电线电缆周围环境温度为 30℃，当实际温度不等于 30℃时，电线电缆的安全载流量也应按校正系数表 7-1、表 7-2 乘以校正系数。

安全电流 I = 安全载流量 × 校正系数

2 根据横截面积计算电线电缆的安全载流量

根据横截面积计算电线电缆的安全载流量公式如下：

$$I = a \times S^{m} - b \times S^{n}$$

式中，I：载流量，单位为 A（安）；

S：导体标称截面积，单位为 mm^2（平方毫米）；

a 和 b 是系数；

m 和 n 是敷设方法和电缆类型有关的指数。

资料

系数和指数值可查 GB/T 16895.6—2014 或 IEC60364—5—52 附录 D。载流量不超过 20A 的小数值宜就近取 0.5A，大于 20A 的值宜就近取安培整数值。

计算所得有效位数的多少不说明载流量值的精确度。

实际中一般情况只需公式中的第一项（$a \times S^{m}$），只有大截面单芯电缆的 8 种情况才需要第二项。

当导体截面在表中给定范围以外时，不推荐使用这些系数和指数。

7.3.2 电气线缆安全载流量的估算口诀

电线电缆安全载流量是根据所允许的线芯最高温度、冷却条件、敷设条件来确定的。

一般铜导线的安全载流量为 5 ~ 8A/mm^2，铝导线的安全载流量为 3 ~ 5A/mm^2。

例如：2.5mm^2 BVV 铜导线安全载流量的推荐值为 2.5mm^2 × 8A/mm^2 = 20A，4mm^2 BVV 铜导线安全载流量的推荐值为 4mm^2 × 8A/mm^2 =32A（最大值）。

绝缘导线安全载流量估算口诀

10 下五，100 上二，25、35，四、三界，70、95，两倍半。
穿管、温度，八、九折。
裸线加一半。
铜线升级算。

口诀说明：

口诀中的阿拉伯数字表示导线截面（单位为 mm^2），汉字数字表示倍数。

常用的导线标称截面（单位为 mm^2）排列如下：1.5、2.5、4、6、10、16、25、35、50、70、95、120、150、185……

1）“10 下五”是指导线横截面积在 $10mm^2$ 以下，安全载流量都是横截面积数值的 5 倍。即 $1.5mm^2$、$2.5mm^2$、$4mm^2$、$6mm^2$、$10mm^2$ 的铝芯绝缘导线安全载流量，是将其横截面积乘以 5 倍。

例如，铝芯绝缘导线，环境温度为不大于 25℃时的载流量的计算：

横截面积为 $2.5mm^2$ 的铝芯绝缘导线，载流量为 $2.5 \times 5 = 12.5$（A）。

横截面积为 $6mm^2$ 的铝芯绝缘导线，载流量为 $6 \times 5 = 30$（A）。

2）“100 上二”（读“百上二”）是指横截面积 $100mm^2$ 以上的载流量，是横截面积数值的 2 倍。

例如，横截面积为 $150mm^2$ 的铝芯绝缘导线，载流量为 $150 \times 2 = 300$（A）。

3）“25、35，四、三界”是指横截面积为 $25mm^2$ 与 $35mm^2$，是 4 倍和 3 倍的分界处。即对于 $16mm^2$ 和 $25mm^2$ 的铝芯绝缘导线，安全载流量是将其横截面积数乘以 4 倍；对于 $35mm^2$ 和 $50mm^2$ 的铝芯绝缘导线，安全载流量是将其横截面积数乘以 3 倍。

例如，横截面积为 $16mm^2$ 的铝芯绝缘导线，载流量为 $16 \times 4 = 64$（A）。

横截面积为 $25mm^2$ 的铝芯绝缘导线，载流量为 $25 \times 4 = 100$（A）。

横截面积为 $35mm^2$ 的铝芯绝缘导线，载流量为 $35 \times 3 = 105$（A）。

横截面积为 $50mm^2$ 的铝芯绝缘导线，载流量为 $50 \times 3 = 150$（A）。

从以上排列可知：倍数随截面的增大而减小，在倍数转变的交界处，误差稍大些。比如横截面积为 $25mm^2$ 与 $35mm^2$，是 4 倍与 3 倍的分界处，$25mm^2$ 属 4 倍的范围，它按口诀算为 100A，查载流量表略小于该数值；而 $35mm^2$ 则相反，按口诀算为 105A，查载流量表大于该数值，这种误差对使用的影响不大。

4）“70、95，两倍半”是指横截面积为 $70mm^2$ 和 $95mm^2$，则安全载流量为 2.5 倍。

例如，横截面积为 $70mm^2$ 的铝芯绝缘导线，载流量为 $70 \times 2.5 = 175$（A）。

横截面积为 $90mm^2$ 的铝芯绝缘导线，载流量为 $90 \times 2.5 = 225$（A）。

从上面的排列可以看出：除 $10mm^2$ 以下及 $100mm^2$ 以上之外，中间的导线横截面积是每两种规格属同一种倍数。

5）“穿管、温度，八、九折”是指：若导线采用穿管敷设（包括槽板等敷设，即导线加有保护套层，是不明露的），安全载流量根据前面口诀计算后，再打八折（即乘以系数 0.8）；若环境温度超过 25℃，安全载流量根据前面口诀计算后再打九折（即乘以系数 0.9）；若既穿管敷设，温度又超过 25℃，则打八折后再打九折，或简单按一次打七折（即乘以系数 0.7）计算。

例如，横截面积为 $16mm^2$ 的铝芯绝缘导线穿管时，则安全载流量为 $16 \times 4 \times 0.8 = 51.2$（A）；若为高温（85℃以内），则安全载流量为 $16 \times 4 \times 0.9 = 57.6$（A）；若是既穿管又高温，则安全载流量为 $16 \times 4 \times 0.7 = 44.8$（A）。

6）“裸线加一半”是指裸导线（如架空裸线）横截面积乘以相应倍率后再乘以 1.5。

例如，横截面积为 $16mm^2$ 的裸铝线，安全载流量为 $16 \times 4 \times 1.5 = 96$（A）；若在高温下，则载流量为 $16 \times 4 \times 1.5 \times 0.9 = 86.4$（A）。

7）“铜线升级算”是指上述 1）~ 6）均是指铝导线的估算方法，若为铜导线，则将铜导线的横截面积排列顺序提升一级，再按相应的铝导线的条件计算。

例如，环境温度为 25℃时，横截面积为 $16mm^2$ 的铜芯绝缘导线，安全载流量为按升级为 $25mm^2$ 铝芯绝缘导线计算，即 $25 \times 4 = 100$（A）；环境温度为 25℃时，横截面积为 $25mm^2$ 的铜芯穿管裸导线，安全载流量为按升级为 $50mm^2$ 铝芯裸导线计算，即 $50 \times 3 \times 0.8 \times 1.5 = 180$（A）。

需要注意的是，上述估算口诀是对导线的估算方法，对于电缆口诀中没有介绍。

一般直接埋地的高压电缆，大体上可直接采用第一句口诀中的有关倍数计算。比如 $35mm^2$ 高压铠装铝芯电缆埋地敷设的安全载流量为 $35 \times 3 = 105$（A），$95mm^2$ 的高压铠装铝芯电缆埋地敷设的安全载流量约为 $95 \times 2.5 \approx 238$（A）。

第 8 章

练习电子元器件的检测

8.1 电阻器的检测

8.1.1 普通电阻器的检测

普通电阻器一般通过不同颜色的色环或数字、字母标识电阻器的标称阻值。在对普通电阻器进行检测时，首先要根据待测电阻器表面标识信息识读待测电阻器的标称阻值，然后用万用表对待测电阻器进行阻值测量，将测量结果与标称值进行比对。实测阻值与标称阻值相近，则说明待测电阻器性能良好。

图 8-1 为色环电阻器阻值的识读方法。色环电阻器采用不同颜色的色环或色点标识阻值，可通过色环或色点的颜色和位置识读阻值。

表 8-1 为不同位置的色环所表示的含义。

下面以普通四环电阻器为例，介绍普通电阻器的检测方法。

图 8-2 为待测的色环电阻器，该电阻器采用四环标识电阻器的标称阻值。根据识读，待测四环电阻器的标称阻值为 2kΩ，允许偏差为 ±20%。

图 8-3 为色环电阻器的检测方法。根据标称阻值调整数字万用表量程至 2kΩ，然后将万用表红黑表笔分别搭接在待测电阻器的两引脚端，观察测量结果。

正常情况下，实测阻值为 1.994kΩ，与标称阻值近似，说明待测电阻器性能良好。

若实测阻值与标称值相差很大，则说明待测电阻器性能不良。

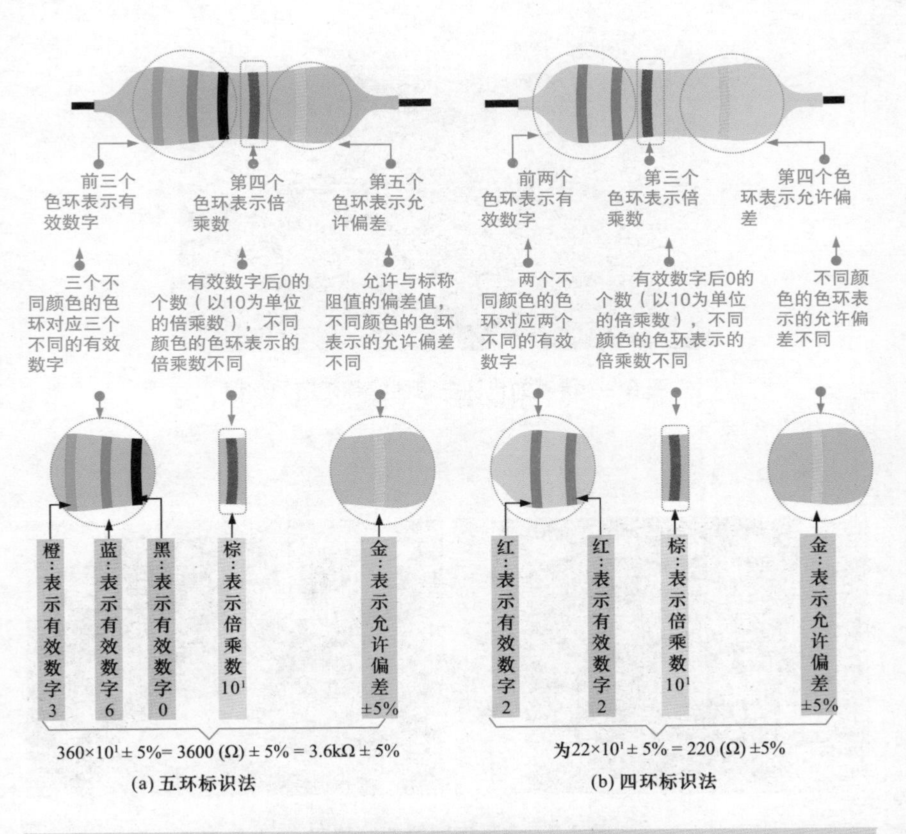

图 8-1　色环电阻器阻值的识读方法

表 8-1　不同位置的色环所表示的含义

色环	有效数字	倍乘数	允许偏差	色环	有效数字	倍乘数	允许偏差
银色	—	10^{-2}	± 10%	绿色	5	10^{5}	± 0.5%
金色	—	10^{-1}	± 5%	蓝色	6	10^{6}	± 0.25%
黑色	0	10^{0}	—	紫色	7	10^{7}	± 0.1%
棕色	1	10^{1}	± 1%	灰色	8	10^{8}	—
红色	2	10^{2}	± 2%	白色	9	10^{9}	± 20%
橙色	3	10^{3}	—	无色	—	—	—
黄色	4	10^{4}	—				

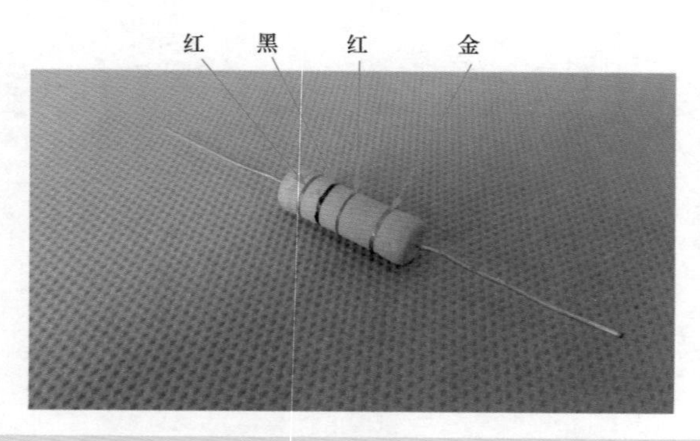

图 8-2　待测的色环电阻器标称阻值的识读

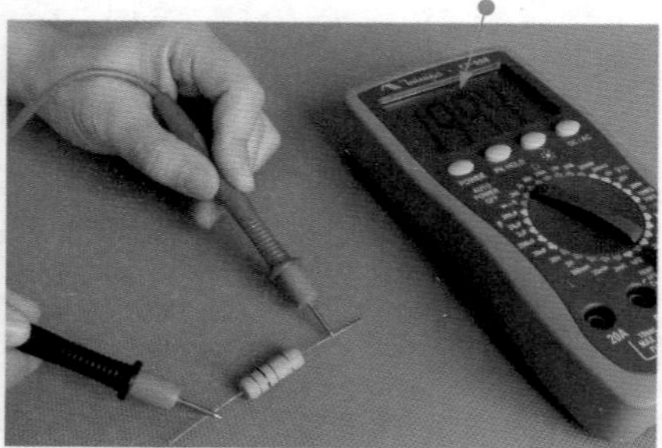

图 8-3　色环电阻器的检测方法

图 8-4 为使用指针式万用表检测五环电阻器的方法。同样，根据对表面色环的识读可知当前待测的五环电阻器标称阻值应为 33kΩ，误差在 ± 5%。调整量程并进行调零校正后，将红黑表笔搭接在待测五环电阻器两引脚端。正常情况下，实测阻值为 34kΩ，与标称阻值基本吻合。

提示

检测时，手不要碰到表笔的金属部分，也不要碰到电阻器的两个引脚，否则人体电阻会并联在待测电阻器上，影响检测结果的准确性。若检测电路板上的电阻器，则可先将待测电阻器焊下或将其中一个引脚脱离焊盘后进行开路检测，避免电路中的其他电子元器件对检测结果造成影响。

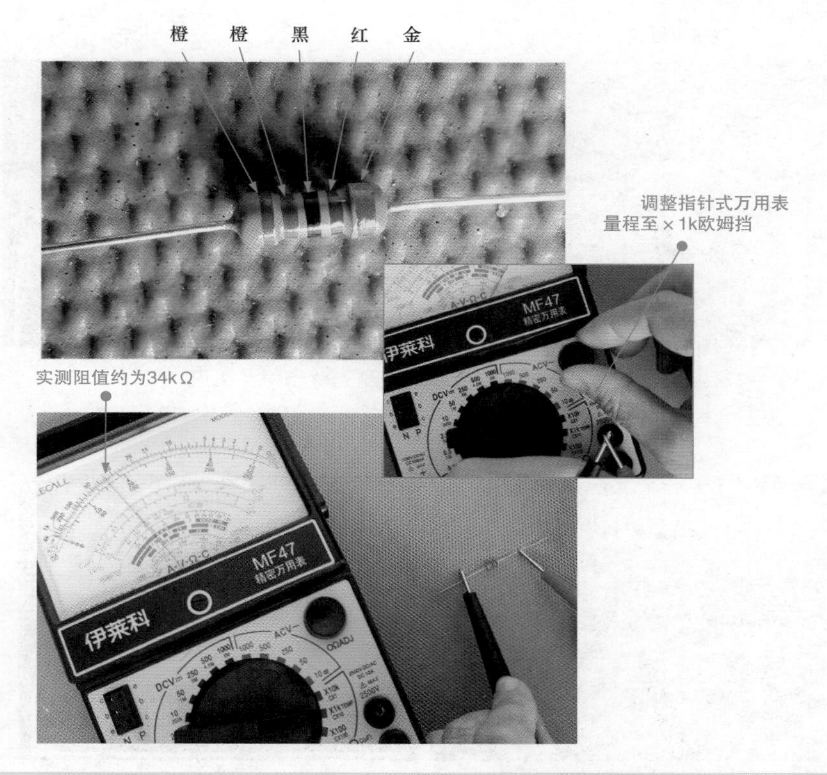

图 8-4　指针式万用表检测五环电阻器

8.1.2　光敏电阻器的检测

光敏电阻器是一种由具有光导特性的半导体材料制成的电阻器，外界光照强度变化时，光敏电阻器的阻值也会随之变化。

根据这一特性，对光敏电阻器的检测，可以模拟不同光照环境，对光敏电阻器的阻值进行测量。若在光照强度变化的环境下，光敏电阻器的阻值也随之变化，基本可以说明待测光敏电阻器性能良好。

如图 8-5 所示，在正常光照状态下，将万用表的红黑表笔分别接待测光敏电阻器的两引脚，实测阻值为 500Ω。

如图 8-6 所示，使用纸板挡住待测光敏电阻器的感光面，进而模拟低照度的光照状态。此时观察万用表指针，正常情况下，所测的阻值应发生明显的变化。当前阻值实测结果为 14kΩ。

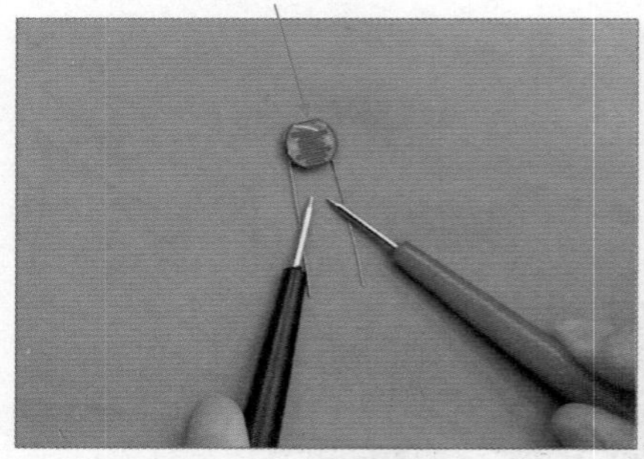

图 8-5　正常光照状态下检测光敏电阻器阻值

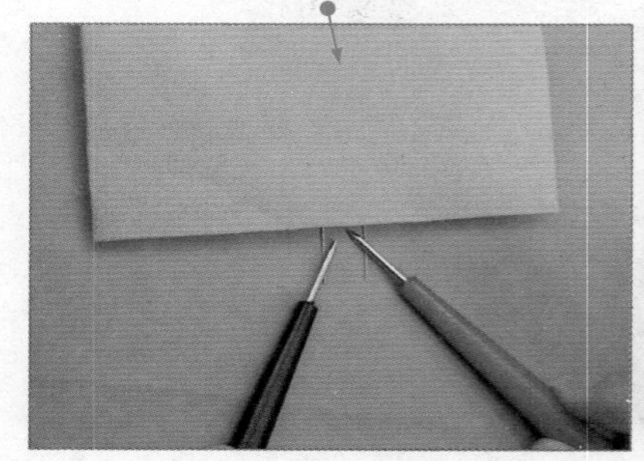

图 8-6　低照度环境下光敏电阻器的阻值测量

提示

光敏电阻器一般没有任何标识，在实际检测时，可根据图纸资料了解标称阻值，或直接根据光照强度变化时的阻值变化情况进行判断。

在正常情况下，光敏电阻器应有一个固定阻值，当光照强度变化时，阻值应随之变化，否则可判断为性能异常。

8.1.3　热敏电阻器的检测

检测热敏电阻器，一般通过改变热敏电阻器周围环境温度，用万用表检测热敏电阻器的电阻值变化情况来判别其好坏。热敏电阻器的检测方法如图 8-7 所示。

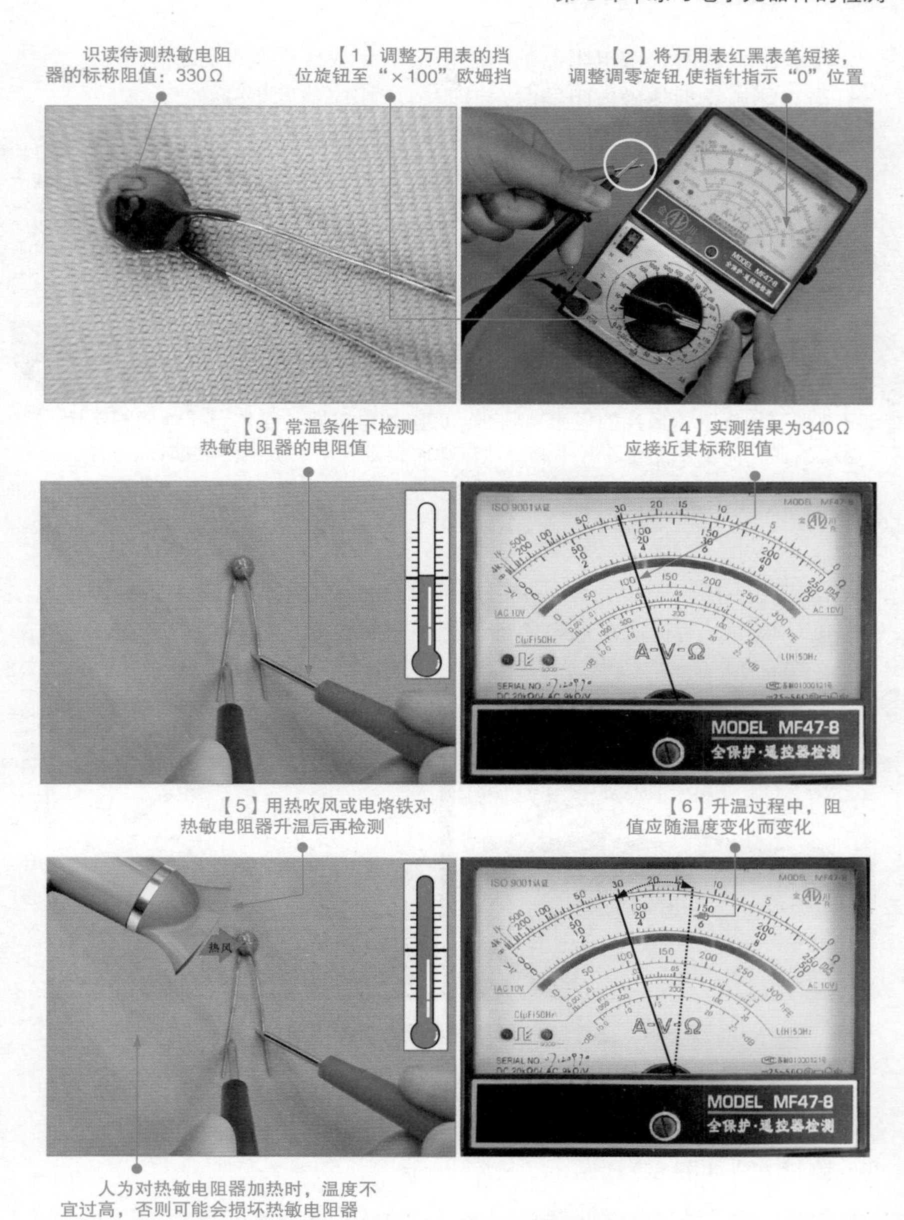

图 8-7　热敏电阻器的检测方法

根据实测结果可对热敏电阻器的好坏做出判断：

常温下，检测热敏电阻器的电阻值应等于或接近其标称电阻值。

当有热源靠近热敏电阻器时，其阻值应相应地发生变化。

如果当温度升高时所测得的阻值比正常温度下所测得阻值大，则表明该热敏电阻器为正温度系数热敏电阻器；如果当温度升高时所测得的阻值比正常温度下测得的阻值小，则表明该热敏电阻器为负温度系数热敏电阻器。

提示

在实际应用中，确实有很多热敏电阻器并未标识其标称电阻值，这种情况下则可根据基本通用的规律来判断，即热敏电阻器的阻值会随着周围环境温度的变化而发生变化。若不满足该规律时，则说明热敏电阻器损坏。

8.1.4 湿敏电阻器的检测

湿敏电阻器的阻值会随环境湿度的变化而变化。如图 8-8 所示，在正常湿度环境下，对待测湿敏电阻器的阻值进行测量，实测值为 756kΩ。

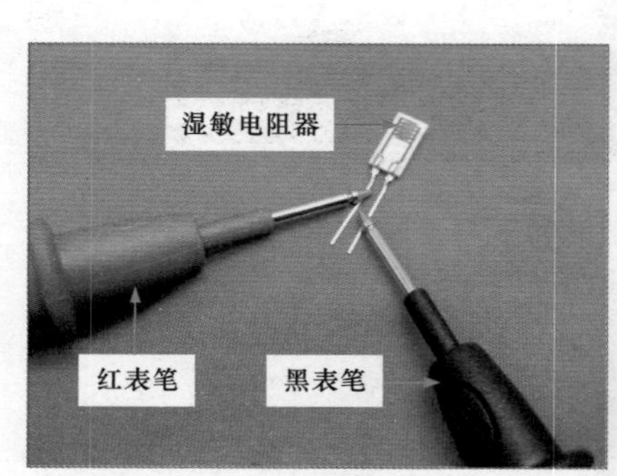

图 8-8 正常湿度环境下湿敏电阻器阻值的检测

接下来，使用棉签蘸水后涂抹在湿敏电阻器的感应面上，观察测量结果。正常情况下，湿敏电阻器的阻值会随湿度的变化而发生明显的改变。测量方法如图 8-9 所示。

8.1.5 可调电阻器的检测

检测可调电阻器的阻值之前，应首先区分待测可调电阻器的引脚，为可调电阻器的检测提供参照标准。

用潮湿棉签涂抹湿敏电阻器感应面

湿度增大后实测阻值为334kΩ

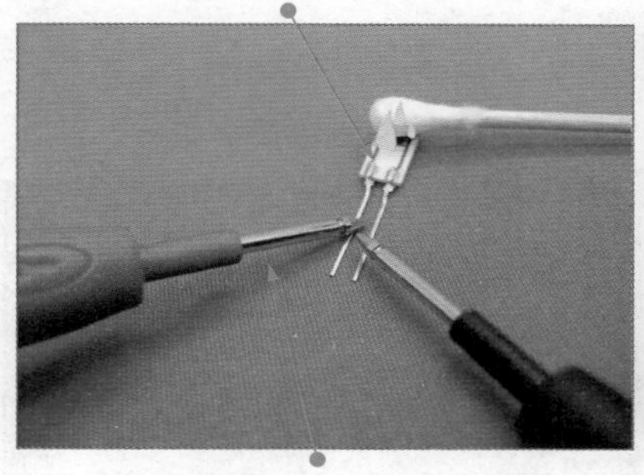

保持万用表的红黑表笔不动，将潮湿的棉签放在湿敏电阻器的表面

结合量程（×10kΩ），观察指针的位置，检测结果为33.4×10kΩ = 334kΩ

图 8-9　改变湿敏电阻器环境湿度的检测方法

图 8-10 为识别待测可调电阻器的引脚功能。

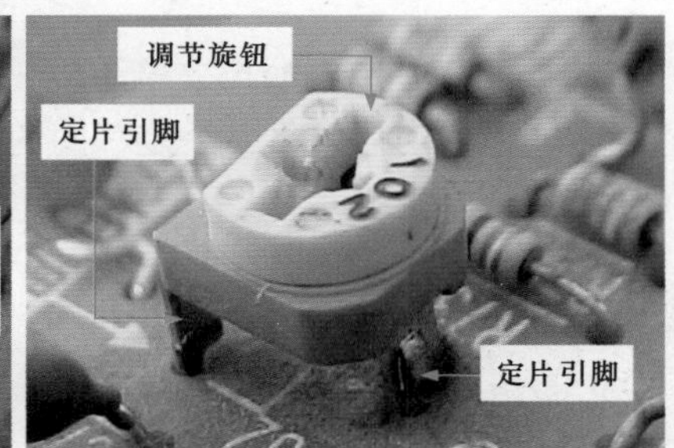

图 8-10　识别待测可调电阻器的引脚功能

如图 8-11 所示，将万用表的红黑表笔分别搭在可调电阻器的定片引脚上。结合挡位设置（“×10”欧姆挡），观察指针的指示位置，当前实测的阻值为 20×10Ω ＝ 200Ω。

图 8-11　检测可调电阻器两定片的阻值

接下来，将万用表的红表笔搭在可调电阻器的某一定片引脚上，黑表笔搭在动片引脚上。检测操作如图 8-12 所示，当前实测电阻值为 70Ω。

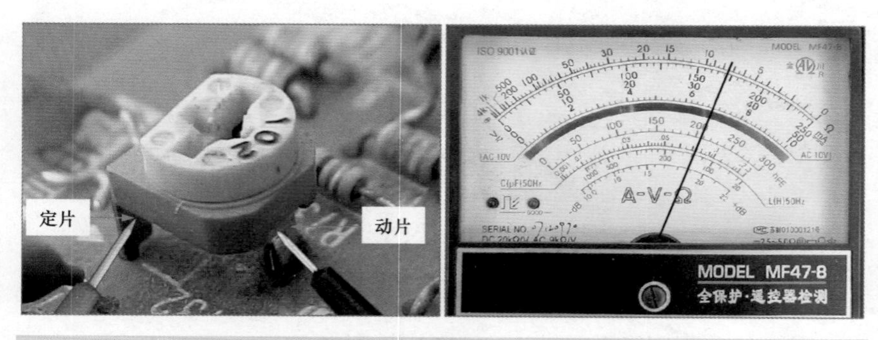

图 8-12　检测可调电阻器一定片与动片间的阻值

继续保持万用表的黑表笔不动，将红表笔搭在另一定片引脚上，检测可调电阻器动片与另一个定片间的阻值。如图 8-13 所示，实测阻值为 70Ω。

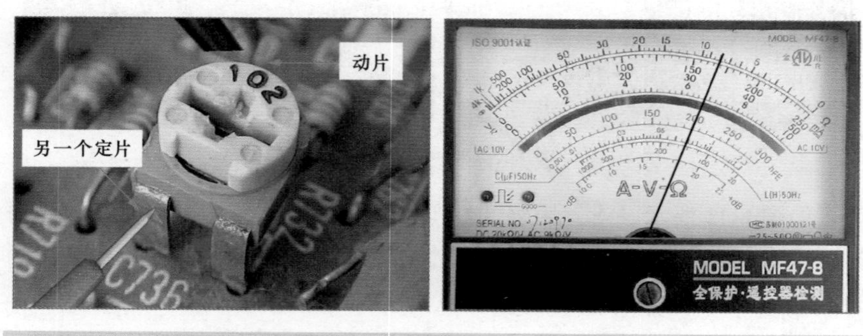

图 8-13　检测可调电阻器动片与另一个定片间的阻值

提示

图 8-14 为可调电阻器的检测原理。在正常情况下，定片与动片之间的阻值应小于标称值。若两定片之间的阻值趋近于 0 或无穷大，则该可调电阻器已经损坏。

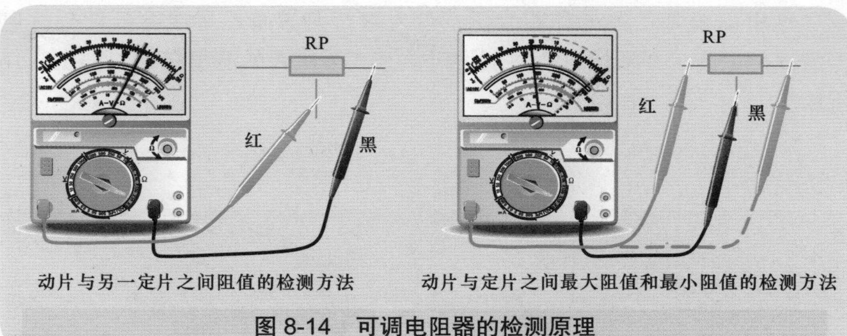

图 8-14 可调电阻器的检测原理

接下来检测可调电阻器的调节能力。如图 8-15 所示，将两表笔搭在可调电阻器的定片引脚和动片引脚上，使用螺丝刀分别顺时针和逆时针调节可调电阻器的调整旋钮。在正常情况下，随着螺丝刀的转动，万用表的指针在零到标称值之间平滑摆动。

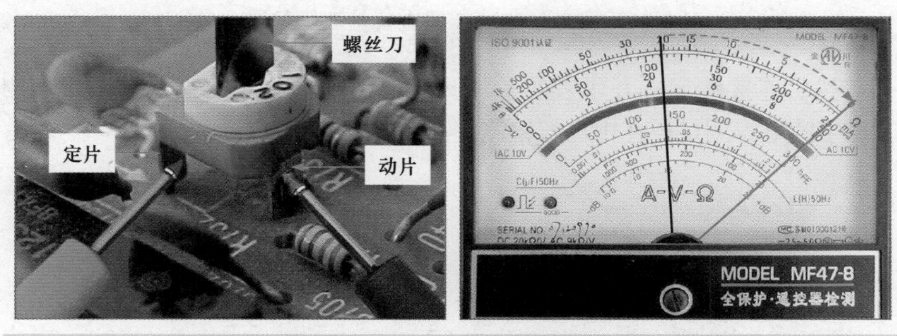

图 8-15 检测可调电阻器的调节能力

若定片和动片之间的最大阻值与定片和动片之间的最小阻值十分接近，则说明该可调电阻器已失去调节功能。

8.2 电容器的检测

8.2.1 普通电容器的检测

检测普通电容器的性能，通常可以使用数字式万用表对普通电容器的电容量进行测量，然后将实测结果与普通电容器的标称电容量相比较，即可判断待测普通电容器的性能状态。

这里以聚苯乙烯电容器为例，首先对待测聚苯乙烯电容器的标称电容量进行识读，并根据识读数值设定数字式万用表的测量挡位，如图 8-16 所示。

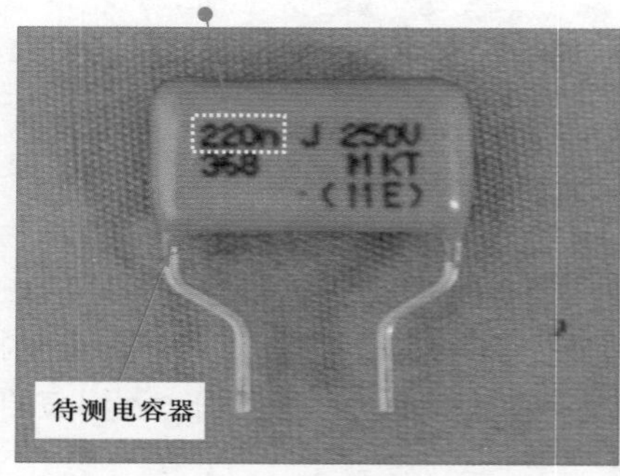

图 8-16　聚苯乙烯电容器电容量测量前的准备

然后连接数字式万用表的附加测试器，并将待测电容器插入附加测试器中的电容测量插孔中进行检测，如图 8-17 所示。

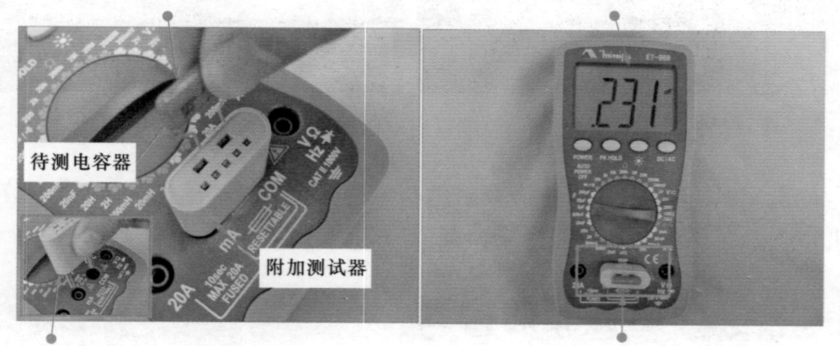

图 8-17　聚苯乙烯电容器电容量粗略测量方法

正常情况下，聚苯乙烯电容器的实测电容量值应与标称电容量值接近；若偏差较大，则说明所测电容器性能失常。

提示

在对普通电容器进行检测时，根据电容器不同的电容量范围，可采取不同的检测方式。

（1）电容量小于 10pF 电容器的检测　由于这类电容器电容量太小，万用表进行检测时，只能大致检测其是否存在漏电、内部短路或击穿现象。检测时，可用万用表的“×10k”欧姆挡检测其阻值，正常情况下应为无穷大。若检测阻值为零，则说明所测电容器漏电损坏或内部击穿。

（2）电容量为 10pF ~ 0.01μF 电容器的检测　这类电容器可在连接晶体管放大元件的基础上，检测其充放电现象，即将电容器的充放电过程予以放大，然后再用万用表的“×1k”欧姆挡检测。正常情况下，万用表指针应有明显摆动，说明其充放电性能正常。

（3）电容量 0.01μF 以上电容器的检测　检测该类电容器，可直接用万用表的“×10k”欧姆挡检测电容器有无充放电过程，以及内部有无短路或漏电现象。

8.2.2　电解电容器的检测

电解电容器在检测前，首先识别待测电解电容器的引脚极性，然后用电阻器对电解电容器进行放电操作，以避免电解电容器中存有残留电荷而影响检测结果，如图 8-18 所示。

图 8-18　对待测电解电容器进行放电操作

放电操作完成后，使用数字万用表检测电解电容器的电容量，即可判断待测电解电容器性能的好坏，如图 8-19 所示。

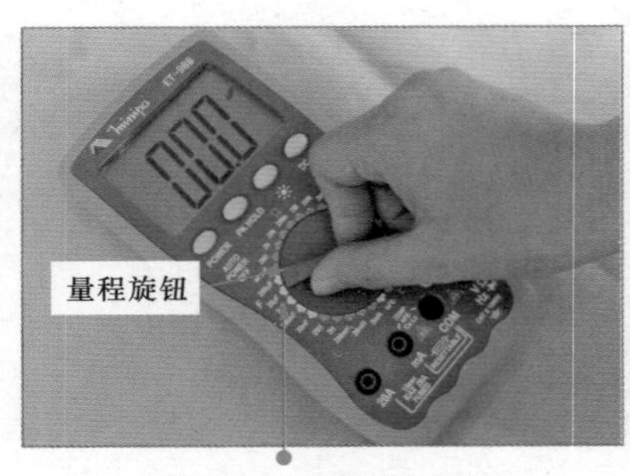

将数字式万用表的量程旋钮调整至“200μF”挡位

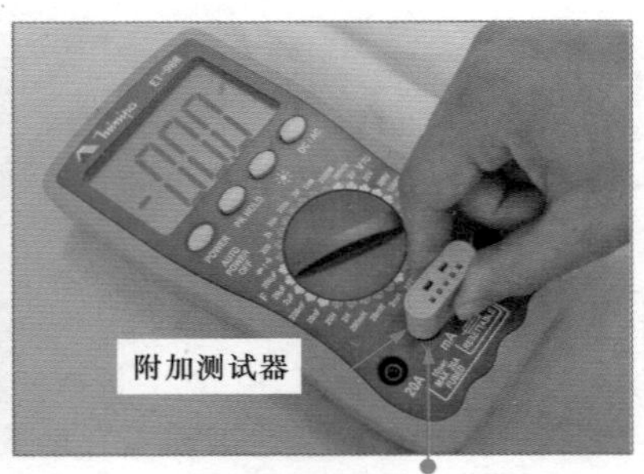

将附加测试器插入数字式万用表相应的插孔中

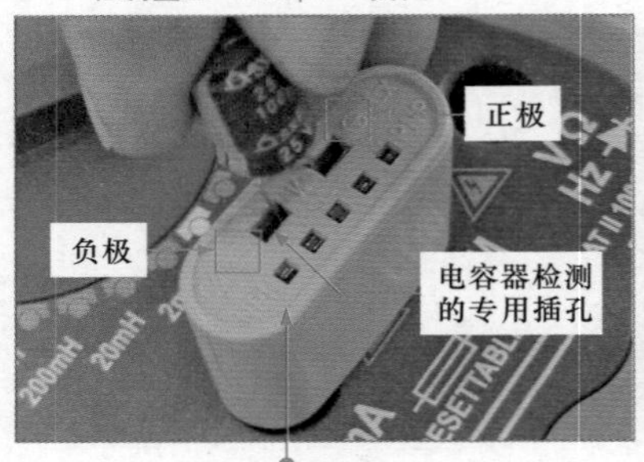

将待测电解电容器按照引脚极性对应插入附加测试器的相应插孔中

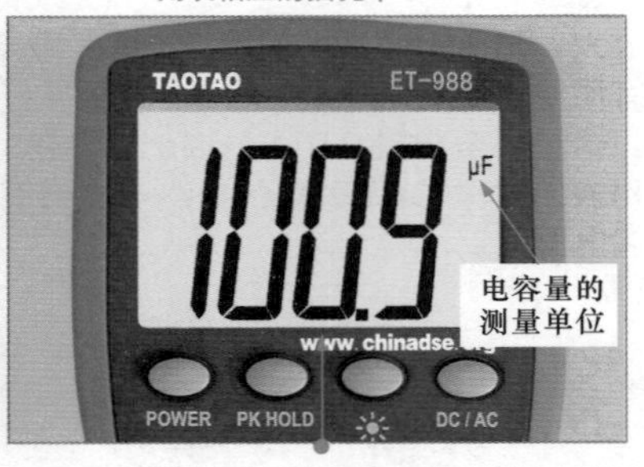

在正常情况下，检测电解电容器的电容量为“100.9μF”，与该电解电容器的标称值基本相近或相符，表明该电解电容器正常

图 8-19　使用数字万用表检测电解电容器的电容量

提示

电解电容器的放电操作主要是针对大容量电解电容器的。由于大容量电解电容器在工作中可能会有很多电荷，如短路则会产生很强的电流，引发电击事故，容易损坏万用表，所以应先用电阻放电后再进行检测。一般可选用阻值较小的电阻，将电阻的引脚与电解电容器的引脚相连即可放电，如图 8-20 所示。

图 8-20　电解电容器未放电检测导致的电击火花和放电方法

在通常情况下，电解电容器的工作电压在 200V 以上，即使电容量比较小也需要放电。如 60μF/200V 的电容器，工作电压较低，但电容量高于 300μF，属于大容量电容器。在实际应用中，常见的大容量电容器 1000μF/50V、60μF/400V、300μF/50V、60μF/200V 等，均为大容量电解电容器。

8.3 电感器的检测

8.3.1 色环电感器的检测

检测色环电感器时，可通过检测色环电感器的电感量并与标称值进行比较，判断色环电感器是否损坏。

图 8-21 为待测色环电感器，首先识读出待测色环电感器的电感量，根据电感量调整万用表的量程。

电感器色环颜色标识与电阻器色环颜色标识含义一致，参见表 8-1。根据色环电感器上的色环标注，便能识读该色环电感器的电感量。可以看到，色环从左向右依次为“棕”“黑”“棕”“银”。根据色环电感器的电感量色环标识规定，可识读出当前待测色环电感的电感量为 100μH，允许偏差为 ±10%

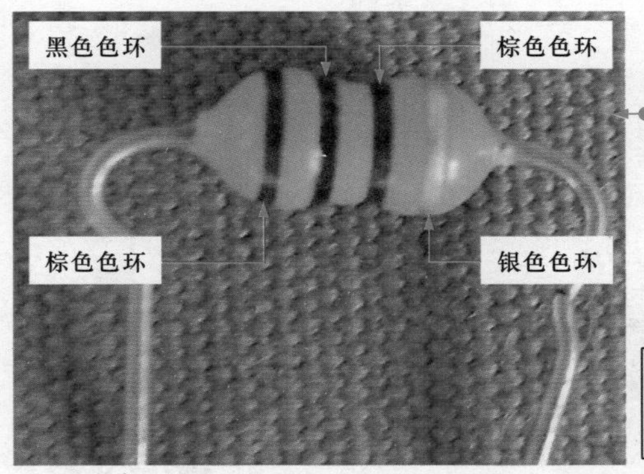

待测色环电感器的第1条色环为棕色，第2条色环为黑色，第1条和第2条表示该色环电感器的有效数字，棕色为1，黑色为0，即该色环电感器的有效数字为10。第3条色环为棕色，表示倍乘数为101。第4条色环为银色，表示允许偏差 ±10%

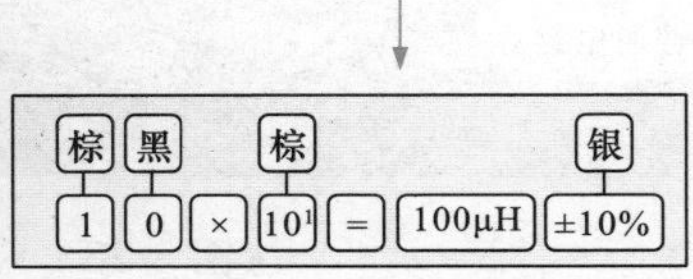

图 8-21　待测色环电感器

打开数字式万用表的电源开关，调整万用表的量程，按图 8-22 所示安装附加测试器。

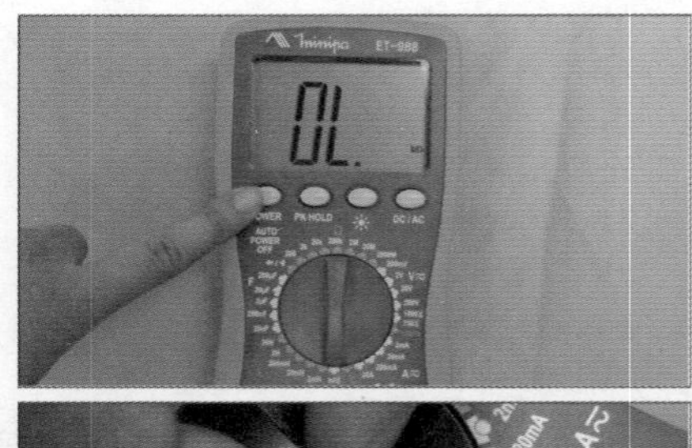

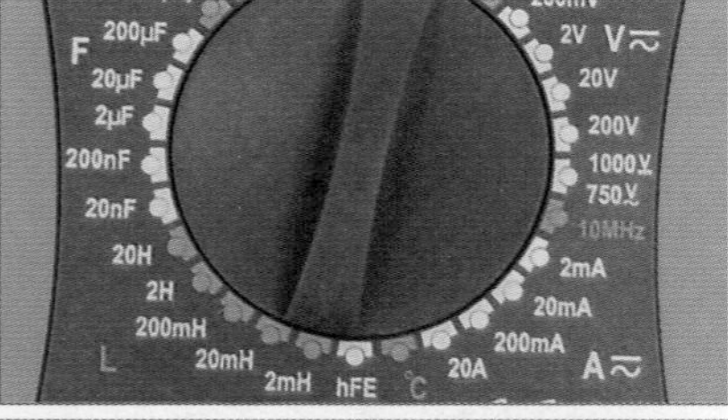

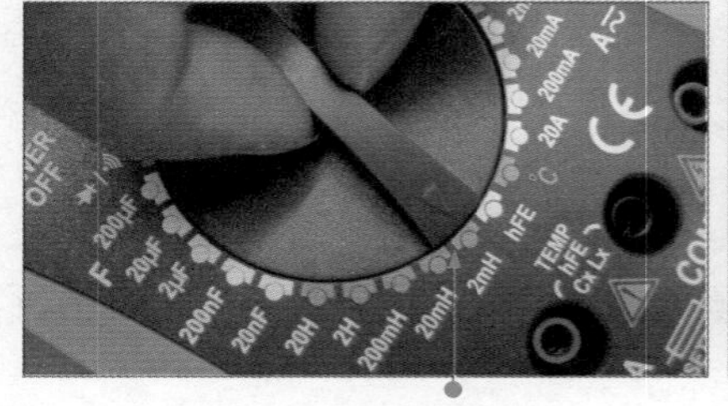

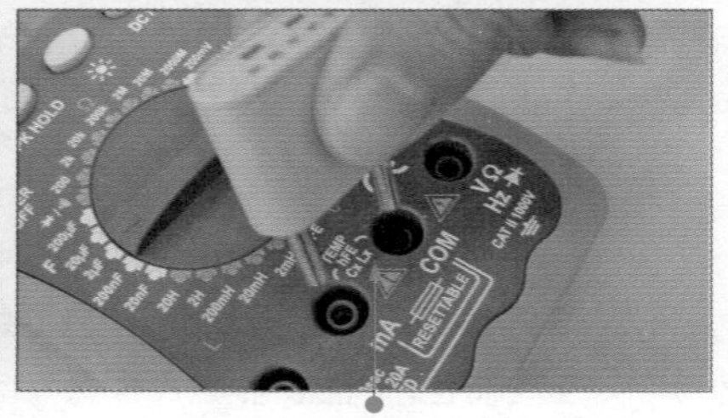

根据电感量将万用表的量程调整至“2mH”电感测量挡

将附加测试器按照极性插入数字式万用表相应的插孔中

图 8-22　安装附加测试器

图 8-23 为色环电感器的检测操作。将待测电感器的引脚插入附加测试器的“Lx”电感测量插孔中，观察显示屏的结果。正常情况下，待测色环电感器的实测电感量应与标称值接近。当前实测的电感量为 0.114mH，说明待测电感器性能良好。若实测结果与标称值相差很大，则说明待测电感器性能不良。

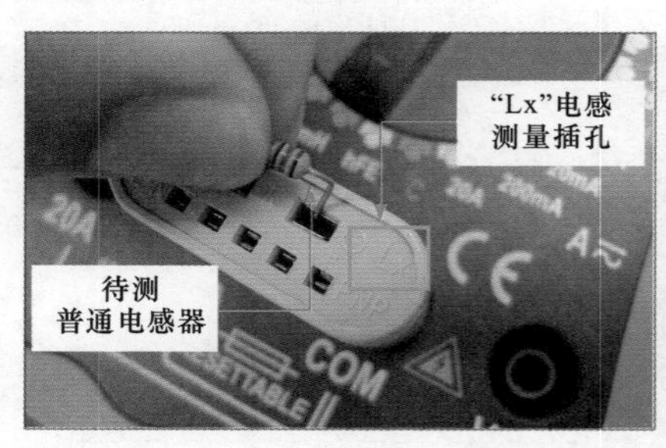

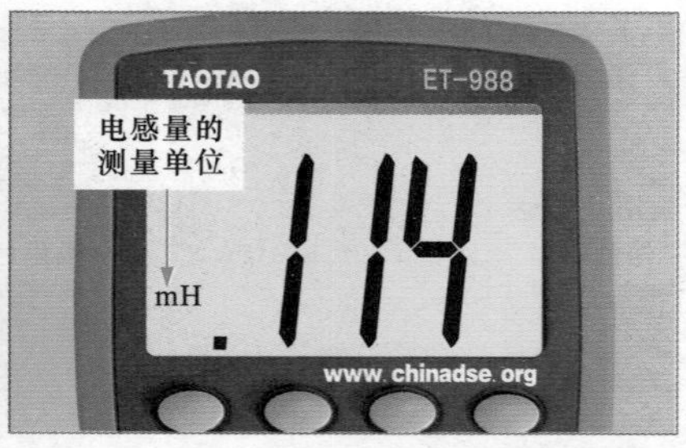

图 8-23　色环电感器的检测操作

8.3.2　色码电感器的检测

使用万用表检测色码电感器前，可先识别待测色码电感器的电感量，再对其进行检测，如图 8-24 所示。

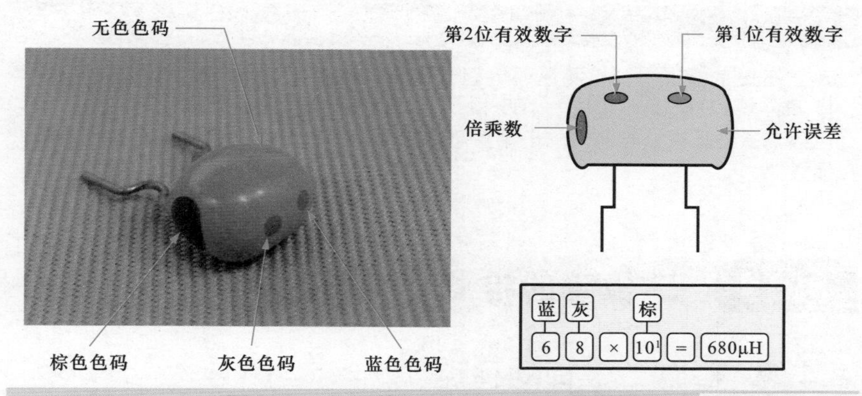

图 8-24　识别待测色码电感器的电感量

提示

电感器上不同色码的标识含义与色环电阻器一致，参与表 8-1。根据色码电感器上的色码标注，便能识读该色码电感器的电感量。待测色码电感器的第 1 个色码为蓝色，表示第 1 位有效数字为 6。第 2 个色码为灰色，表示第 2 位有效数字为 8。第 3 个色码为棕色，表示倍乘数为 10^1。色码颜色依次为“蓝”“灰”“棕”，可以识读出该色码电感器的电感量为 680μH。

使用数字式万用表检测色码电感器，通过检测的电感量并与标称值进行比较，可以判断该色码电感器是否正常，如图 8-25 所示。

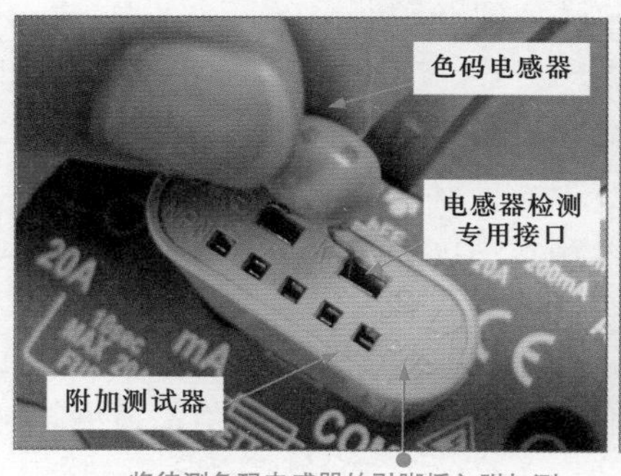

将待测色码电感器的引脚插入附加测试器的“Lx”电感测量插孔中

观察显示屏显示,测得的电感量为0.658mH

图 8-25　色码电感器的检测方法

提示

在正常情况下，检测色码电感器得到的电感量为0.658mH。根据单位换算公式，$0.658\text{mH} \times 10^3 = 658\mu\text{H}$。若与标称值基本相近或相符，则表明色码电感器正常；若测得的电感量与标称值相差过大，则色码电感器可能已损坏。

8.4 二极管的检测

8.4.1 整流二极管的检测

检测整流二极管时，可使用万用表分别对待测整流二极管的正反向阻值及导通电压进行检测。

图8-26为待测的整流二极管。通常可使用万用表检测其引脚间正反向阻值，根据检测结果来判断其是否正常。

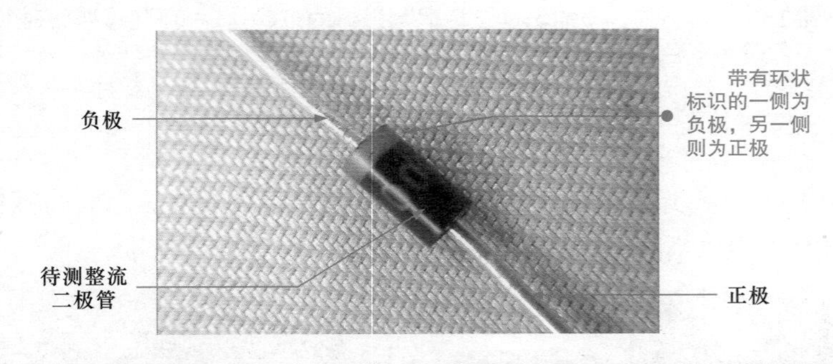

图8-26　待测整流二极管

如图8-27所示，调整好指针式万用表挡位后，将红黑表笔搭在整流二极管的两引脚上，可根据检测结果判断整流二极管是否正常。

正常情况下，整流二极管的正向阻值为几千欧姆（该二极管为3kΩ左右），反向阻值为无穷大；若正反向阻值都为无穷大或阻值都很小，则说明该整流二极管损坏。整流二极管的正反向阻值相差越大越好，若测得正反向阻值相近，说明该整流二极管性能不良；若指针一直不断摆动，不能停止在某一阻值上，则多为该整流二极管的热稳定性不好。

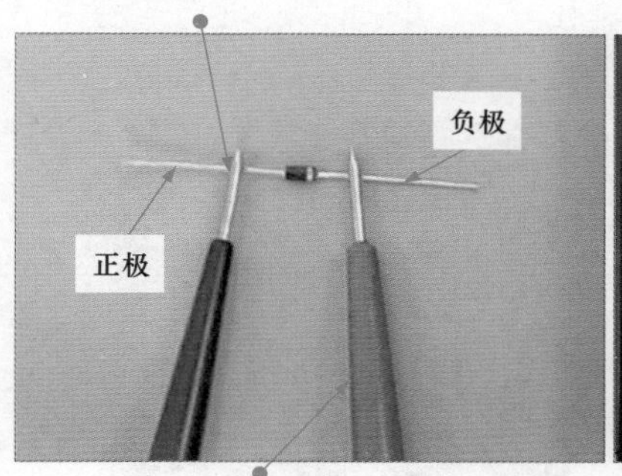

图 8-27 整流二极管正反向阻值的检测方法

提示

一般情况下检测晶体二极管时，黑表笔搭在晶体二极管的正极，检测的是二极管正向阻值。这是由万用表的内部结构决定的，其内部电池的正极连接黑表笔，电池的负极连接红表笔。根据晶体二极管的单向导电特性，当晶体二极管正极加电源正极、负极加电源负极时，是为晶体二极管加正向电压，这样结合起来就不难理解了。

但要注意数字式万用表情况正好相反，其黑表笔搭在晶体二极管的负极时，检测的是二极管的反向阻值。

图 8-28 为整流二极管导通电压的检测方法。检测时可通过数字式万用表检测其导通电压，从而来判断其是否正常。

正常情况下，整流二极管有一定的正向导通电压，但没有反向导通电压。若实测整流二极管的正向导通电压在 0.2 ~ 0.3V 范围内，则说明该整流二极管为锗材料制作；若实测在 0.6 ~ 0.7 V 范围内，则说明所测整流二极管为硅材料制作；若测得电压不正常，则说明整流二极管不良。

8.4.2 发光二极管的检测

检测发光二极管时，可使用万用表检测其引脚间正反向阻值，根据检测结果来判断其是否正常。

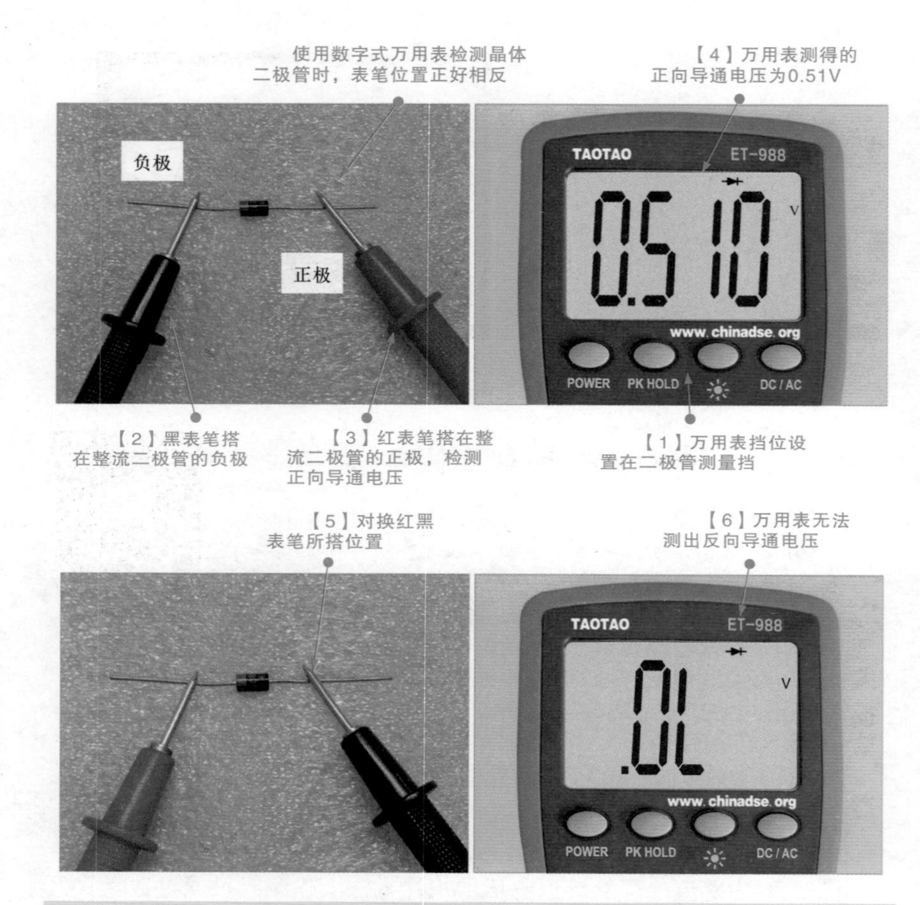

图 8-28 整流二极管导通电压的检测方法

图 8-29 为发光二极管正向阻值的检测，图 8-30 为发光二极管反向阻值的检测。正常情况下，黑表笔搭正极，红表笔搭负极，发光二极管能发光，且有一定的正向阻值（该发光二极管正向阻值约为 20 kΩ）；对换表笔后，发光二极管不能发光，反向阻值为无穷大。若正向阻值和反向阻值都趋于无穷大，说明发光二极管存在断路故障；若正向阻值和反向阻值都趋于 0，说明发光二极管击穿短路；若正向阻值和反向阻值都很小，可以断定该发光二极管已被击穿。

【3】红表笔搭在负极引脚上，发光二极管发光

负极

正极

【2】黑表笔搭在发光二极管的正极引脚上

【4】万用表测得的阻值为20kΩ

【1】万用表挡位设置在“×1k”欧姆挡

图 8-29　发光二极管正向阻值的检测

【2】黑表笔搭在发光二极管的负极引脚上

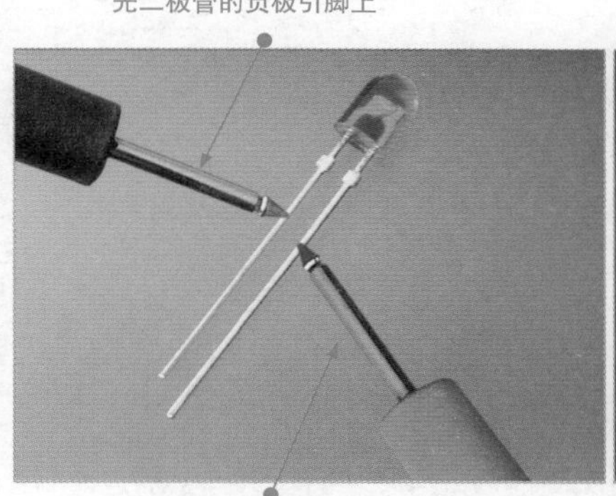

【3】红表笔搭在正极引脚上，发光二极管不发光

【4】万用表测得的阻值为无穷大

【1】万用表挡位设置在“×1k”欧姆挡

图 8-30　发光二极管反向阻值的检测

提示

在检测发光二极管的正向阻值时，选择不同的欧姆挡量程，发光二极管所发出的光的亮度也会不同，如图 8-31 所示。通常，所选量程的输出电流越大，发光二极管的光越亮。

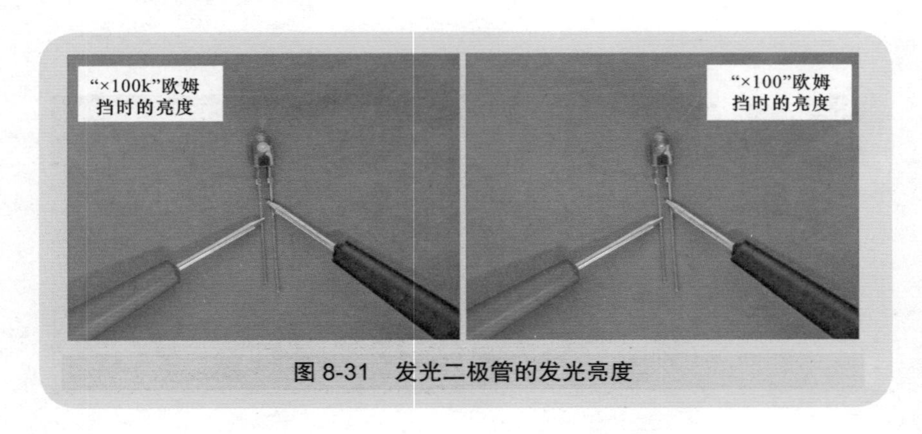

图 8-31　发光二极管的发光亮度

8.5 三极管的检测

8.5.1 三极管性能的检测

放大倍数是三极管的重要参数，可借助万用表检测放大倍数来判断三极管的放大性能是否正常，如图 8-32 所示。

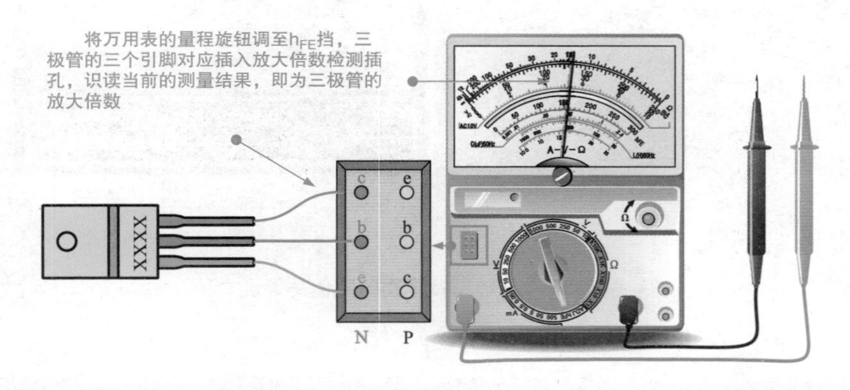

图 8-32　三极管放大倍数的检测

图 8-33 为三极管放大倍数的检测方法。

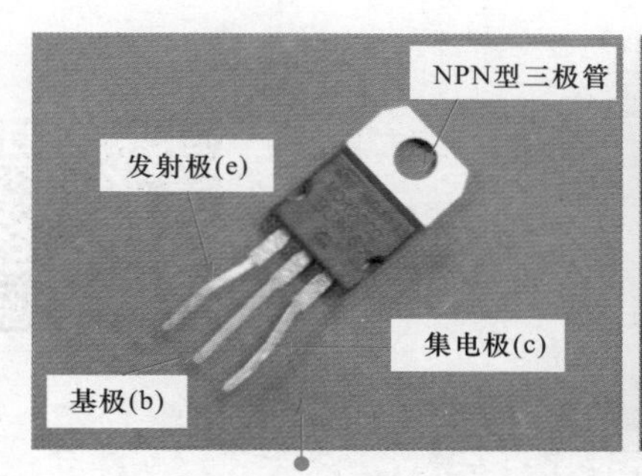

【1】识别待测三极管的类型及引脚极性

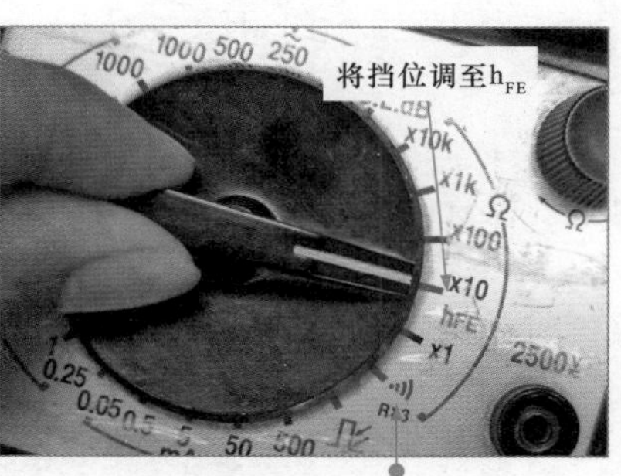

【2】将万用表的量程旋钮调至h_{FE}

【3】将三极管的三个引脚对应插入插孔

【4】在正常情况下，测得三极管的放大倍数为30

图 8-33　三极管放大倍数的检测方法

提示

除借助指针式万用表检测三极管的放大倍数外，还可借助数字式万用表的附加测试器进行检测。图 8–34 为使用数字式万用表检测三极管的放大倍数。

将附加测试器插入数字式万用表的相应插孔中

将待测三极管插入附加测试器的对应插孔中

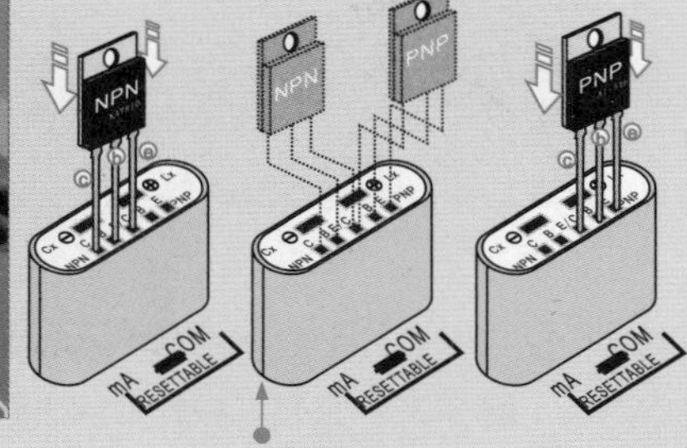

当检测NPN型三极管时，将三极管按附加测试器NPN一侧标识的引脚插孔对应插入

图 8-34　使用数字万用表检测三极管的放大倍数

8.5.2 三极管类型的判别

对于三极管类型的判别，可通过万用表二极管测量法判别三极管的类型。

如图 8-35 所示，使用数字式万用表判别三极管引脚极性时，可先调整数字式万用表量程至二极管测量挡。

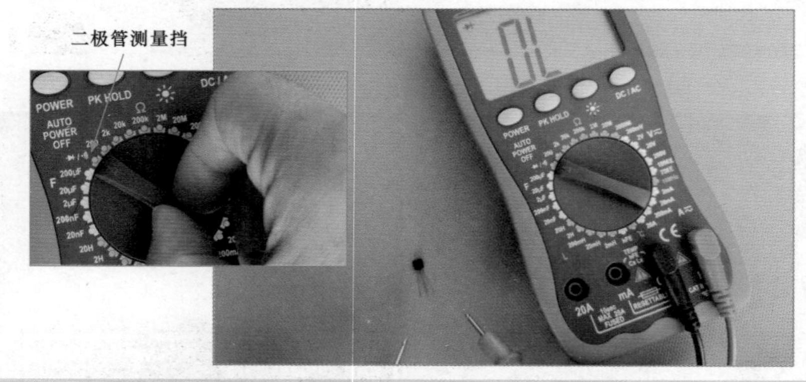

图 8-35 调整数字式万用表量程至二极管测量挡

设定待测三极管引脚排列从左到右依次为 1 脚、2 脚和 3 脚。按图 8-36 所示，当将红表笔搭接在某一引脚，黑表笔分别搭接另外两引脚，均能检测到一定阻值时，说明当前三极管为 NPN 型三极管，红表笔所接引脚为基极引脚。

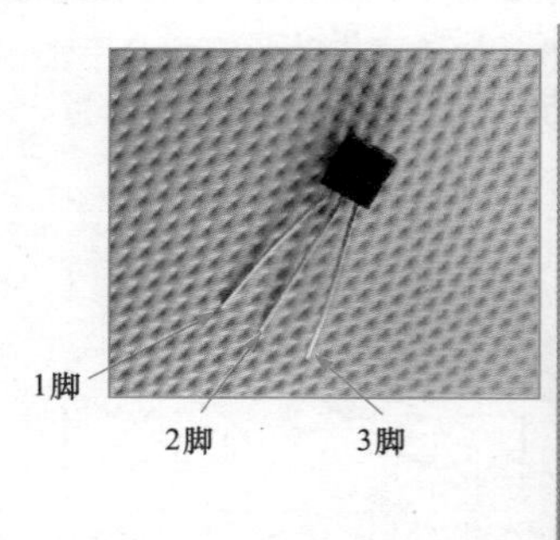

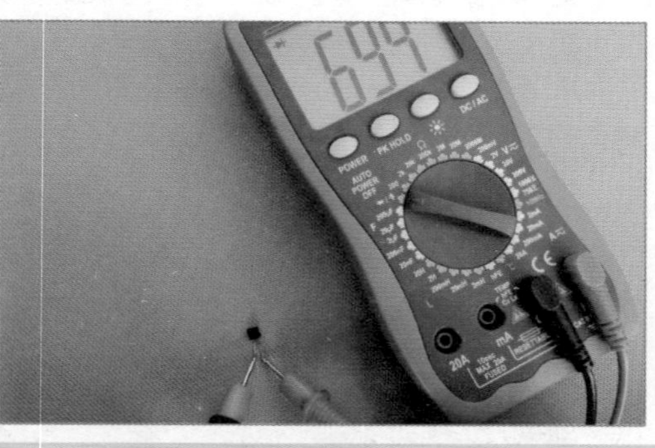

图 8-36 采用二极管检测法判别三极管的类型（NPN 型）

如图 8-37 所示，当将黑表笔搭接某一引脚，红表笔分别搭接另外两引脚，均能检测到一定阻值时，说明当前三极管为 PNP 型三极管，黑表笔所接引脚为基极引脚。

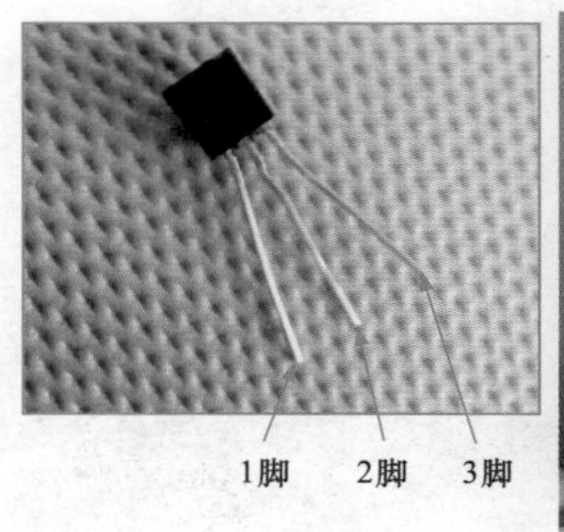

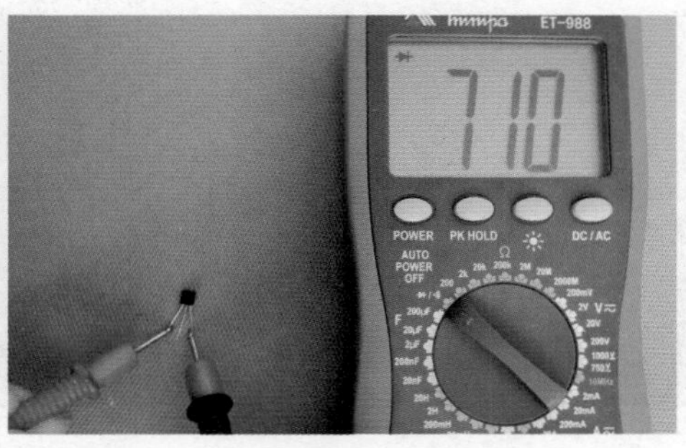

图 8-37 采用二极管检测法判别三极管的类型（PNP 型）

8.6 场效应晶体管和晶闸管的检测

8.6.1 场效应晶体管的检测

如图 8-38 所示，识读待测场效应晶体管，分清待测场效应晶体管各引脚极性。

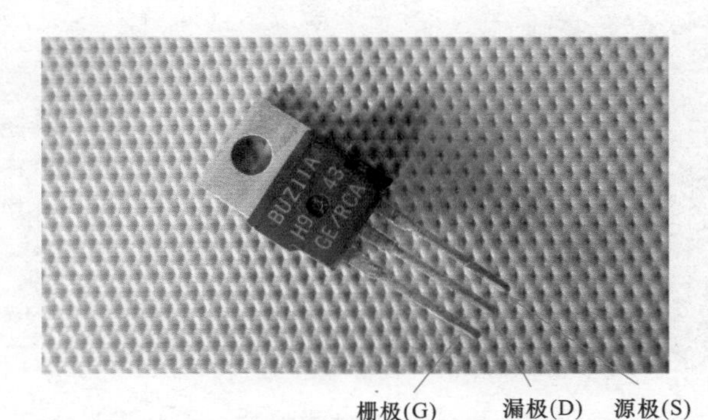

图 8-38 待测的场效应晶体管

按图 8-39 所示，将数字式万用表的量程旋钮调至二极管测量挡，红表笔接待测场效应晶体管的源极 S，黑表笔接待测场效应晶体管的漏极 D。正常情况下，应该能够检测到一定压降（当前数字式万用表实测值为 546）。

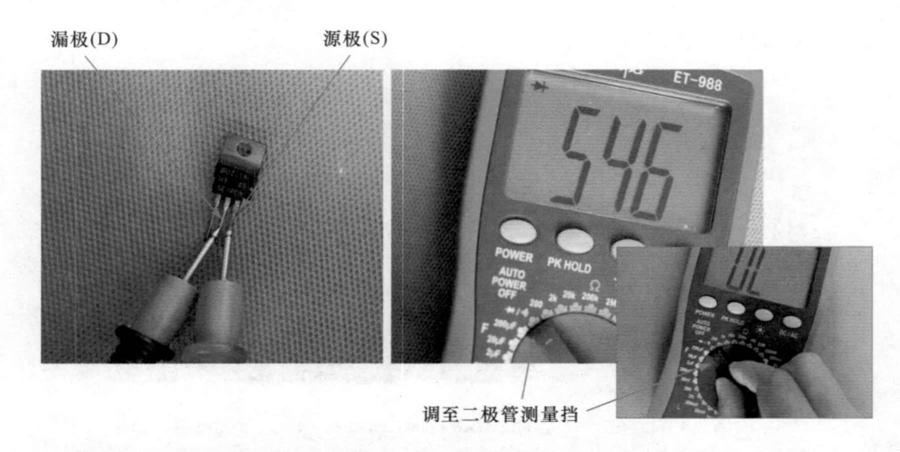

图 8-39　使用二极管测量挡检测场效应晶体管源极和漏极间的压降

将红黑表笔对调，红表笔接漏极 D，黑表笔接源极 S，正常情况下，场效应晶体管 D、S 反向连接时应不导通，其操作如图 8-40 所示。

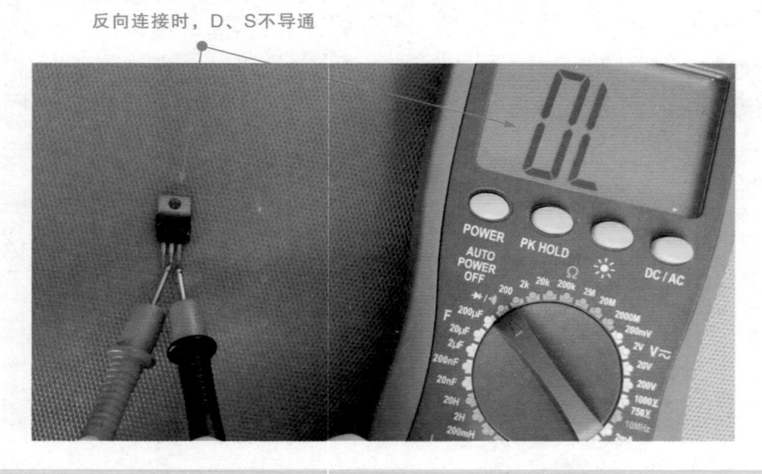

图 8-40　场效应晶体管源极和漏极反向连接时的检测

提示

如图 8-41 所示，若反向连接检测时，场效应晶体管源极 S 和漏极 D 之间为导通状态，则说明待测场效应晶体管击穿损坏。

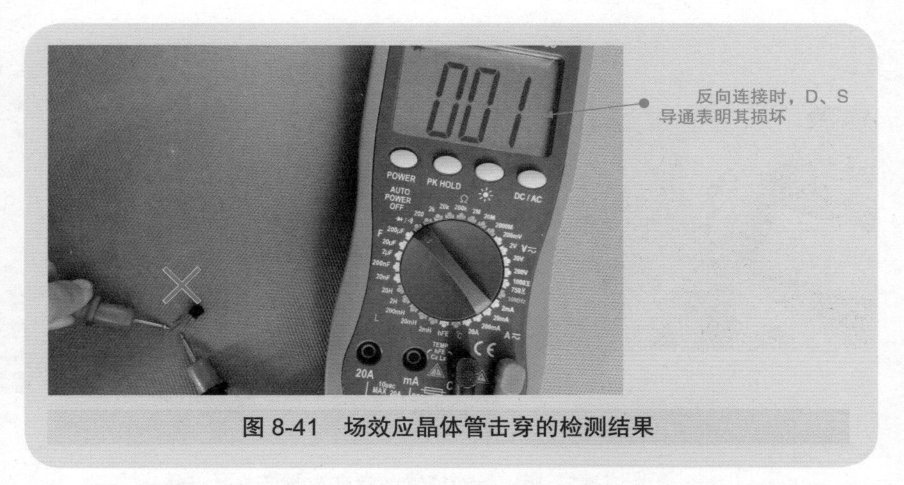

图 8-41　场效应晶体管击穿的检测结果

在正常情况下，除 D、S 之间有一定的压降外，其余各引脚间都是不导通的。如果检测栅极 G 与源极 S 之间也导通，则表明待测场效应晶体管已击穿损坏。

为了进一步检测场效应晶体管的触发能力，可以借助指针万用表为待测场效应晶体管提供触发电压，进一步和数字式万用表一起完成测量。

如图 8-42 所示，将指针式万用表量程调至 ×10k 欧姆挡。

图 8-42　调整指针式万用表量程至 ×10k 欧姆挡

将数字式万用表的两表笔分别连接待测场效应晶体管的漏极 D 和源极 S 后，用指针式万用表的黑表笔接待测场效应晶体管的栅极 G，红表笔接源极 S 式（相当于在栅极 G 和源极 S 之间加一个正向电压），其具体操作如图 8-43 所示。

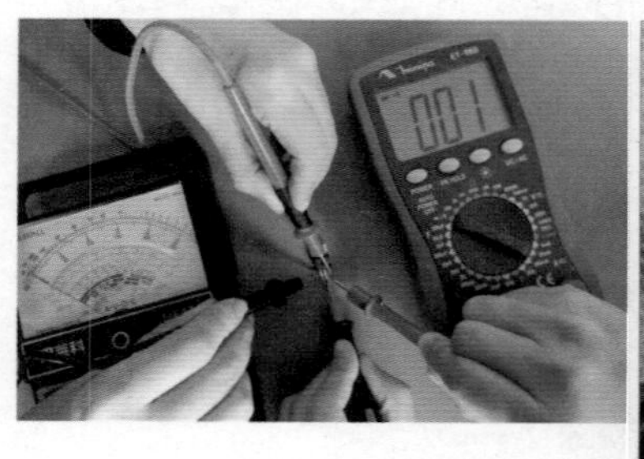

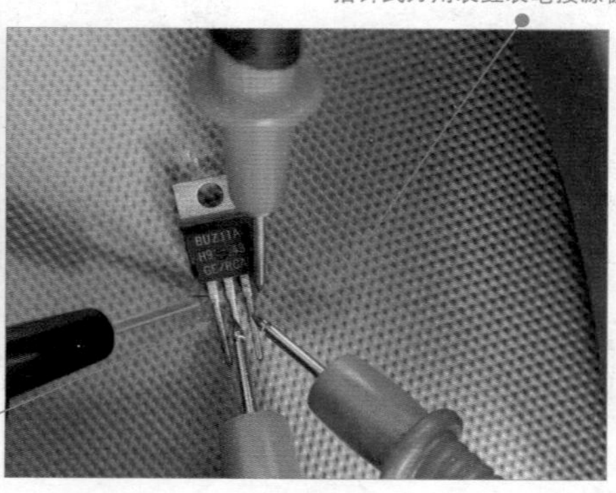

图 8-43　场效应晶体管触发能力测试

在正常情况下，当在 G、S 之间加入正向电压后，会触发场效应晶体管 D、S 内部二极管导通。

提示

由于 G、S 之间有一个结电容，当加电后，电容充满电荷，使 D、S 一直导通。此时，使用镊子短接 G、S，使其内部电容放电，场效应晶体管便会截止。操作如图 8-44 所示。

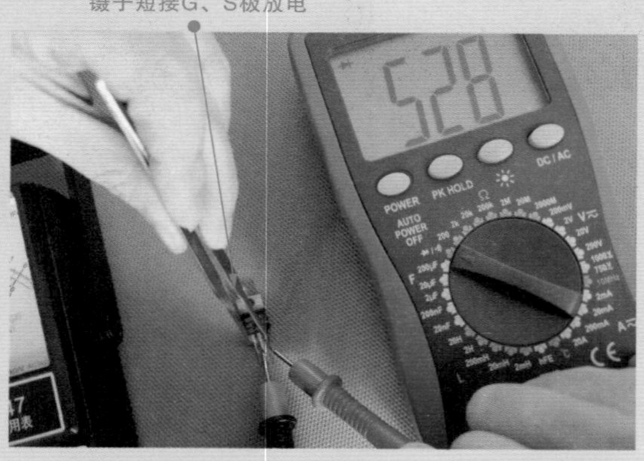

图 8-44　镊子短接场效应晶体管的栅极 G 和源极 S

8.6.2 晶闸管的检测

晶闸管作为一种可控整流器件，对于晶闸管一般可借助万用表检测其触发能力。以单向晶闸管为例，图 8-45 为单向晶闸管触发能力的检测方法。

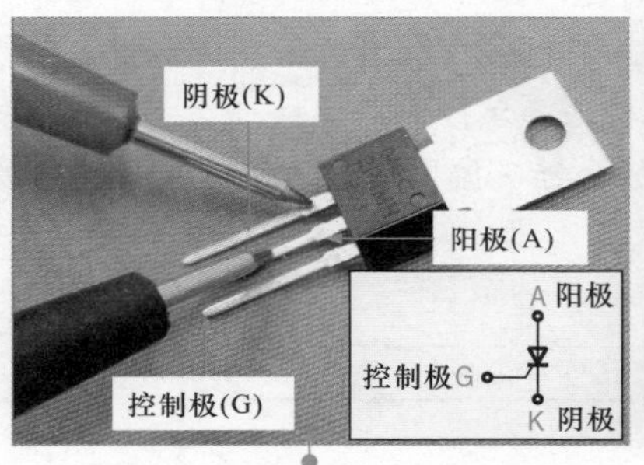

将万用表的黑表笔搭在单向晶闸管的阳极（A）上，红表笔搭在阴极（K）上

观察万用表的表盘指针摆动，测得阻值为无穷大

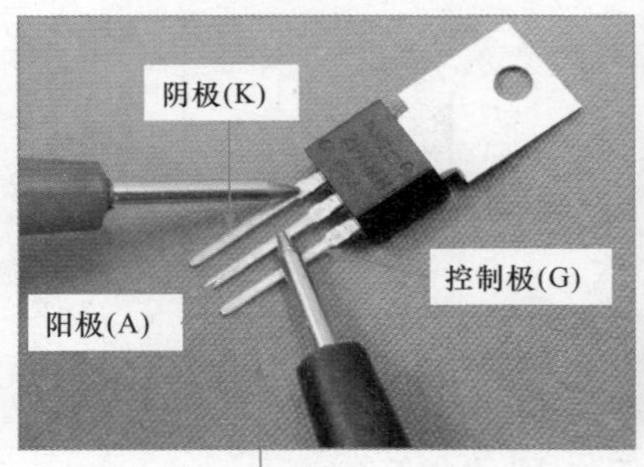

保持红表笔位置不变，将黑表笔同时搭在阳极（A）和控制极（G）上

万用表的指针向右侧大范围摆动，表明晶闸管已经导通

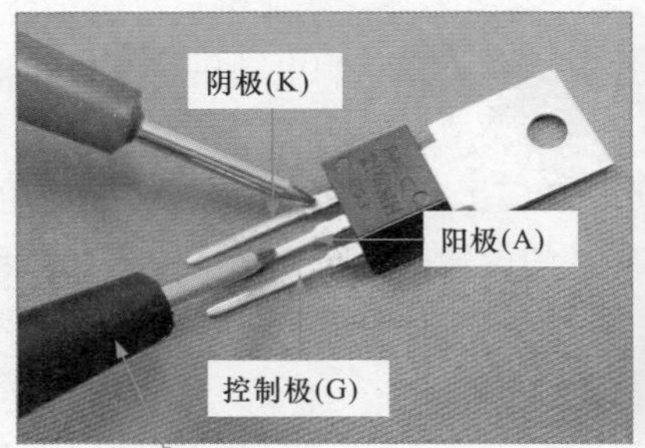

保持黑表笔接触阳极（A）的前提下，脱开控制极（G）

万用表的指针仍指示低阻值状态，说明晶闸管处于维持导通状态，触发能力正常

图 8-45 单向晶闸管触发能力的检测方法

8.7 霍尔元件和集成电路的检测

8.7.1 霍尔元件的检测

霍尔元件是一种锑铟半导体元器件，在外加偏压的条件下，受到磁场的作用会有电压输出，输出电压的极性和强度与外加磁场的极性和强度有关。用霍尔元件制作的磁场传感器称为霍尔传感器。

如图 8-46 所示，霍尔元件是将放大器、温度补偿电路及稳压电源集成在一个芯片上的元器件。

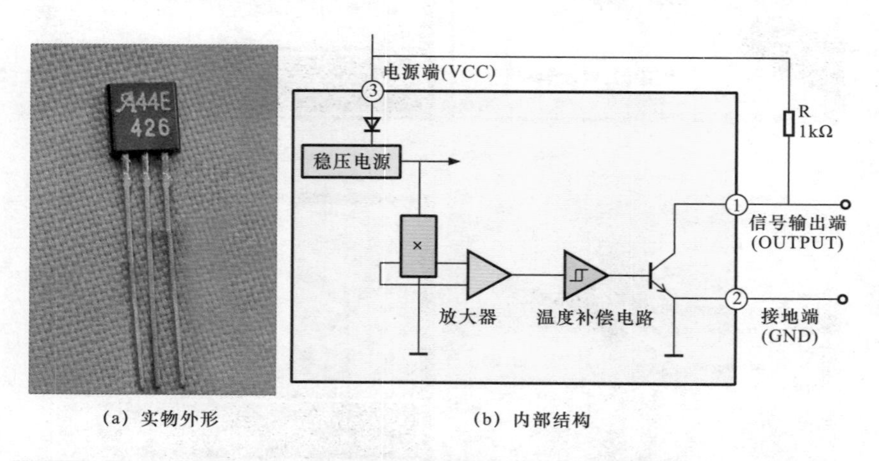

(a) 实物外形　　(b) 内部结构

图 8-46　霍尔元件的实物外形及内部结构

霍尔元件可以检测磁场的极性，并将磁场的极性变成电信号的极性，主要应用于需要检测磁场的场合，如在电动自行车无刷电动机、调速转把中均有应用。

无刷电动机定子绕组必须根据转子磁极的方位切换电流方向，才能使转子连续旋转，因此在无刷电动机内必须设置一个转子磁极位置的传感器，这种传感器通常采用霍尔元件。图 8-47 为霍尔元件在电动自行车无刷电动机中的应用。

判断霍尔元件是否正常时，可使用万用表分别检测霍尔元件引脚间的阻值。以电动自行车调速转把中的霍尔元件为例，检测方法如图 8-48 所示。

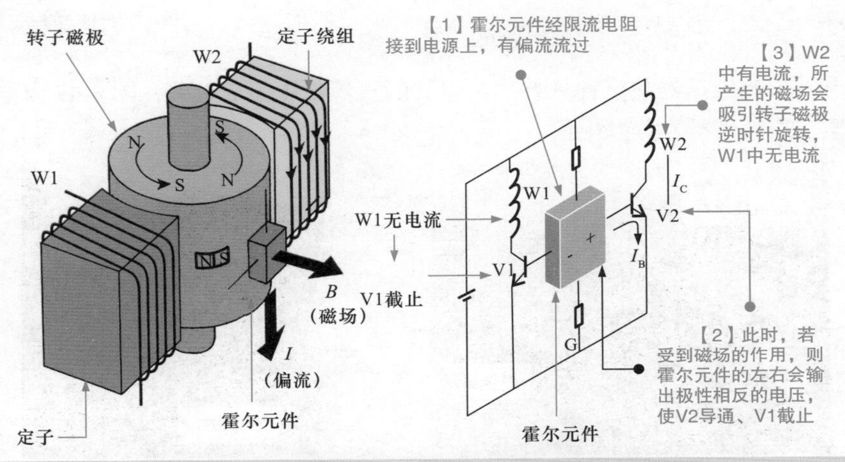

图 8-47　霍尔元件在电动自行车无刷电动机中的应用

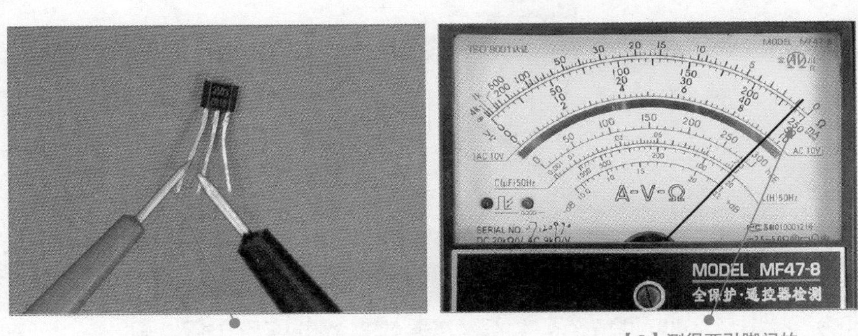

【1】将万用表的量程旋钮调至R×1kΩ，并进行欧姆调零，红黑表笔分别搭在霍尔元件的供电端和接地端

【2】测得两引脚间的阻值为0.9kΩ

【3】保持黑表笔位置不动，将红表笔搭在霍尔元件的输出端

【4】测得两引脚间的阻值为8.7kΩ

图 8-48　霍尔元件的检测方法

8.7.2 三端稳压器的检测

三端稳压器是一种具有三只引脚的直流稳压集成电路，图 8-49 为典型三端稳压器的实物外形。

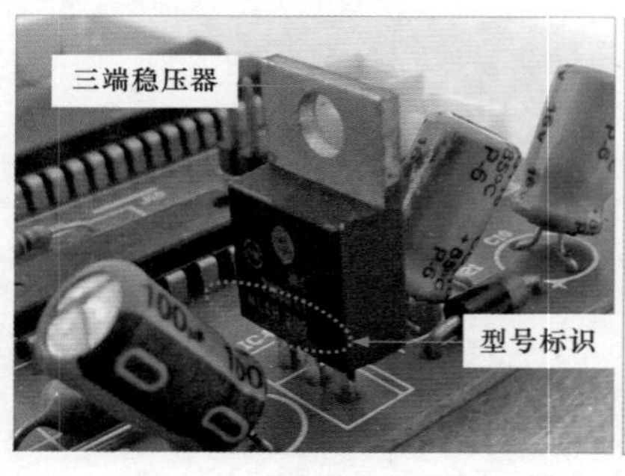

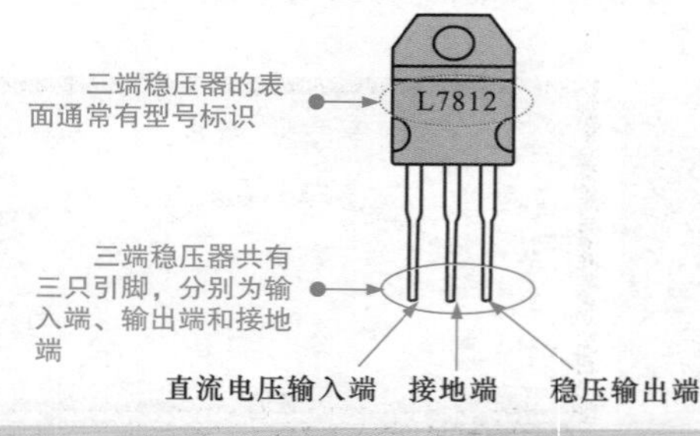

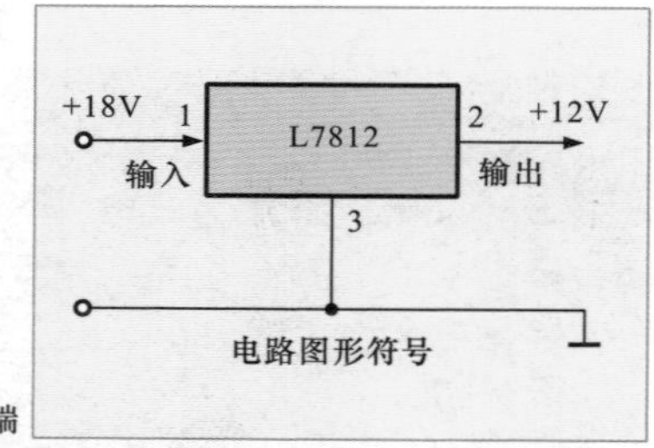

图 8-49　典型三端稳压器的实物外形

三端稳压器的功能，是将输入端的直流电压稳压后，输出一定值的直流电压，不同型号的三端稳压器输出端的稳压值不同。图 8-50 为三端稳压器的功能示意图。

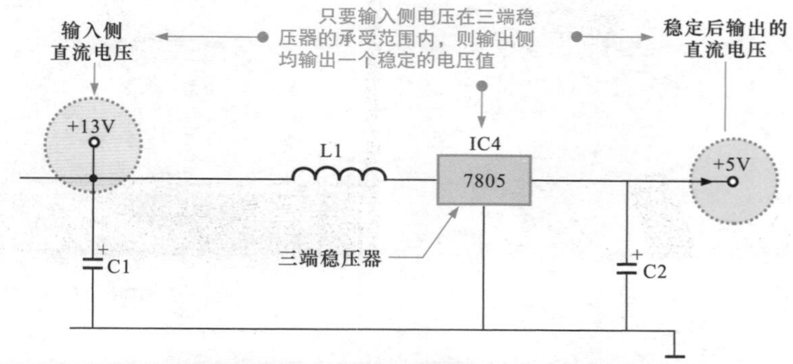

图 8-50　三端稳压器的功能示意图

一般来说，三端稳压器输入端的电压可能会发生偏高或偏低的变化，但都不影响输出侧的电压值。只要输入侧电压在三端稳压器的承受范围内，则输出侧均为稳定的数值，这也是三端稳压器最突出的功能特性。

检测三端稳压器主要有两种方法：一种是将三端稳压器置于电路中，在工作状态下，用万用表检测三端稳压器输入端和输出端的电压值，与标准值比对，即可判别三端稳压器的性能；另一种方法是在三端稳压器未通电的工作状态下，通过检测输入端、输出端的对地阻值来判别三端稳压器的性能。

检测之前，应首先了解待测三端稳压器各引脚的功能，以及标准输入、输出电压和电阻值，为三端稳压器的检测提供参考标准，如图 8-51 所示。

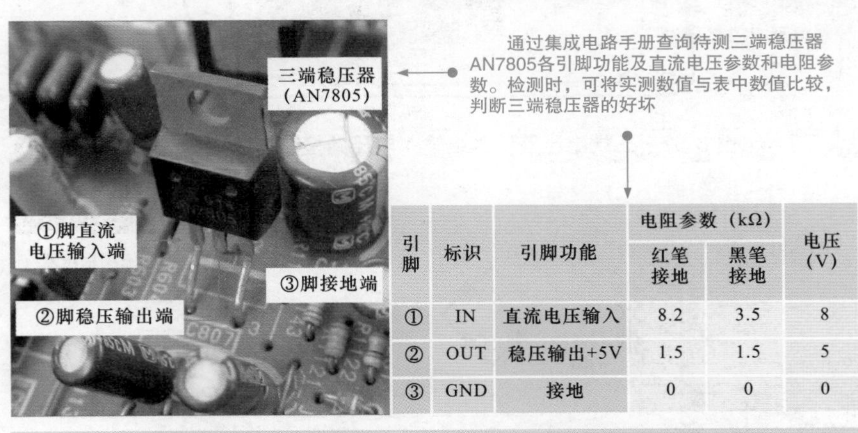

引脚	标识	引脚功能	电阻参数（kΩ）		电压（V）
			红笔接地	黑笔接地	
①	IN	直流电压输入	8.2	3.5	8
②	OUT	稳压输出+5V	1.5	1.5	5
③	GND	接地	0	0	0

图 8-51　待测三端稳压器各引脚功能及标准参数值

借助万用表检测三端稳压器的输入端、输出端电压时，需要将三端稳压器置于实际工作环境中，如图 8-52 所示。

在正常情况下，在三端稳压器的输入端应能够测得相应的直流电压值。根据电路标识，本例中实测三端稳压器输入端的电压为 8V。

保持万用表的黑表笔不动，将红表笔搭在三端稳压器的输出端引脚上，检测三端稳压器输出端的电压值，如图 8-53 所示。

在正常情况下，若三端稳压器的直流电压输入端电压正常，则稳压输出端应有稳压后的电压输出。若输入端电压正常，而无电压输出，则说明三端稳压器已损坏。

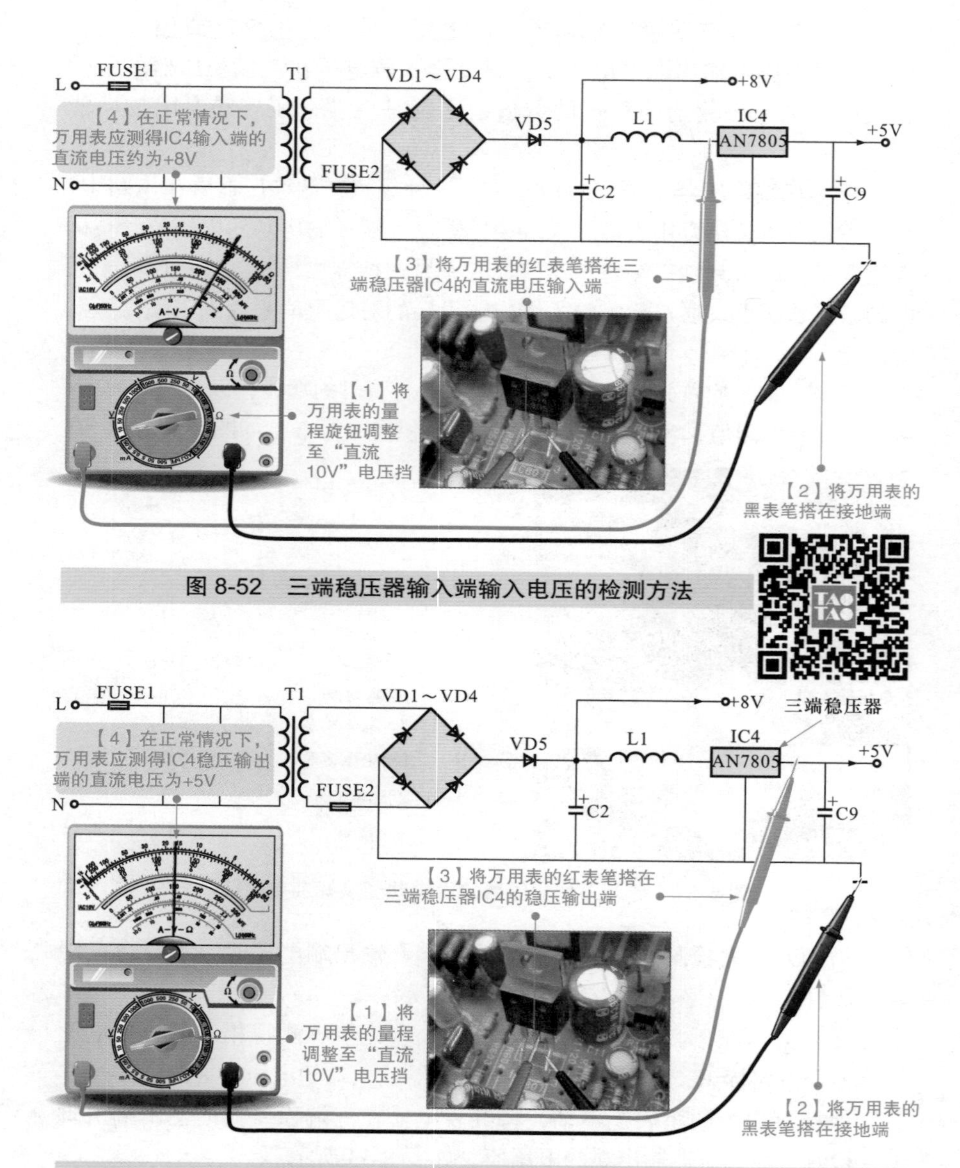

图 8-52　三端稳压器输入端输入电压的检测方法

图 8-53　输出端电压值的检测方法

另外，还可以使用万用表检测三端稳压器各引脚对地的阻值，具体检测操作如图 8-54 所示。

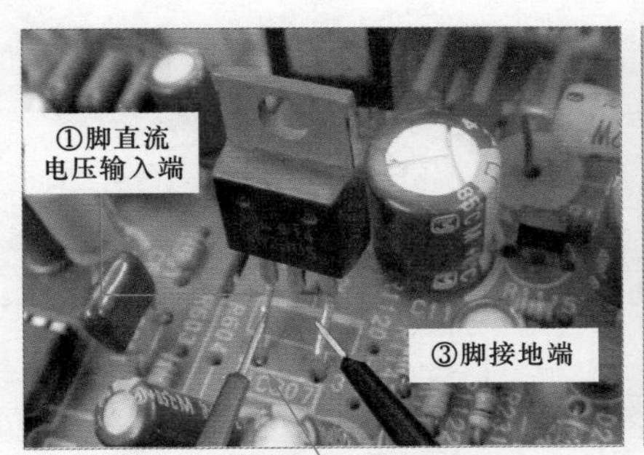

【1】将万用表的量程旋钮调整至“20k”欧姆挡，将黑表笔搭在三端稳压器的接地端，红表笔搭在三端稳压器的直流电压输入端

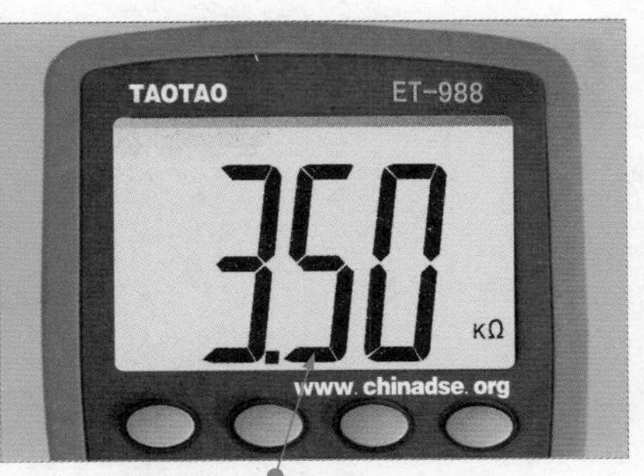

【2】测得三端稳压器直流电压输入端正向对地阻值约为3.50kΩ。调换表笔，检测三端稳压器直流输入端反向对地阻值，实测约为8.2kΩ

【3】将万用表的黑表笔搭在三端稳压器的接地端，红表笔搭在三端稳压器的稳压输出端上

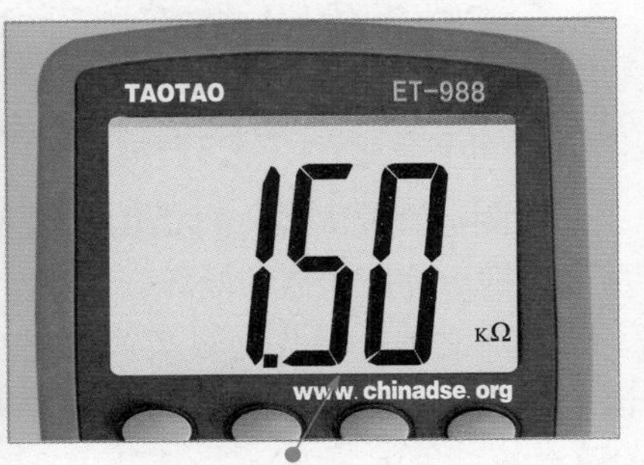

【4】测得三端稳压器稳压输出端的正向对地阻值约为1.50kΩ。调换表笔，检测三端稳压器稳压输出端反向对地阻值，实测约为1.50kΩ

图 8-54　三端稳压器各引脚对地阻值的检测方法

在正常情况下，三端稳压器各引脚阻值应与正常阻值近似或相同；若阻值相差较大，则说明三端稳压器性能不良。

8.7.3　运算放大器的检测

运算放大器是具有很高放大倍数的电路单元，早期应用于模拟计算机中实现数字的运算，故得名“运算放大器”。实际上，这种放大器可以应用在很多电子产品中。

在结构上，运算放大器是一个具有放大功能的电路单元，将这个电路单元集成在一起独立封装，便构成常见的以集成电路结构形式出现的运算放大器。

图 8-55 为典型运算放大器的实物外形。

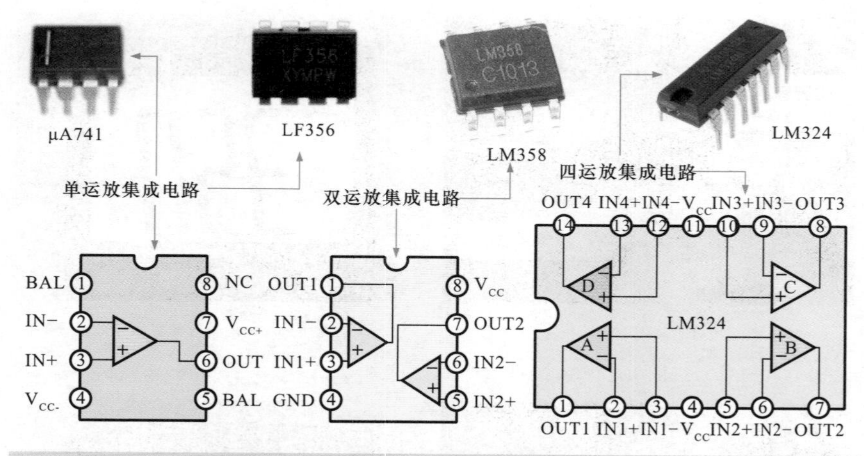

图 8-55　典型运算放大器的实物外形

检测运算放大器，可借助万用表检测运算放大器各引脚的对地阻值，从而判别运算放大器的好坏。

检测之前，首先通过集成电路手册查询待测运算放大器各引脚的直流电压参数和电阻参数，为运算放大器的检测提供参考标准，如图 8-56 所示。

引脚	标识	集成电路引脚功能	电阻参数（kΩ）		直流电压（V）
			红笔接地	黑笔接地	
①	OUT1	放大信号(1)输出	0.38	0.38	1.8
②	IN1−	反相信号(1)输入	6.3	7.6	2.2
③	IN1+	同相信号(1)输入	4.4	4.5	2.1
④	VCC	电源+5 V	0.31	0.22	5.0
⑤	IN2+	同相信号(2)输入	4.7	4.7	2.1
⑥	IN2−	反相信号(2)输入	6.3	7.6	2.1
⑦	OUT2	放大信号(2)输出	0.38	0.38	1.8
⑧	OUT3	放大信号(3)输出	6.7	23	0
⑨	IN3−	反相信号(3)输入	7.6	∞	0.5
⑩	IN3+	同相信号(3)输入	7.6	∞	0.5
⑪	GND	接地	0	0	0
⑫	IN4+	同相信号(4)输入	7.2	17.4	4.6
⑬	IN4−	反相信号(4)输入	4.4	4.6	2.1
⑭	OUT4	放大信号(4)输出	6.3	6.8	4.2

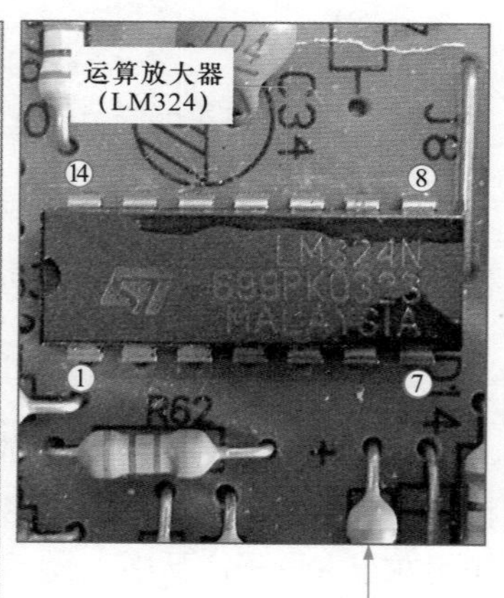

通过集成电路手册查询待测运算放大器LM324的直流电压参数和电阻参数。检测时，可将实测数值与该表中的数值进行比较，从而判断运算放大器的好坏

图 8-56　待测运算放大器各引脚功能及标准参数值

如图 8-57 所示，使用万用表检测运算放大器各引脚的正反向对地阻值，将实测结果与正常值比较，即可判断运算放大器的好坏。

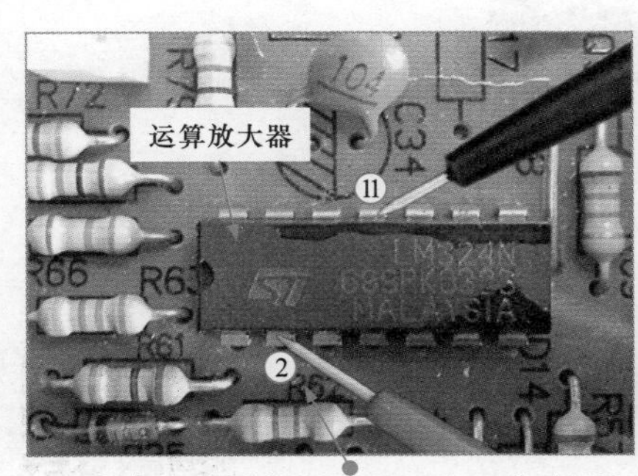

【1】将万用表挡位旋钮调至“×1k”欧姆挡，黑表笔搭在运算放大器的接地端（11脚），红表笔依次搭在运算放大器各引脚上（以2脚为例）

【2】检测运算放大器各引脚的正向对地阻值（以2脚为例），实测运算放大器2脚的正向对地阻值约为7.6kΩ

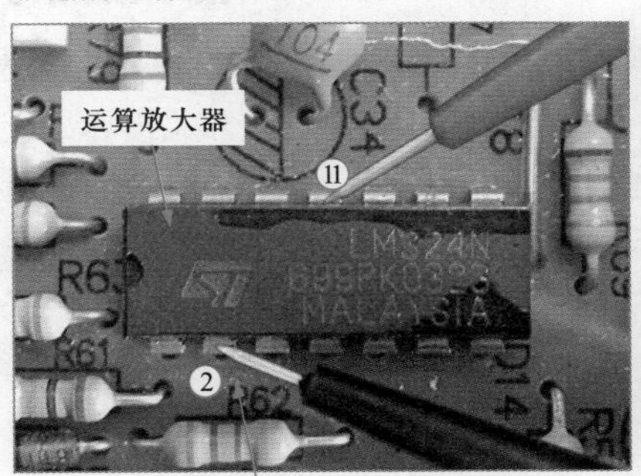

【3】调换表笔，将万用表红表笔搭在接地端，黑表笔依次搭在运算放大器各引脚上（以2脚为例）

【4】检测运算放大器各引脚的反向对地阻值（以2脚为例），实测运算放大器2脚的反向对地阻值约为6.3kΩ

图 8-57　运算放大器各引脚正反向对地阻值的检测方法

第9章

练习电气零部件的检测

9.1 开关的检测

9.1.1 常开开关的检测

在电路中，常开开关通常位于接触器线圈和供电电源之间，用来控制接触器线圈的得电，从而控制用电设备的工作。若怀疑该开关损坏，应对其触点的闭合和断开阻值进行检测。将万用表调至“×1”欧姆挡，对触点的阻值进行检测，如图9-1所示。将红黑表笔分别搭在触点接线柱上，正常情况下，测得阻值应为无穷大；按下开关后，阻值应变为0。若测得阻值偏差很大，说明常开开关已损坏。

9.1.2 复合开关的检测

检测复合开关是否正常时，为了使检测结果准确，可将复合开关从控制电路中拆下，将万用表调至“R×1”欧姆挡，对复合开关的两组触点进行检测，如图9-2所示。将红黑表笔分别搭在常开触点和常闭触点上，正常情况下，常开触点阻值应为无穷大，常闭触点阻值应为0。

然后用手按下开关，此时再对复合开关的两组触点进行检测，如图9-3所示。将红黑表笔分别搭在两组触点上，由于常开触点闭合，其阻值变为0，而常闭触点断开，其阻值变为无穷大。

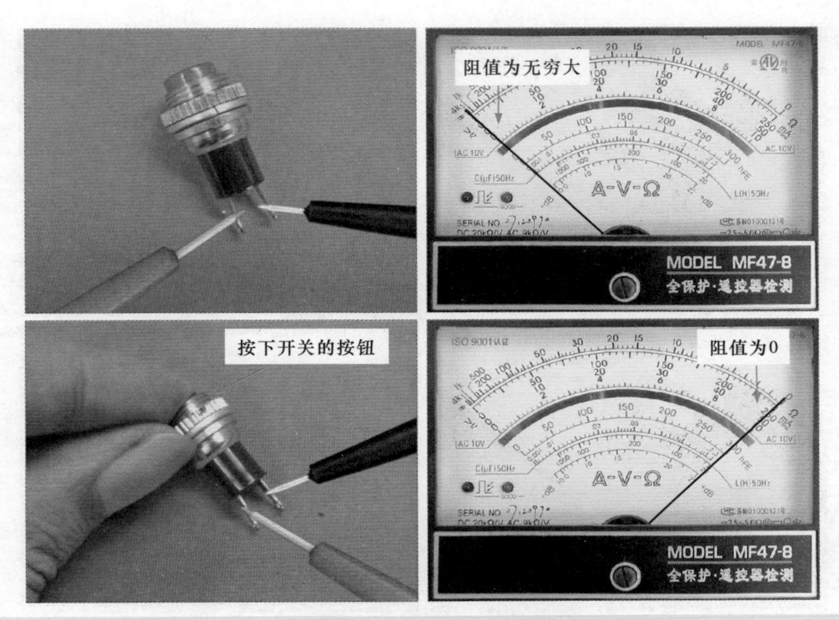

图 9-1　常开开关的检测

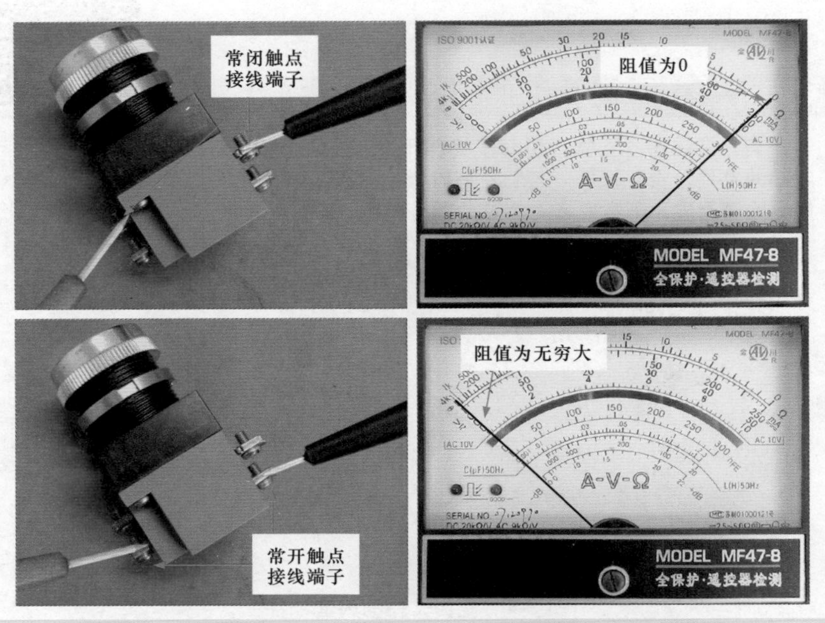

图 9-2　检测正常状态下复合开关常开触点和常闭触点的阻值

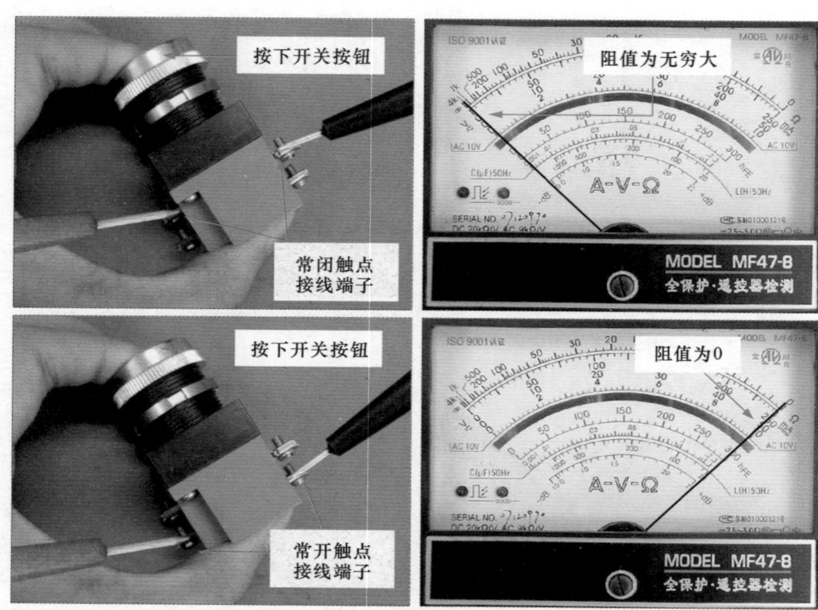

图 9-3　检测按下开关后常开和常闭触点的阻值变化

提示

若检测结果不正常，说明该复合开关已损坏，可将复合开关拆开，检查内部的部件是否有损坏。若部件有维修的可能，将损坏的部件代换即可；若损坏比较严重，则需要将复合开关直接更换。图 9-4 为复合开关的内部部件。

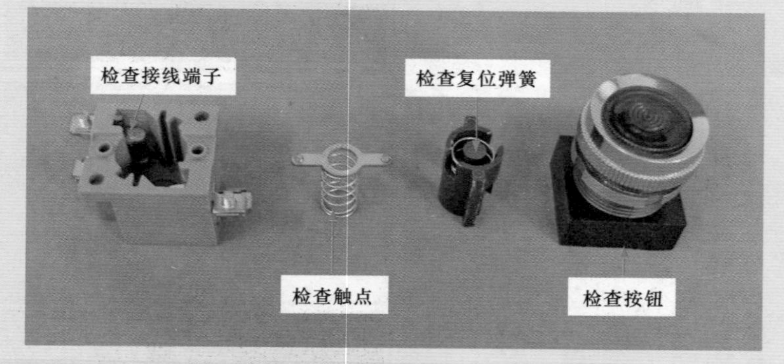

图 9-4　复合开关的内部部件

9.2 接触器的检测

9.2.1 交流接触器的检测

交流接触器用于交流电源环境的通断开关，在各种控制电路中应用较为广泛，具有欠电压 / 零电压释放保护、工作可靠、性能稳定、操作频率高、维护方便等特点。

在电动机控制电路中，交流接触器用来接通或断开用电设备的供电线路。其主触点连接用电设备，线圈连接控制开关。若该接触器损坏，应对其触点和线圈的阻值进行检测。

在检测之前，先根据接触器外壳上的标识，对接触器的接线端子进行识别，如图 9-5 所示。根据标识可知，接线端子 1、2 为相线 L1 的接线端，接线端子 3、4 为相线 L2 的接线端，接线端子 5、6 为相线 L3 的接线端，接线端子 13、14 为辅助触点的接线端，A1、A2 为线圈的接线端。

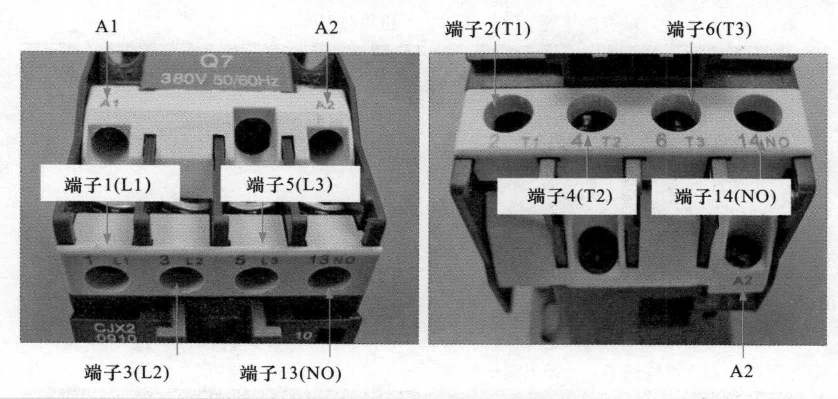

图 9-5　待测交流接触器引脚识别

1　检测线圈的阻值

为了使检测结果准确，可将交流接触器从控制电路中拆下，然后根据标识判断好接线端子的分组后，将万用表调至“R×100”欧姆挡，对接触器线圈的阻值进行检测，如图 9-6 所示。将红黑表笔搭在与线圈连接的接线端子上，正常情况下，测得阻值为 1400Ω。若测得阻值为无穷大或测得阻值为 0，说明该接触器已损坏。

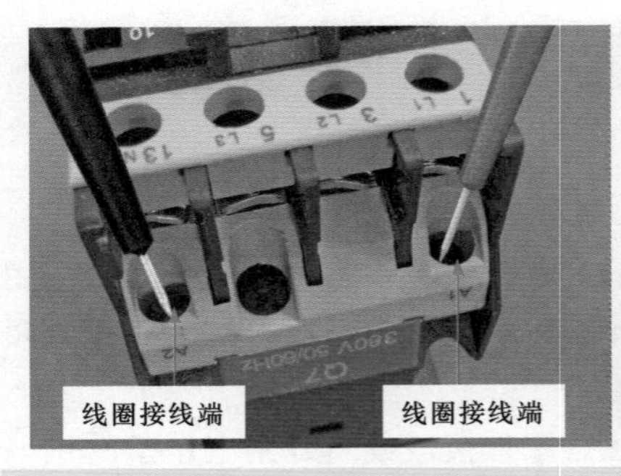

图 9-6　检测线圈的阻值

2　检测触点通断

根据接触器标识可知，该接触器的主触点和辅助触点都为常开触点，将红黑表笔搭在任意触点的接线端子上，测得的阻值都为无穷大，如图 9-7 所示。当用手按下测试杆时，触点便闭合，测量阻值变为 0。

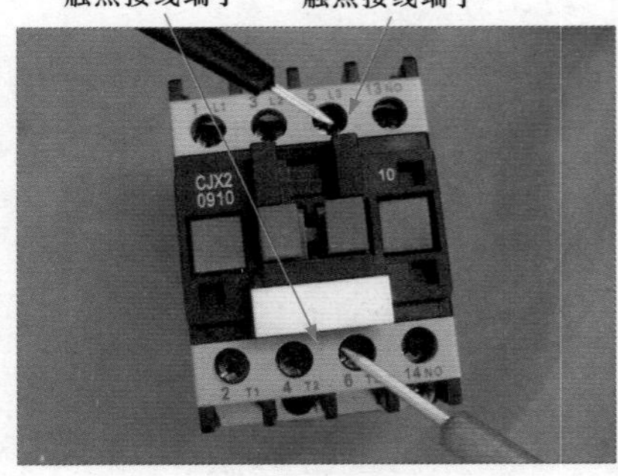

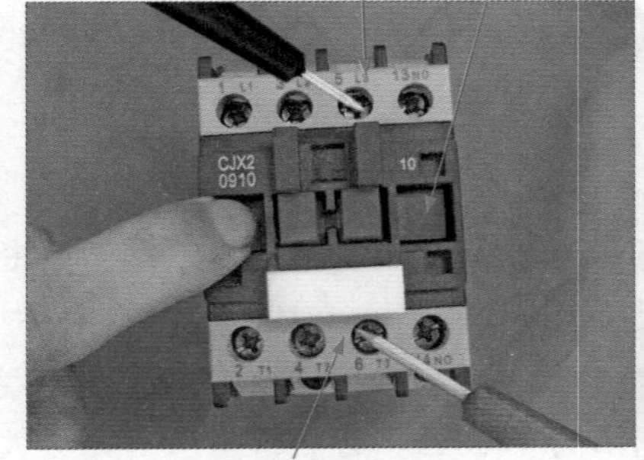

图 9-7　检测触点通断

若检测结果正常，但接触器依然存在故障，则应对交流接触器的连接线缆进行检查，对不良的线缆进行更换。

9.2.2 直流接触器的检测

直流接触器是一种应用于直流电源环境的通断开关，受直流电的控制。它的检测方法与交流接触器相同，也是对线圈和触点的阻值进行检测，如图 9-8 所示。正常情况下，触点闭合时，阻值为 0；断开时，阻值为无穷大。

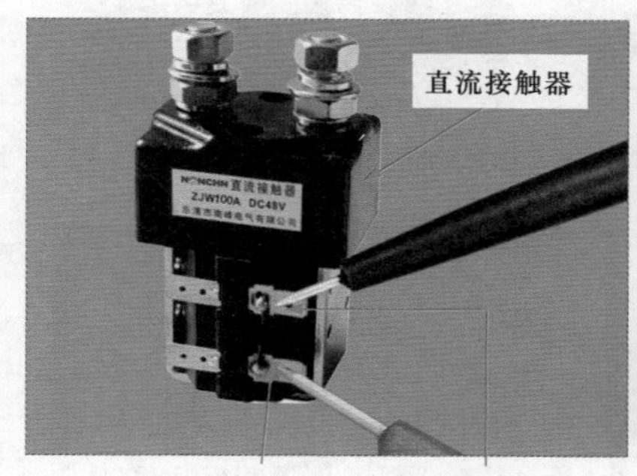

阻值为无穷大

图 9-8 检测直流接触器的触点

9.3 继电器的检测

9.3.1 电磁继电器的检测

检测电磁继电器是否正常时，通常先对其引脚进行识别，然后再检测其线圈间的阻值是否正常，最后再对其触点部分进行检测。

安装于电路板上的电磁继电器需要先对引脚进行识别，然后再进行检测，如图 9-9 所示。有的印制电路板上标识有电路符号，线圈的符号为“”，触点的符号为“”。

1 检测线圈的阻值

将万用表调至“×10”欧姆挡，对线圈的阻值进行检测，如图 9-10 所示。将红黑表笔搭在线圈的引脚上，测得阻值为 1300Ω。若测得阻值为 0 或无穷大，说明电磁继电器已损坏。

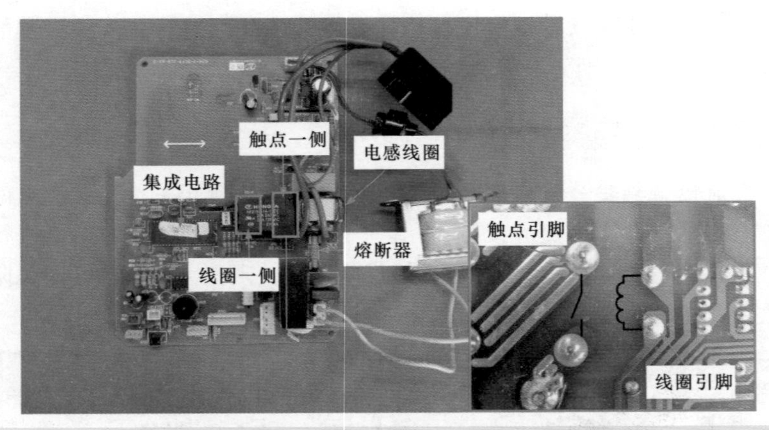

图 9-9　电磁继电器引脚识别

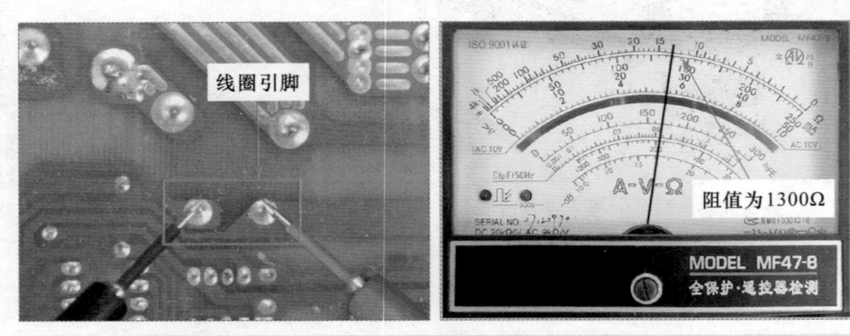

图 9-10　检测线圈的阻值

2　检测触点的阻值

接下来对电磁继电器的触点进行检测，将万用表调至“×1”欧姆挡，对触点的阻值进行检测，如图 9-11 所示。将红黑表笔搭在触点的引

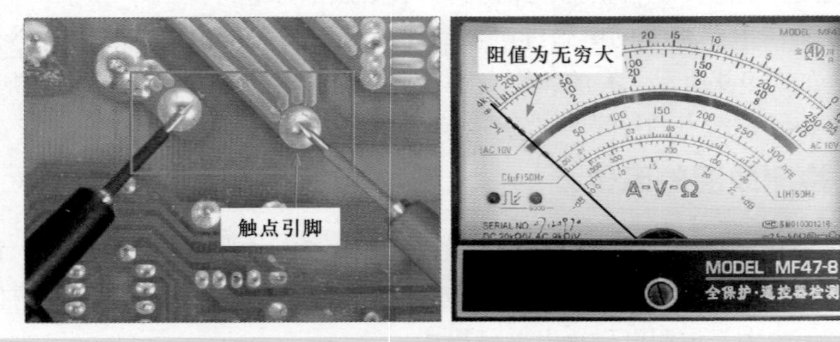

图 9-11　检测触点的阻值

脚上，在断开状态下，阻值应为无穷大。当为线圈提供电流后，触点闭合，测得的阻值应为 0。

对于外壳透明的电磁继电器，检测线圈正常后，可直接观察内部的触点等部件是否已损坏，根据情况进行维修或更换。而对于密闭形式的电磁继电器，则需要检测线圈和触点的阻值，若发现继电器损坏则需要进行整体更换。如图 9-12 所示，为外壳透明的可拆卸式电磁继电器的检测。

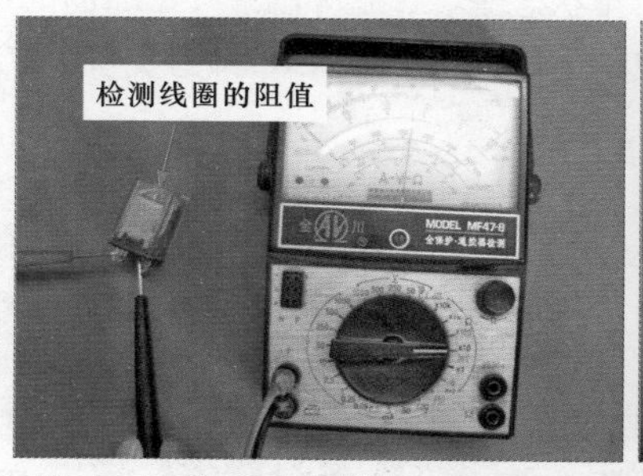

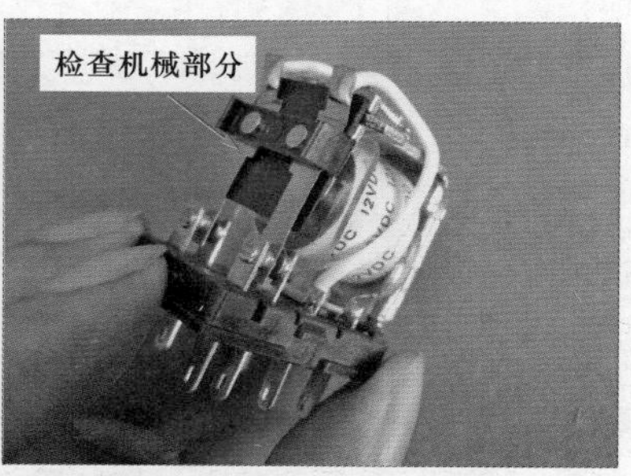

图 9-12　外壳透明的可拆卸式电磁继电器的检测

提示

除了通过检测判断电磁继电器好坏外，还可使用直流电源为其供电，直接观察其触点是否动作来判断继电器是否损坏。如图 9-13 所示，为通电检测电磁继电器的方法。继电器线圈的工作电压都标在铭牌上（如 12V、24V 等），为继电器线圈加电压检测时，必须符合线圈的额定值。

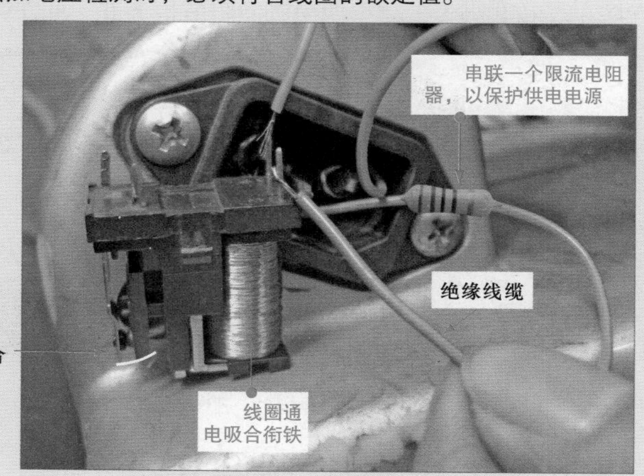

图 9-13　通电检测电磁继电器的方法

9.3.2 时间继电器的检测

检测时间继电器是否正常时，通常先对其引脚进行识别，然后再检测时间继电器各引脚间的阻值是否正常，通过对各触点的检测判断时间继电器的性能是否良好。

时间继电器通常有多个引脚，图 9-14 所示为时间继电器外壳上的引脚连接图。从图中可以看出，在未工作状态下，①脚和④脚、⑤脚和⑧脚为接通状态。此外，②脚和⑦脚为控制电压的输入端，②脚为负极，⑦脚为正极。

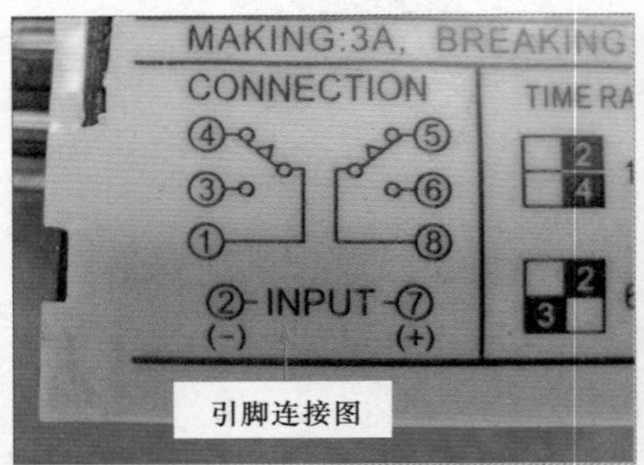

图 9-14　识别引脚功能

将万用表调至“×1”欧姆挡，进行零欧姆校正后，将红黑表笔任意搭在时间继电器的①和④脚上，万用表测得两引脚间阻值为 0；然后将红黑表笔任意搭在⑤和⑧脚上，测得两引脚间阻值也为 0，如图 9-15 所示。

图 9-15　检测引脚间阻值

在未通电状态下，①和④脚、⑤和⑧脚是闭合状态，而在通电动作后，延迟一定的时间后①和③脚、⑥和⑧脚是闭合状态。闭合引脚间阻值应为零，而未接通引脚间阻值应为无穷大。

提示

若确定时间继电器损坏，可将继电器拆开后，分别对内部的控制电路和机械部分进行检查。若控制电路中有元器件损坏，将损坏元器件更换即可；若机械部分损坏，可更换内部损坏的部件或直接将机械部分更换。图 9-16 为检查时间继电器的内部。

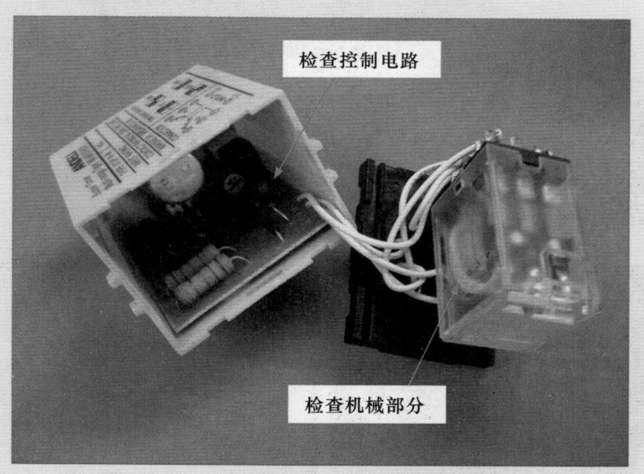

图 9-16　检查时间继电器的内部

9.3.3　过热继电器的检测

检测过热继电器是否正常时，通常先对其引脚进行识别，然后再检测过热继电器各引脚间的阻值是否正常，通过对各触点的检测判断过热继电器的性能是否良好。

如图 9-17 所示，过热继电器上有三组相线接线端子，即 L1 和 T1、L2 和 T2、L3 和 T3，其中 L 一侧为输入端，T 一侧为输出端。接线端子 95，96 为常闭触点接线端，97，98 为常开触点接线端。

将万用表调至“×1”欧姆挡，进行零欧姆校正后，将红黑表笔搭在过热继电器的 95、96 端子上，测得常闭触点的阻值为 0Ω；然后将红黑表笔搭在 97、98 端子上，测得常开触点的阻值为无穷大，如图 9-18 所示。

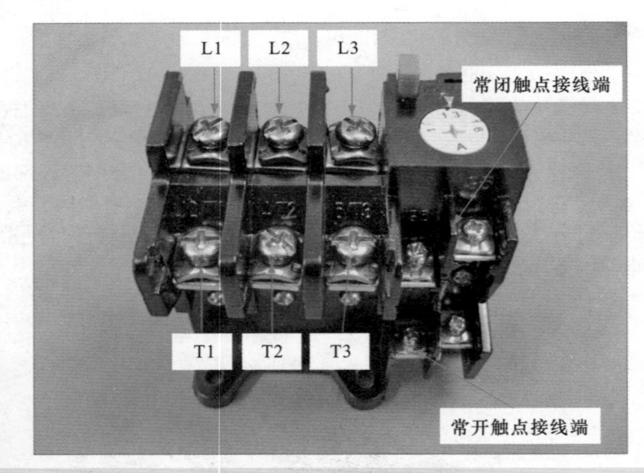

图 9-17　识别引脚功能

图 9-18　检测触点的阻值

用手拨动测试杆，模拟过载环境，将红黑表笔搭在过热继电器的 95、96 端子上，此时测得的阻值应为无穷大；然后将红黑表笔搭在 97、98 端子上，测得的阻值应为 0，如图 9-19 所示。

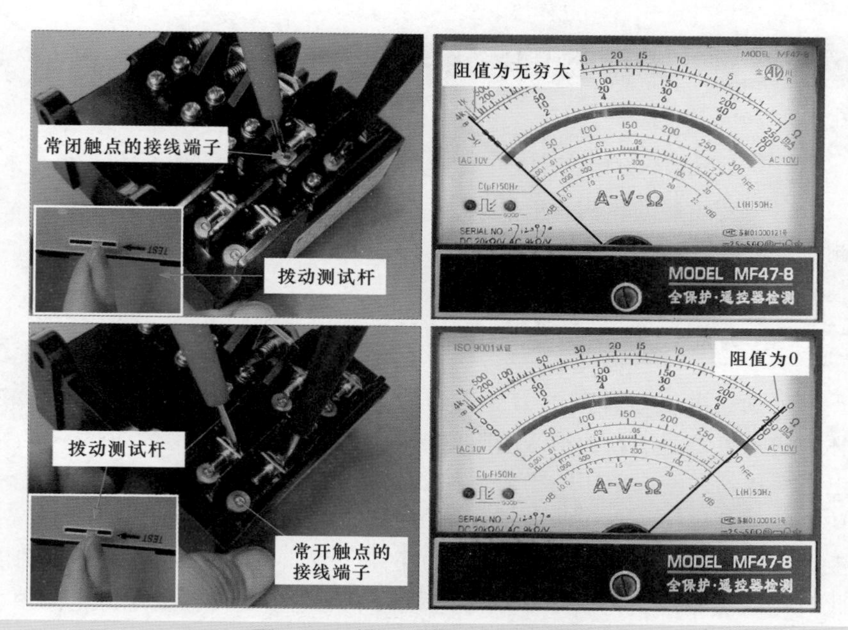

图 9-19　模拟过载状态下的检测

提示

若确定过热继电器损坏，可先将继电器拆开，对其内部的触点以及热元件等进行检查，发现损坏部件后，可更换该部件或直接更换继电器。如图 9-20 所示，为检查过热继电器的内部。

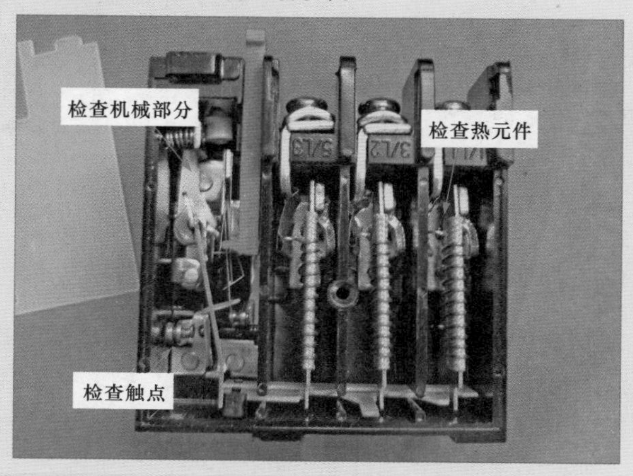

图 9-20　检查过热继电器的内部

9.4 变压器的检测

9.4.1 电力变压器的检测

电力变压器的体积一般较大，且附件较多，在对电力变压器进行检测时，可以通过检测其绝缘电阻值、绕组间电阻值以及油箱、储油柜等，判断电力变压器的好坏。

1 电力变压器绝缘电阻值的检测

可通过兆欧表检测电力变压器的绝缘电阻，判断电力变压器的好坏，通常电力变压器的绝缘电阻值不应低于出厂时标准值的 70%，检测电力变压器的绝缘电阻时，需将兆欧表的两根测试线，一根接到电力变压器的套管导线（高压侧或低压侧）上，另一根接到电力变压器的外壳上，测量时以 120r/min（转 / 分钟）的速度顺时针摇动兆欧表的摇杆，此时兆欧表刻度盘上所指示的电阻数值便是电力变压器的绝缘电阻值，如图 9-21 所示。

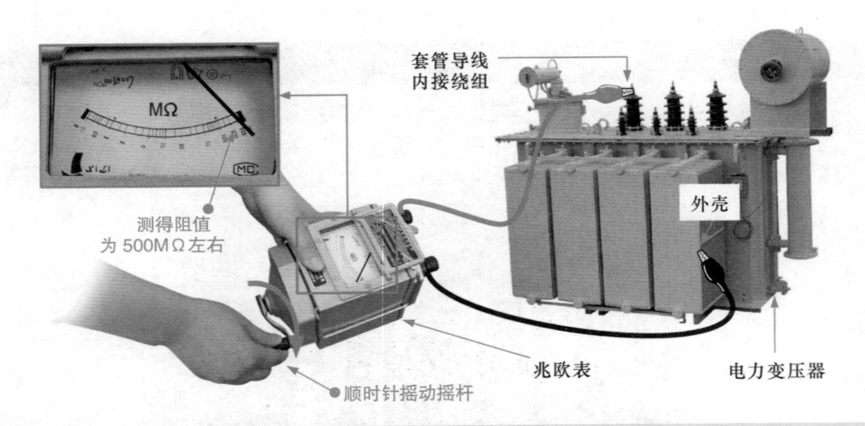

图 9-21 电力变压器绝缘电阻值的检测方法

电力变压器绝缘电阻的检测主要有三组，即初级绕组与次级绕组之间的绝缘电阻、初级绕组与外壳之间的绝缘电阻、次级绕组与外壳之间的绝缘电阻。如图 9-22 所示，检测时的绝缘电阻值应接近 500MΩ。若绝缘电阻值较小，则说明变压器绝缘性能不良，本身已经损坏。

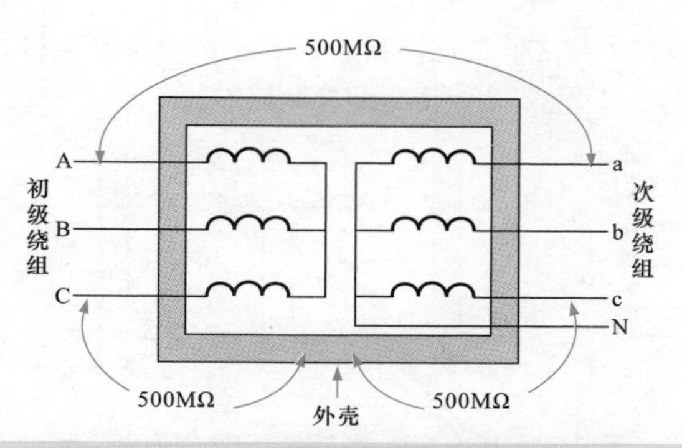

图 9-22　电力变压器绝缘电阻值的检测数值

2　电力变压器绕组间电阻值的检测

在对电力变压器进行检测时，还应对各绕组之间的电阻值进行检测，判断绕组间是否有断路或短路的情况。下面以三相电力变压器（10kV/0.4kV）为例，介绍绕组间电阻值的检测方法。

（1）初级绕组间（高压侧）电阻值的检测　首先对电力变压器初级绕组之间的阻值进行检测。检测时可使用万用表的电阻挡，然后用两只表笔分别搭在初级绕组的三个引脚上，如图 9-23 所示。正常情况下，可以测得三组数值，即 A 相和 B 相之间的电阻值、A 相和 C 相之间的电阻值以及 B 相和 C 相之间的电阻值。

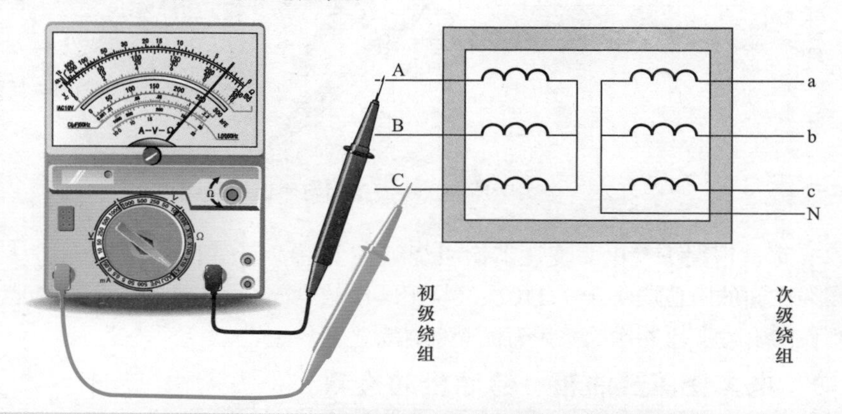

图 9-23　电力变压器初级绕组间电阻值的检测

正常情况下，测得 A 相和 B 相之间的电阻值、A 相和 C 相之间的电阻值以及 B 相和 C 相之间的电阻值在 3Ω 左右，如图 9-24 所示。若测得的阻值为无穷大，则说明初级绕组间有断路的故障。

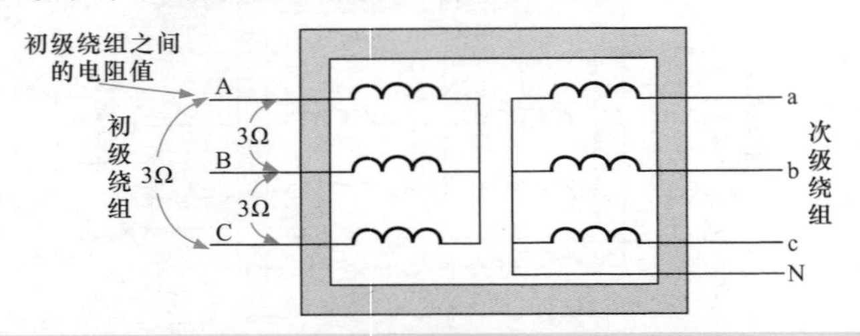

图 9-24　电力变压器初级绕组之间的电阻值

（2）次级绕组间（低压侧）电阻值的检测　接着对电力变压器次级绕组之间的阻值进行检测，次级绕组 a 相、b 相和 c 相之间阻值的检测方法与初级绕组相同。除了对相间的阻值进行检测，还应对各相与零线之间的阻值进行检测。检测时将万用表调至电阻挡，将一只表笔搭在零线端，另一支表笔分别搭在次级绕组各个引线上，如图 9-25 所示。

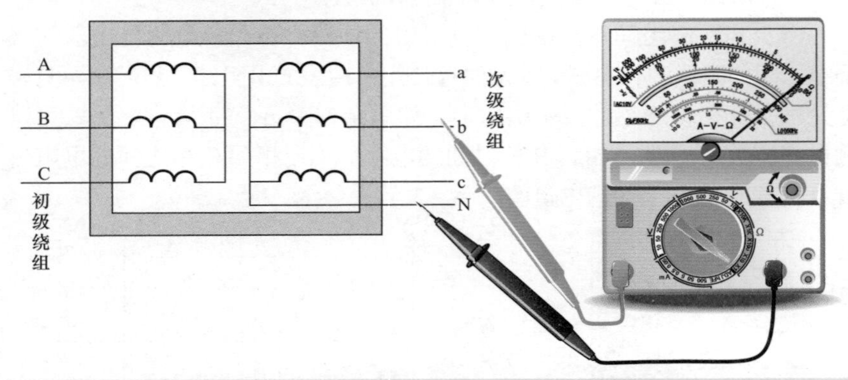

图 9-25　电力变压器次级绕组间电阻值的检测

正常情况下，电力变压器次级绕组各个引线（a 相、b 相、c 相）与零线之间的阻值应小于 1Ω（次级绕组线圈较少）。若出现无穷大的情况，则说明电力变压器次级绕组有断路的情况。

3　电力变压器油箱、储油柜的检测

除了对电力变压器的绝缘电阻值和绕组间电阻值进行检测外，对于油浸式电力变压器，还应对变压器的油箱和储油柜进行检查。

（1）油箱的检查方法　变压器的油箱由钢板焊接而成，也是放置铁心、绕组和变压器油的容器，通过油箱管壁起散热作用。对变压器的油箱进行检修时，可重点检测以下几点：

1）检测变压器的油箱表面是否清洁，是否出现渗油、漏油、腐蚀的情况。若出现上述情况，要对其进行重新焊接或修补。

2）检测变压器密封接口处有无渗油或漏油的情况。

3）检测接地装置是否良好。

4）检测变压器的顶盖有无变形、开裂、密封不牢等现象。

（2）储油柜的检查方法　变压器的储油柜又称油枕，与油箱通过管路连接，具有储油和补油以及减少油与空气的接触面的作用，从而减缓油的老化与水分的侵入。油枕上面有注油孔，下面有排油孔，侧面有油标，用来观察油面高度。检修时注意以下几点：

1）确保储油柜内部清洁，无污物。若内部污物过多，可将油和杂物从排油孔放出，再进行清洁。若储油柜需要清洗吊盖，清洗完毕后要重新喷漆。

2）检查储油柜是否有渗油或漏油的现象，与油箱连接的管路是否通畅。

3）检查油位计是否清洁，储油柜与油位计的连接管路是否通畅，不能有堵塞的现象。

4）为了防止雨水进入变压器，设置呼吸器的管道要高出储油柜一定高度。

对电力变压器进行检修时，还应注意检查以下几点：

1）对电力变压器进行耐压试验。正常工作电压在 1.5kV 以下时耐压不低于 25kV，工作电压 20~25kV 之间的耐压不低于 35kV。

2）检测电力变压器调压装置及分接开关等器件，并转动调压装置，看操作是否灵活，以及触点是否紧固等，且接触点之间的电阻不应大于 0.1MΩ。

9.4.2　电源变压器的检测

电源变压器一般应用在机械设备的控制电源、照明、指示等线路中，由于受环境和使用寿命的影响，很可能出现损坏的情况。实测若电源变压器损坏，则需要使用同型号进行代换。在对电源变压器进行检测前，应首先区分其初级绕组和次级绕组。一般情况下电源输入端为初级绕组，输出端为次级绕组，如图 9-26 所示。

对于电源变压器的检测，主要是在断电状态下检测其初级绕组和次级绕组的电阻值，判断其是否正常。

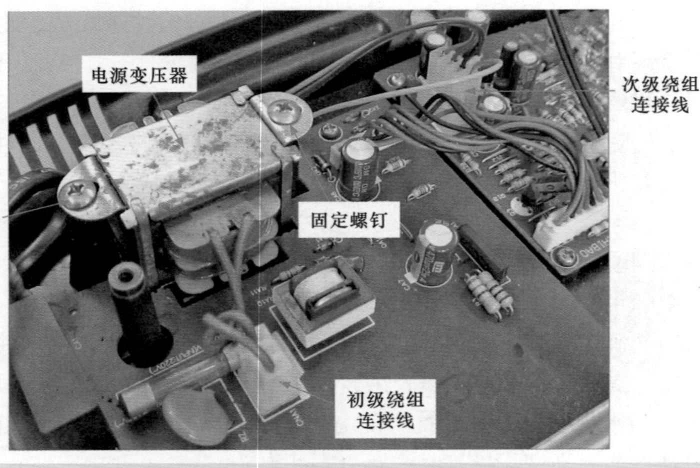

图 9-26　待测的电源变压器

1　电源变压器初级绕组电阻值的检测

首先将万用表调至“×100”电阻挡，将两只表笔分别搭在电源变压器初级绕组的两个引脚上，观察万用表的读数，如图 9-27 所示。

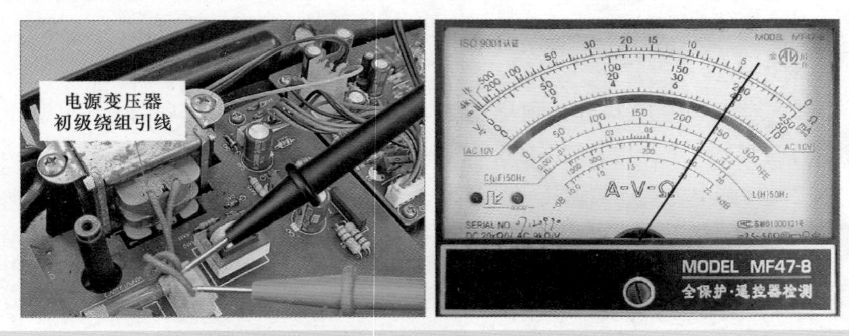

图 9-27　电源变压器初级绕组阻值的检测方法

正常情况下，万用表检测的电阻值约为 400Ω。若电源变压器初级绕组的阻值出现零或无穷大的情况，则说明其绕组已经损坏。

2　电源变压器次级绕组电阻值的检测

接着检测电源变压器次级绕组的电阻值。由于电源变压器为降压变压器，其次级绕组匝数较少，因此应将万用表调至“×1”电阻挡。将两只表笔分别搭在电源变压器次级绕组的两个引脚上，观察万用表的读数，如图 9-28 所示。

图 9-28　电源变压器次级绕组电阻值的检测

正常情况下，万用表检测电源变压器次级绕组的电阻值约为 3Ω。若电源变压器次级绕组的阻值出现无穷大的情况，则说明其绕组已经断路损坏。

9.4.3　开关变压器的检测

开关变压器一般应用在电子产品中，由于开关变压器的次级绕组有多组，因此在进行检测前，应首先区分开关变压器的初级绕组和次级绕组，如图 9-29 所示。若检测开关变压器本身损坏，则应进行更换。

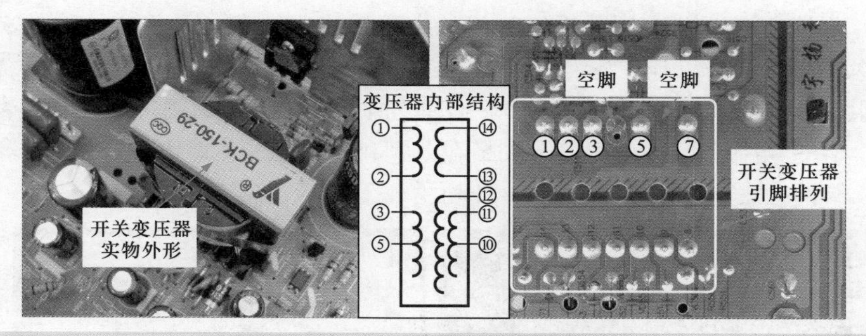

图 9-29　典型开关变压器的实物外形

对于电源变压器的检测，可以在开路状态下或在路状态下检测其初级绕组和次级绕组的电阻值，判断其是否正常。

1　开关变压器初级绕组电阻值的检测

首先对开关变压器初级绕组间的电阻值进行检测，检测时可将万用表调至“×10”电阻挡，用两只表笔分别搭在开关变压器初级绕组的两个引脚上（①脚和②脚），如图 9-30 所示。

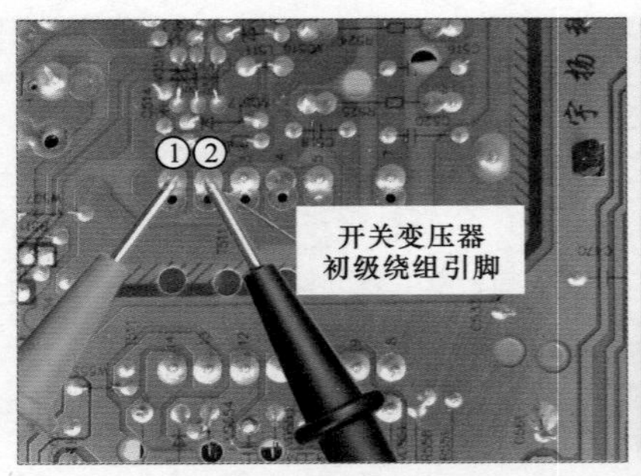

图 9-30　开关变压器初级绕组电阻值的检测

提示

不同的开关变压器初级绕组的电阻值差别很大，必须参照相关数据资料。若出现偏差较大的情况，则说明变压器已损坏。

2　开关变压器次级绕组电阻值的检测

接着对开关变压器次级绕组的电阻值进行检测。开关变压器的次级绕组有多个，有些绕组还带有中心抽头，因此在进行检测时应注意绕组的连接方式。下面以③脚、⑤脚和⑦脚连接的绕组为例，保持万用表“×10”电阻挡，并将表笔分别搭在③脚和⑦脚上（③脚和⑤脚、⑤脚和⑦脚的检测方法相同），如图 9-31 所示。

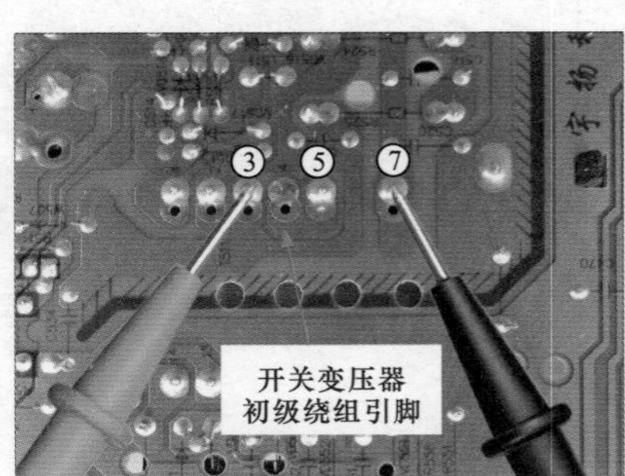

图 9-31　开关变压器次级绕组电阻值的检测

正常情况下开关变压器次级绕组之间的电阻值范围较大，具体值应参照相关资料。若出现偏差较大的情况，则说明次级绕组已经损坏。

3 开关变压器初级绕组和次级绕组之间绝缘电阻值的检测

此外，还应对开关变压器初级绕组和次级绕组之间的绝缘电阻值进行检测。检测时将万用表调至“×10k”电阻挡，一只表笔搭在开关变压器初级绕组的引脚上，另一支表笔搭在次级绕组的引脚上，如图 9-32 所示。以①脚和⑭脚连接的绕组为例，其他引脚的检测方法相同。

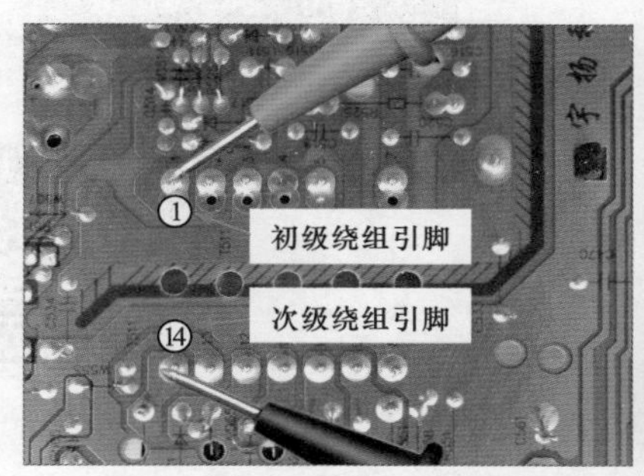

图 9-32 开关变压器初级绕组和次级绕组之间电阻值的检测

正常情况下开关变压器初级绕组引脚和次级绕组引脚之间的电阻值为无穷大。若出现阻值为零或有固定阻值的情况，则说明开关变压器绕组间有短路故障，或绝缘性能不良。

9.5 电动机的检测

9.5.1 直流电动机的检测

判断直流电动机是否损坏，应使用万用表和兆欧表对其线圈绕组和绝缘阻值进行检测。该方法可粗略检测出直流电动机内各绕组的阻值，根据检测结果可大致判断直流电动机绕组有无短路或断路的故障。

将万用表调至“×10”欧姆挡，红黑表笔任意搭在供电端上，如图 9-33 所示，测得阻值为 100Ω。若测量结果为无穷大或 0，说明电动机线圈绕组损坏。

还可以使用万用表检测小型直流电动机的对地绝缘阻值，正常情况下，绝缘阻值为无穷大。若检测结果很小或为 0，说明电动机绝缘性能不良，内部导电部分可能与外壳相连。

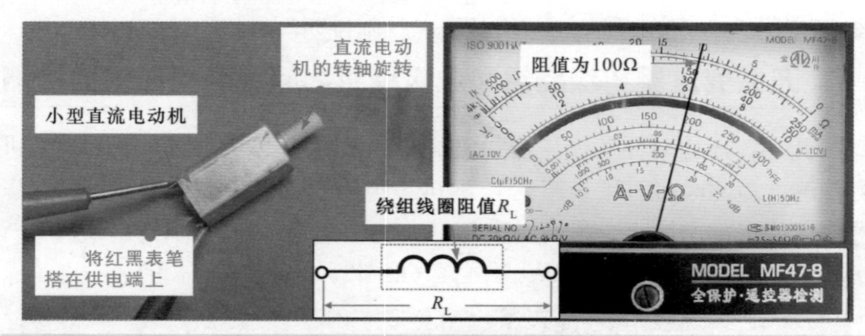

图 9-33　测量绕组阻值

9.5.2　单相交流电动机的检测

1　检测绕组的阻值

使用万用表检测单相交流电动机的绕组阻值时，可分别检测任意两个接线端子之间的阻值，然后对测量值进行比对，即可完成单相交流电动机绕组阻值的检测，如图 9-34 所示。

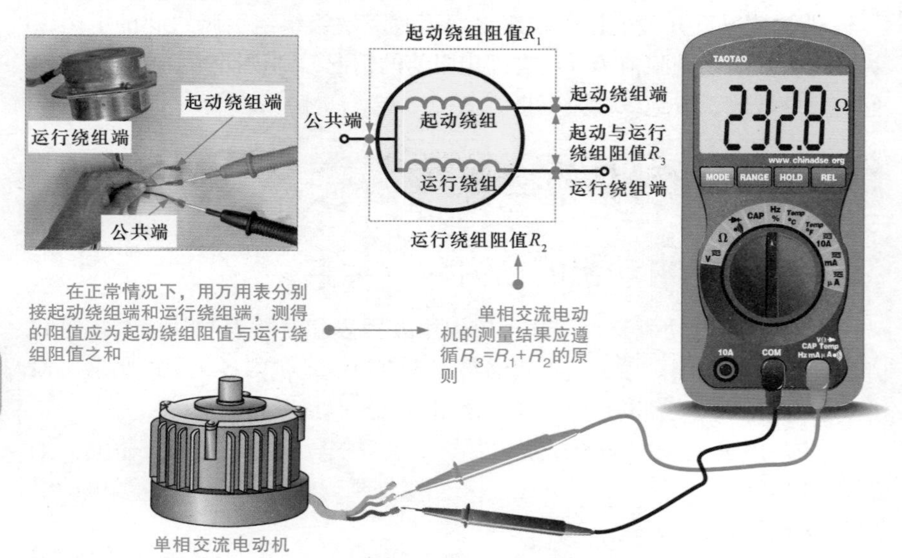

图 9-34　预测绕组阻值

为了进一步对其绕组阻值进行精确检测，还可使用万用电桥。检测前，可先对万用电桥进行调整，例如估测阻值为 15Ω，因此将万用电桥的量程旋钮调至 100Ω，测量范围调至“$R \geqslant 10$”处，然后将鳄鱼夹插接到万用电桥的插孔中，如图 9-35 所示。

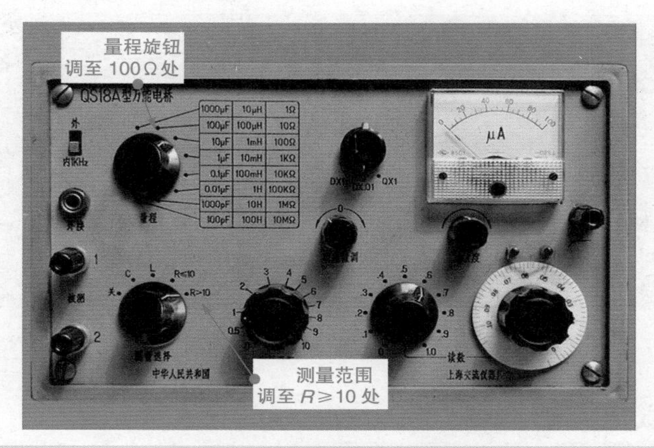

图 9-35 调整万用电桥挡位

接下来，将红黑鳄鱼夹分别夹在运行绕组的两端，然后调整读数和损耗因数旋钮，直到指针指向零处，损耗平衡调整到“1”处，如图 9-36 所示。第一位读数为 0.1，第二位读数为 0.04，即被测阻值为（0.1+0.04）× 100Ω = 14Ω。然后，再对起动绕组的阻值进行检测，测量结果为 7Ω。

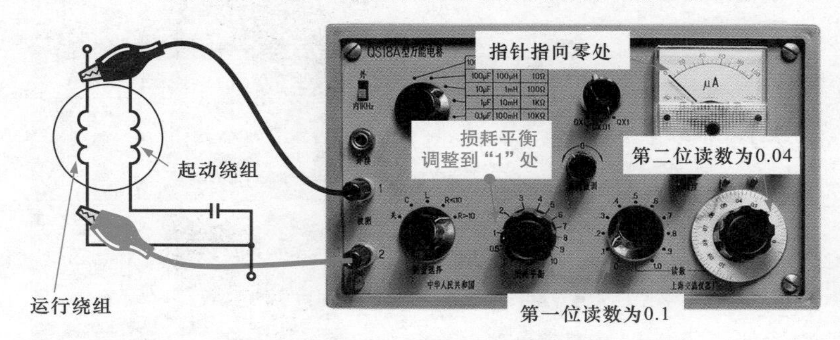

图 9-36 测量绕组阻值

2 检测绕组与外壳的绝缘阻值

借助兆欧表检测绕组与外壳之间的绝缘阻值时，首先将红鳄鱼夹夹在绕组一端子上，将黑鳄鱼夹夹在电动机外壳上，用手匀速摇动兆欧表的摇杆，如图 9-37 所示。正常情况下，绝缘阻值为无穷大。再将红鳄鱼夹夹在另一绕组端子上，测得的绝缘阻值也为无穷大。若检测结果较小或为 0，说明电动机绝缘性能不良或内部导电部分与外壳相连。

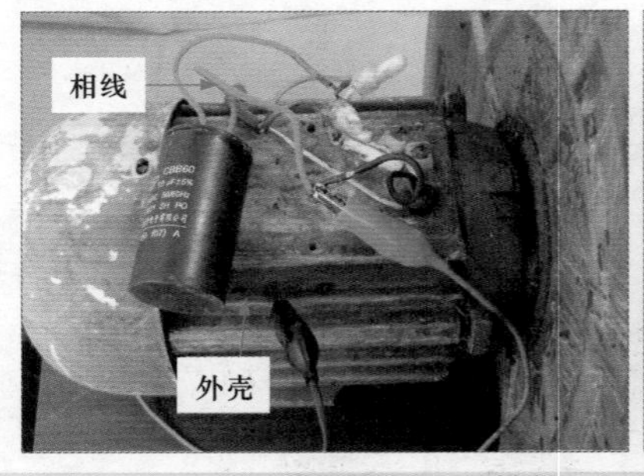

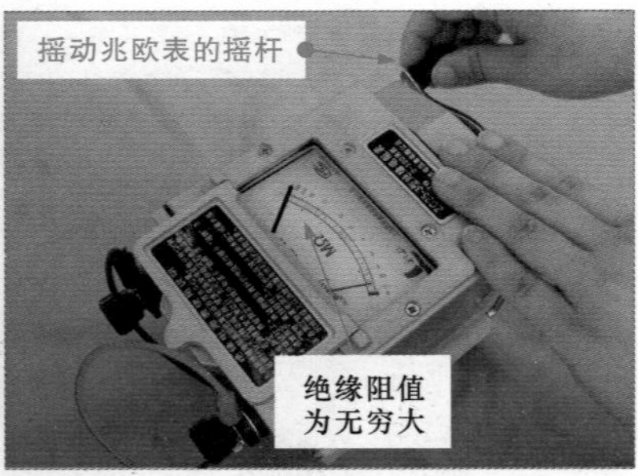

图 9-37　测量绕组与外壳的绝缘阻值

3　空载电流的检测

使用钳形表分别钳住为电动机绕组供电的相线或零线，所测得的空载电流量应相差不多，如图 9-38 所示。若测得的电流值偏离正常值或测得的两个电流相差较大，说明电动机存在故障。

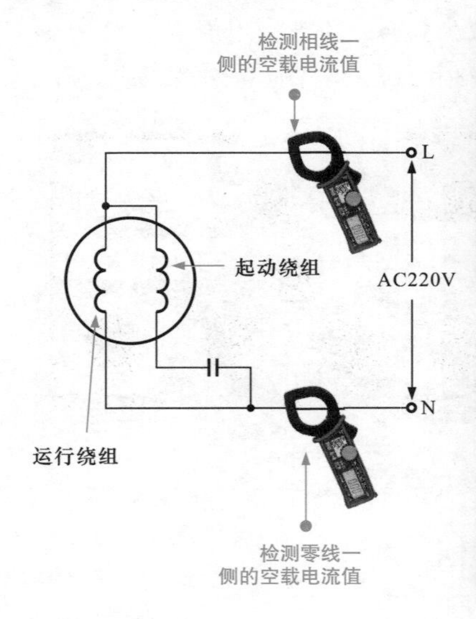

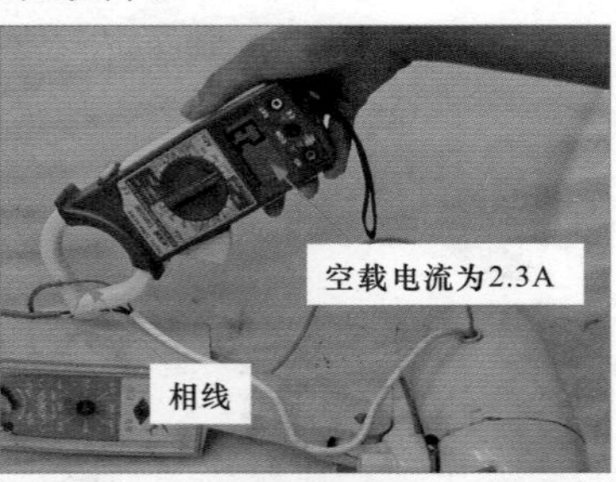

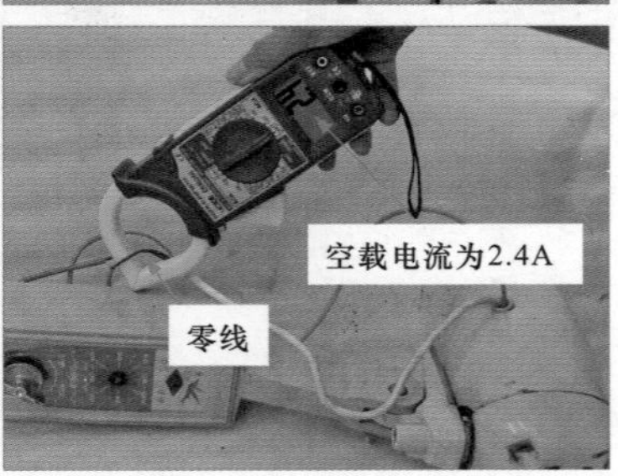

图 9-38　空载电流的检测

提示

若单相交流电动机的各项检测均正常，但电动机依然运行不良，说明电动机内的零部件有损坏的可能。此时应将电动机拆开，对其内部的各关键零部件进行检查，查看是否有磨损、断裂等损坏痕迹，如图 9-39 所示。

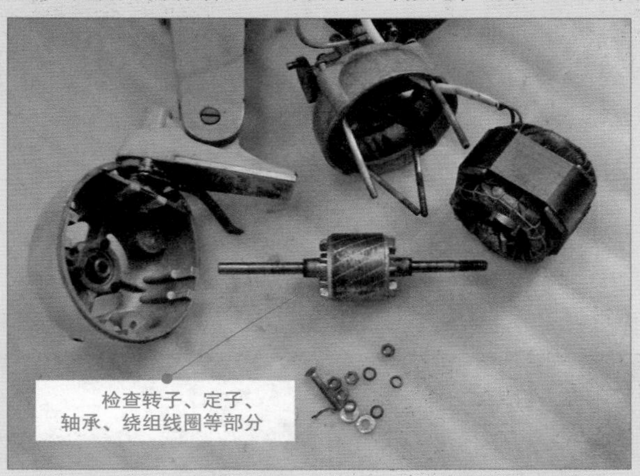

图 9-39　检查单相交流电动机内部的零部件

9.5.3　三相交流电动机的检测

对于三相交流电动机，可使用万用表或万用电桥对其绕组阻值进行检测，检查绕组是否有短路或断路故障。下面介绍的是使用万用电桥对绕组进行检测的方法。

首先将三相交流电动机接线柱上的连接金属片拆下，使电动机的三组绕组互相分离（断开），然后分别检测各组绕组，保证测量结果的准确性，如图 9-40 所示。连接金属片用以连接三个绕组，这样便可形成三角形（△）接法或星形（Y）接法。

提示

三相交流电动机的三个绕组的阻值应当相同，如阻值不同则可能绕组内有短路或断路情况。电动机绕组的电阻值可在电动机的接线端进行检测，由于大功率电动机的绕组阻值都很小，因此通常使用万用电桥进行检测。在用电桥检测前，可先用万用表粗测一下，了解绕组阻值的大致范围。

拧下固定螺丝

图 9-40　拆下连接金属片

如图 9-41 所示，使用万用表粗测三相交流电动机绕组的阻值。将万用表调至“×1”欧姆挡，红、黑表笔任意搭在绕组的两个接线柱上，测得的阻值接近 5Ω。根据该结果，便可对万用电桥的量程进行选择。

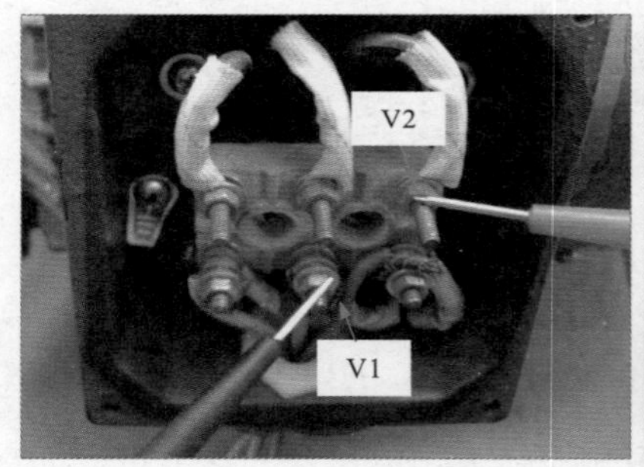

图 9-41　估测绕组阻值

使用万用表进行粗测时，一般只要保证测量的三组数据准确，并且阻值相同，便可说明电动机绕组良好。若阻值出现无穷大或为 0，则说明绕组已损坏。

1　测量绕组阻值

估测阻值为 5Ω，因此将万用电桥的量程旋钮调至 10Ω，测量范围调至“$R \leqslant 10$”处，然后将鳄鱼夹插接到万用电桥的插孔中，如图 9-42 所示。

将红黑鳄鱼夹任意夹在电动机 W 绕组的接线柱 W1、W2 上，然后调整读数和损耗因数旋钮，直到指针指向零处，如图 9-43 所示。损耗平衡调整到“1”处，第一位读数为 0.4，第二位读数为 0.07，即被测阻值为（0.4 + 0.07）×10Ω =4.7Ω。然后检测 U 绕组和 V 绕组的阻值，正常情况下阻值也为 4.7Ω。若检测结果出现较大偏差，说明电动机绕组已损坏。

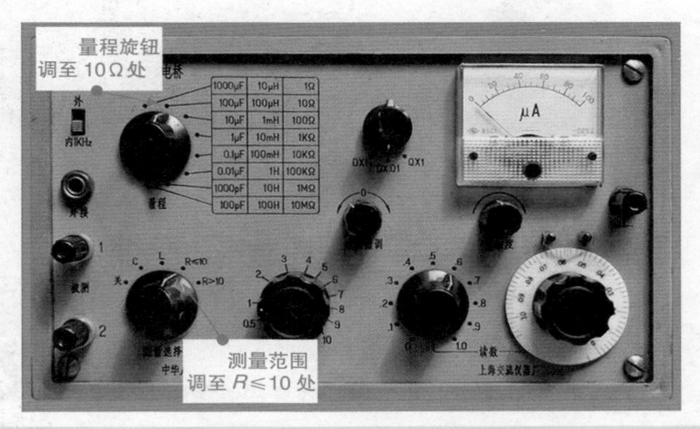

图 9-42　调整万用电桥档位

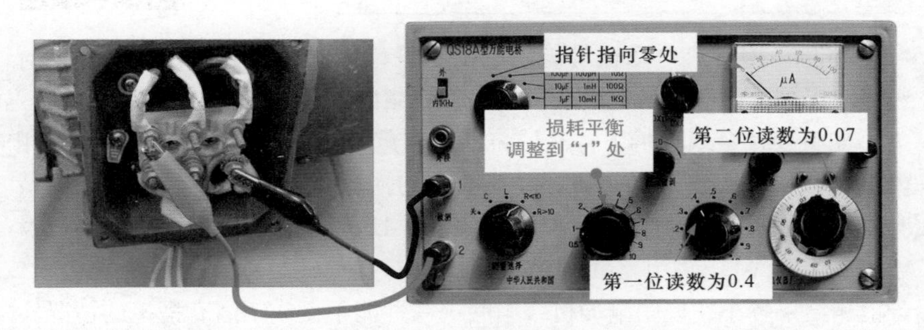

图 9-43　测量绕组阻值

2　测量绕组与外壳的绝缘阻值

判断三相交流电动机的绕组与外壳的绝缘性能时，应使用兆欧表进行检测，检查绕组与外壳之间是否有漏电的隐患。

将红鳄鱼夹夹在任意相绕组的接线柱上，将黑鳄鱼夹夹在电动机外壳上，用手匀速摇动兆欧表的摇杆，如图 9-44 所示。正常情况下，绝缘阻值为无穷大。再对其他两绕组的绝缘阻值进行检测，绝缘阻值也为无穷大。若检测结果较小，说明电动机绝缘性能不良或内部导电部分与外壳之间有漏电情况。

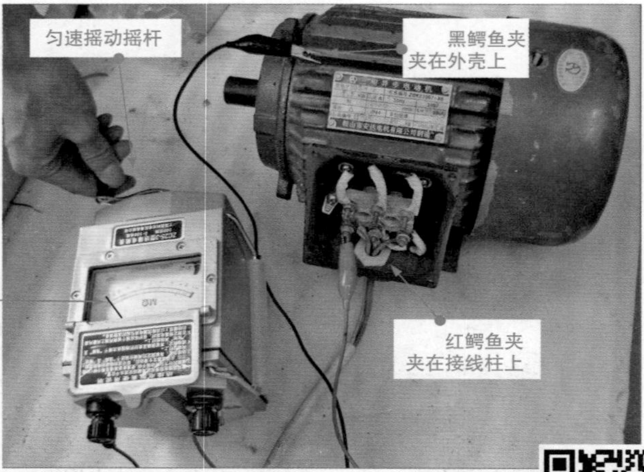

匀速摇动摇杆
黑鳄鱼夹夹在外壳上
绝缘阻值为无穷大
红鳄鱼夹夹在接线柱上

图 9-44　测量绕组与外壳的绝缘阻值

3　测量绕组间的绝缘阻值

判断三相交流电动机的绕组间的绝缘性能时，应使用兆欧表分别对三组绕组间的绝缘阻值进行检测，检查绕组间是否有搭接的故障。

先将连接金属片拆下，然后将红黑鳄鱼夹分别夹在 U 相绕组和 W 相绕组的接线柱上，用手匀速摇动兆欧表的摇杆，如图 9-45 所示。正常情况下，绝缘阻值应为无穷大。接下来再对 U 相绕组和 V 相绕组之间以及 V 相绕组与 W 相绕组之间的绝缘阻值进行检测，检测结果也为无穷大。若检测结果较小，说明电动机绕组间绝缘性能不良或绕组有搭接的情况。

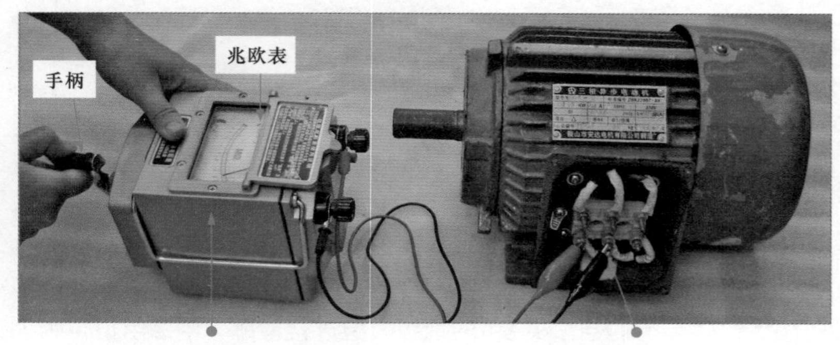

图 9-45　测量绕组间的绝缘阻值

4 检测空载电流

对三相交流电动机空载电流进行检测，就是当电动机转轴上不带任何负载运行时，使用钳形表对其各相绕组的电流值进行检测，判断电动机是否存在故障。使用钳形表分别钳住三根相线（L1、L2、L3），如图 9-46 所示，测得的空载电流量 L1 为 3.4A、L2 为 3.5A、L3 为 3.4A。平均电流为 3.4A，任意绕组的电流值均未超出平均电流的 10%。若测得电流值超出平均电流的 10%，说明电动机存在故障。

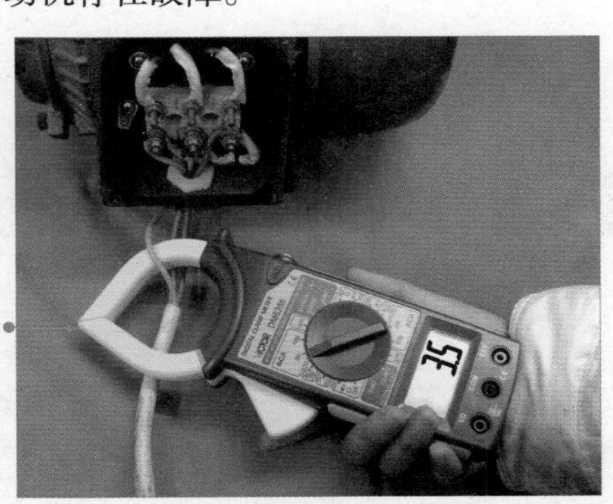

图 9-46　空载电流的检测

提示

若对三相交流电动机的检测均正常，但电动机依然运转失常，说明电动机内部存在机械故障。此时应将电动机拆开，对其内部的定子、转子、轴承等零部件进行检查，查看是否有磨损、损坏的痕迹，如图 9-47 所示。

图 9-47　检查三相交流电动机内部的零部件

第 10 章

掌握电气线缆的加工连接

10.1 认识常用的电气线缆

10.1.1 裸导线

裸导线是指没有绝缘层的导线，它具有良好的导电性能和机械性能，在很多裸导线的表面都涂有高强度的绝缘漆，用以抗氧化和绝缘。

图 10-1 为裸导线的实物外形。

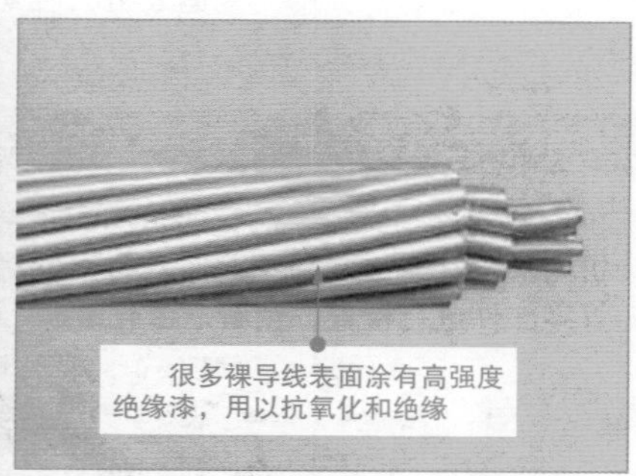

图 10-1　裸导线的实物外形

提示

裸导线按其形状可分为圆单线、裸绞线、软接线和型线四种类型。其中：

1）圆单线有硬线和软线之分。硬线抗拉强度较大，比软线大一倍；半硬线有一定的抗拉强度和延展性；软线的延展性最高。

2）裸绞线导电性和机械性能良好，且钢芯绞线承受拉力较大。
3）软接线的最大特性为柔软，耐弯曲性强。
4）型线的铜铝扁线和母线的机械性能与圆单线基本相同，扁线和母线的结构形状均为矩形，仅在规格尺寸和公差上有所差别。

在实际应用中，可以对导线绝缘表面上的标识进行识别，通过了解导电线材的型号以及规格，便可以正确地使用或选用相应的线材。

通过对裸导线型号的识别，可以对其采用的导电材料以及用途有所了解。通常情况下裸导线的型号是以拼音字母结合数字进行命名的，在裸导线中，字母 T 表示铜（若标识中含有两个字母 T，则第二个字母 T 表示为特，如“TYT” 含义为特硬圆铜线），L 表示铝，G 表示钢，Y 表示硬，R 表示软，J 表示绞线、加强型，Q 表示轻型等。例如一裸导线的型号为 LGJQ，则表示该导线为轻型钢芯铝绞线。不同的字母表示的含义见表 10-1。

表 10-1　裸导线型号中字母的含义

型号	名称	截面积范围 /mm^2	主要用途
TR	软圆铜线	0.02 ~ 14	用作架空线
TY	硬圆铜线		
TYT	特硬圆铜线	1.5 ~ 5	
LR	软圆铝线	0.3 ~ 10	
LR4、LR6、	硬圆铝线		
LR8、LR9	硬圆铝线	0.3 ~ 5	
LJ	铝绞线	10 ~ 600	用于 10kV 以下挡距小于 100m 的架空线
LGJ	钢芯铝绞线	10 ~ 400	用于 35kV 以上较高电压或挡距较大的线路上
LGJQ	轻型钢芯铝绞线	150 ~ 700	
LGJJ	加强型钢芯铝绞线	150 ~ 400	
TJ	硬铜绞线	16 ~ 400	用于机械强度高、耐腐蚀的高、低压输电线路

裸导线常在各种电线电缆中作为导电芯线使用，或在电动机、变压器等电气设备中作为导电部件使用，也可在远离人群的外高压输电铁塔上的架空线上作为输送配电使用。

图 10-2 为裸导线的典型应用。

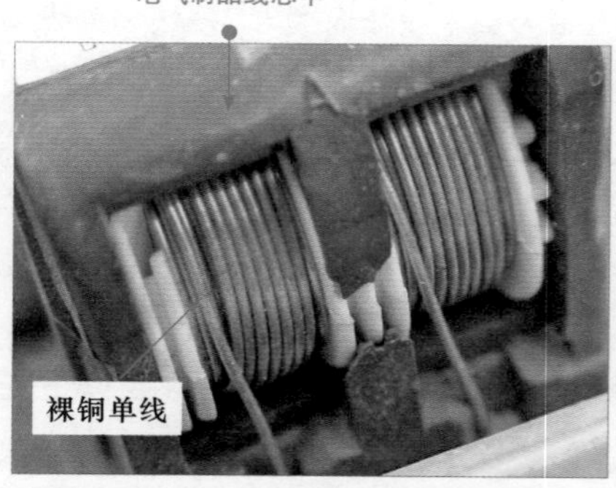

图 10-2　裸导线的典型应用

10.1.2　电磁线

电磁线又称绕组线，是指在金属线材上包覆绝缘层的导线，通常情况下其外部的绝缘层采用天然丝、玻璃丝、绝缘纸或合成树脂等。

图 10-3 为典型电磁导线的实物外形。

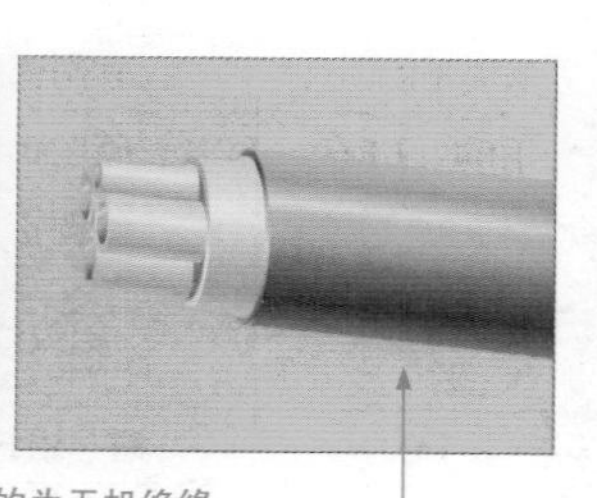

图 10-3　典型电磁导线的实物外形

电磁线中使用较多的为漆包线，在对该导线进行识别时，应先通过型号识别出导线的类别。漆包线的型号通常是以字母表示的，不同的字母表示的类别也不相同，见表 10-2。在漆包线的规格中，常见的有圆形线和扁形线。圆形线以线芯直径计算，从 0.15mm 至 2.5mm 按统一规定分档制造，以供选用；扁形线以线芯的厚度和宽度计算，厚度（a）一般为 0.8 ~ 5.6mm，宽度（b）一般为 2 ~ 18mm。

表 10-2　电磁线中漆包线型号的识别

型号	类别	用　　途
Q	油性漆包线	用于中高频线圈及仪表电器等线圈
QQ	缩醛漆包线	普通中小型电机、微电机绕组和油浸变压器的线圈，电器仪表等线圈
QA	聚氨酯漆包线	电视机线圈和仪表用的微细线圈
QH	环氧漆包线	油浸变压器的绕组和耐化学品腐蚀、耐潮湿电机的绕组
QZ	聚酯漆包线	通用中小电机的绕组，干式变压器和电器仪表的线圈
QZY	聚酯亚胺漆包线	高温电机和制冷装置中电机的绕组，干式变压器和电气仪表的绕组
QXY	聚酰胺酰亚胺漆包线	高温重负荷电机、牵引电机、制冷设备电机的绕组，干式变压器和电器仪表的线圈以及密封式电机电气绕组
QY	聚酰亚胺漆包线	耐高温电机、干式变压器、密封式继电器及电子元件

电磁线专门用于实现电能与磁能相互转换的场合，常用于制造电动机、变压器、电器的线圈，其作用是通过电流产生磁场，或者切割磁力线产生感应电动势以实现电磁互换。

其中漆包线主要用于制造中小型电动机、变压器和电气线圈；绕包线主要用于油浸式变压器的线圈、大中型电机绕组、大型发电机绕组；无机绝缘电磁线主要用于制造高温有辐射场所的电动机、电器设备的线圈或绕组。

图 10-4 为电磁线的典型应用。

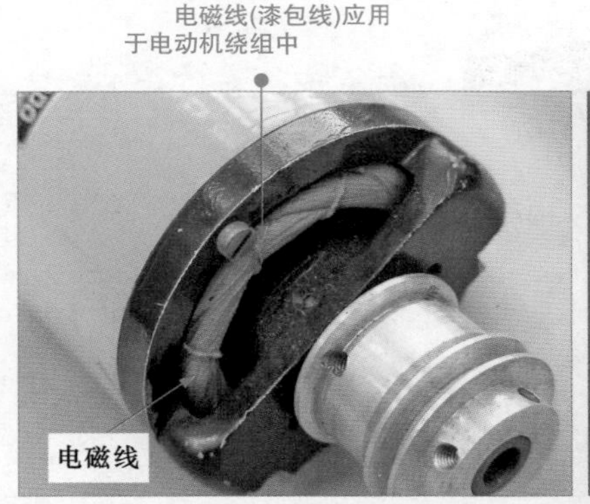

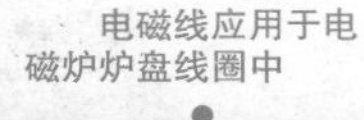

图 10-4　电磁线的典型应用

10.1.3 绝缘导线

绝缘导线是指在导线的外围均匀而密封地包裹一层不导电的材料，例如树脂、塑料、硅橡胶等，是电工中应用最多的导电材料之一。目前几乎所有的动力和照明电路都采用塑料绝缘导线，主要是为了防止导电体与外界接触后造成漏电、短路、触电等事故的发生。通常，绝缘导线一般可以分为绝缘硬导线和绝缘软导线两种。

图 10-5 为绝缘导线的实物外形。

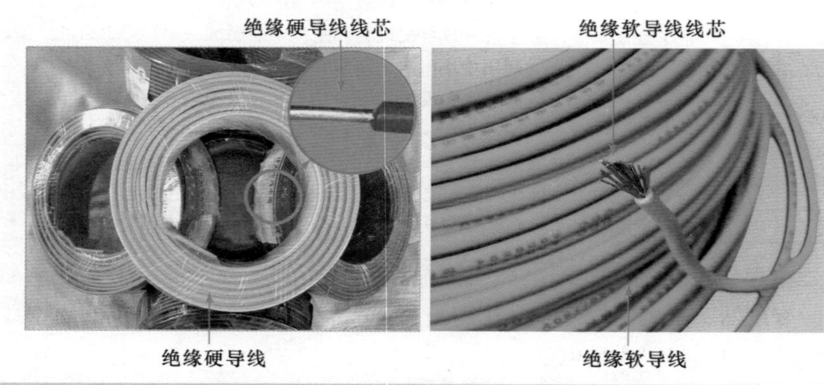

图 10-5 绝缘导线的实物外形

绝缘导线的线芯通常可以分为铜芯和铝芯，其外部的绝缘材料有橡胶与聚氯乙烯（塑料）之分。在对其进行识别时，可以通过型号的标识进行分辨，如图 10-6 所示，其型号中的字母含义见表 10-3。

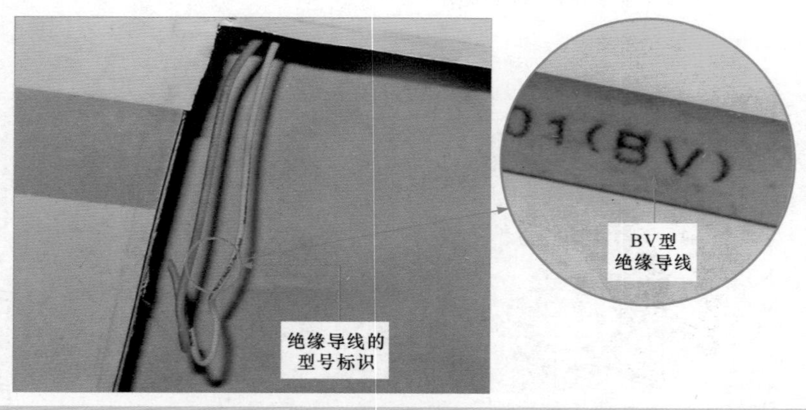

图 10-6 绝缘导线的型号标识

表 10-3　绝缘导线型号的识别

<table>
<tr><th>型号</th><th>名称</th><th>用途</th></tr>
<tr><td>BV（BLV）</td><td>铜芯（铝芯）聚氯乙烯绝缘导线</td><td rowspan="9">适用于各种交流、直流电气装置，电工仪器仪表，电信设备，动力及照明线路固定敷设。
用于各种交流、直流电器，电工设备，家用电器，小型电动工具，动力及照明装置的连接</td></tr>
<tr><td>BVR</td><td>铜芯聚氯乙烯绝缘软导线</td></tr>
<tr><td>BVV（BLVV）</td><td>铜芯（铝芯）聚氯乙烯绝缘护套圆形导线</td></tr>
<tr><td>BVVB（BLVVB）</td><td>铜芯（铝芯）聚氯乙烯绝缘护套平行导线</td></tr>
<tr><td>RV</td><td>铜芯聚氯乙烯绝缘软线</td></tr>
<tr><td>RVB</td><td>铜芯聚氯乙烯绝缘平行软线</td></tr>
<tr><td>RVS</td><td>铜芯聚氯乙烯绝缘绞形软线</td></tr>
<tr><td>RVV</td><td>铜芯聚氯乙烯绝缘护套圆形软线</td></tr>
<tr><td>RVVB</td><td>铜芯聚氯乙烯绝缘护套平行软线</td></tr>
<tr><td>BX（BLX）</td><td>铜芯（铝芯）橡胶导线</td><td rowspan="3">用于交流 500V 及以下或直流 1000V 及以下的电气设备及照明装置，用于固定敷设，尤其用于户外</td></tr>
<tr><td>BXR</td><td>铜芯橡胶软线</td></tr>
<tr><td>BXF（BLXF）</td><td>铜芯（铝芯）氯丁橡胶导线</td></tr>
<tr><td>AV（AV-105）</td><td>铜芯（铜芯耐热 105 ℃）聚氯乙烯绝缘安装导线</td><td rowspan="5">适用于交流额定电压 300/500 V 及以下的电器、仪表和电子设备及自动化装置</td></tr>
<tr><td>AVR（AVR-105）</td><td>铜芯（铜芯耐热 105 ℃）聚氯乙烯绝缘软导线</td></tr>
<tr><td>AVRB</td><td>铜芯聚氯乙烯安装平行软导线</td></tr>
<tr><td>AVRS</td><td>铜芯聚氯乙烯安装绞形软导线</td></tr>
<tr><td>AVVR</td><td>铜芯聚氯乙烯绝缘聚氯乙烯护套安装软导线</td></tr>
<tr><td>AVP（AVP-105）</td><td>铜芯（铜芯耐热 105 ℃）聚氯乙烯绝缘屏蔽导线</td><td rowspan="4">适用于 300/500V 及以上电器、仪表、电子设备及自动化装置</td></tr>
<tr><td>RVP（RVP-105）</td><td>铜芯（铜芯耐热 105 ℃）聚氯乙烯绝缘屏蔽软导线</td></tr>
<tr><td>RVVP</td><td>铜芯聚氯乙烯绝缘屏蔽聚氯乙烯护套软导线</td></tr>
<tr><td>RVVP1</td><td>铜芯聚氯乙烯绝缘缠绕屏蔽聚氯乙烯护套软导线</td></tr>
</table>

绝缘导线作为导电材料，广泛应用于交流 500V 电压或直流 1000V 电压及以下的各种电器、仪表、动力线路及照明线路中。一般绝缘硬导线多

用于企业及工厂中作为供电线材，绝缘软导线多用于移动使用的电线或是作为电源供电的线材。

图 10-7 为绝缘导线的典型应用。

图 10-7　绝缘导线的典型应用

10.1.4　电力电缆

电力电缆是在电力系统的主要电路中，用以传输和分配大功率电能的电缆产品。它具有不易受外界风、雨、冰雹影响、供电可靠性高等特点，但其材料和安装成本较高。

图 10-8 为电力电缆的实物外形。

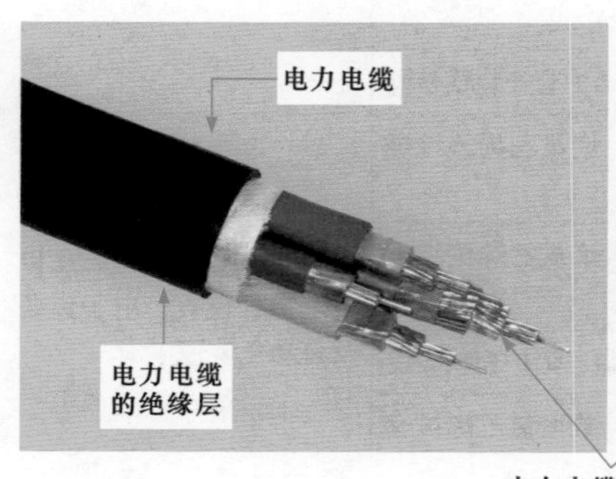

电力电缆

电力电缆
的绝缘层

电力电缆的线芯

图 10-8　电力电缆的实物外形

通常，电力电缆按其绝缘材料的不同，可以分为油浸纸绝缘电力电缆、塑料绝缘电力电缆以及橡胶绝缘电力电缆三种。

由于电力电缆供电的可靠性高，且不易受自然天气的影响，所以通常应用于输电和配电网中。其中 1kV 电压等级的电力电缆使用最为普遍，3 ~ 35kV 电压等级的电力电缆常用于大中型建筑内的主要供电电路，如图 10-9 所示。

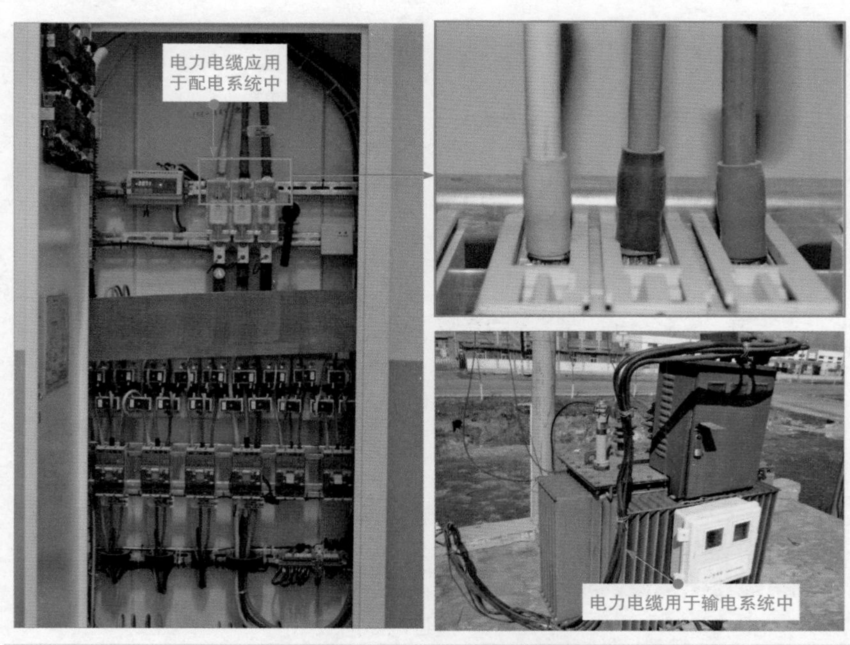

图 10-9　电力电缆的应用

10.1.5　通信电缆

通信电缆是由一对以上相互绝缘的导线绞合而成的，该电缆具有通信容量大、传输稳定性高、保密性好、不受自然条件和外部干扰等特点。通信电缆的外部均采用密封护套，可以对其进行架空、直埋、管道和水底等多种敷设方式。图 10-10 为通信电缆的实物外形。

通信电缆作为一种导电材料，主要用于传输电话、传真、广播、电视和数据等信息。根据不同环境的需要，通信电缆可以用于视频信号的传输、语音信号的传输等。图 10-11 为通信电缆的典型应用。

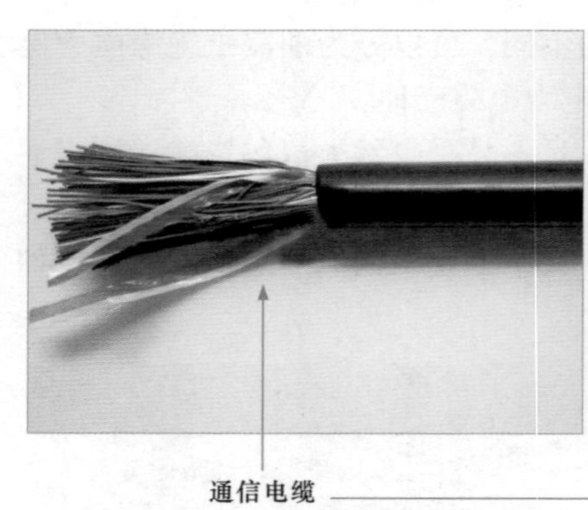

图 10-10　通信电缆的实物外形

图 10-11　通信电缆的应用

10.2 掌握电气线缆绝缘层的剥削

10.2.1 塑料硬导线绝缘层的剥削

截面面积为 $4mm^2$ 及以下的塑料硬导线的绝缘层，一般用剥线钳、钢丝钳或斜口钳进行剥削；线芯截面面积为 $4mm^2$ 及以上的塑料硬导线，通常用电工刀或剥线钳对绝缘层进行剥削。在剥削导线的绝缘层时，一定不能损伤线芯，并且根据实际应用的需要，决定剥削导线线头的长度。

用手捏住导线，将钢丝钳刀口绕导线旋转一周轻轻切破绝缘层，然后右手握住钢丝钳，用钳头钳住要去掉的绝缘层，向外用力剥去塑料绝缘层。图 10-12 为用钢丝钳钳口剥削塑料硬线绝缘层的方法。

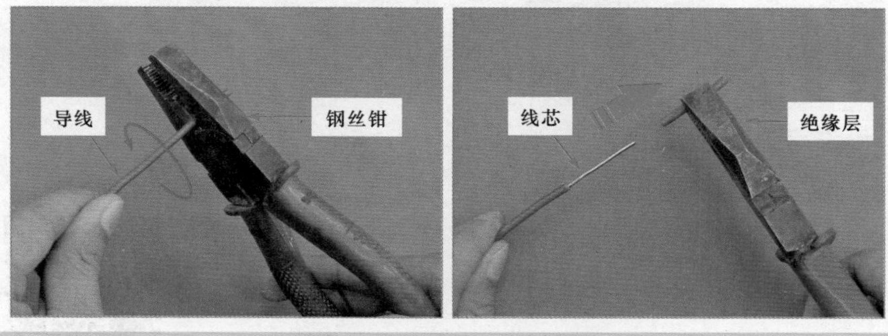

图 10-12　裸导线的实物外形

提示

在剥去绝缘层时，不可在钢丝钳刀口处施加剪切力，否则会切伤线芯。剥削出的线芯应保持完整无损，如有损伤，应重新剥削，如图 10-13 所示。

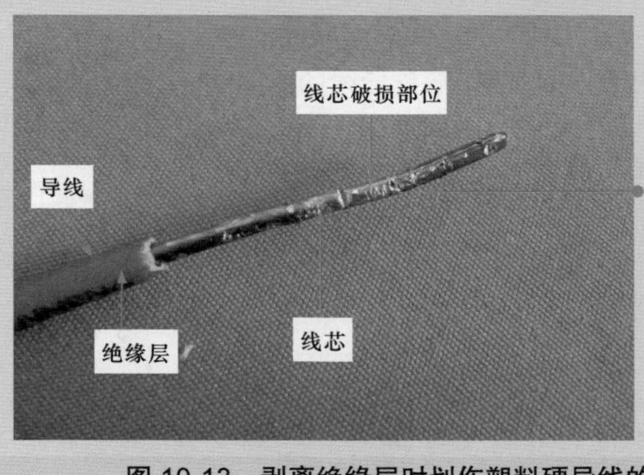

若剥离绝缘层不慎使线芯破损，应将损坏线头截去，重新对导线绝缘层进行剥离

图 10-13　剥离绝缘层时划伤塑料硬导线的线芯

在剥削处用电工刀以 45° 倾斜切入塑料绝缘层，注意刀口不能划伤线芯，切下上面一层绝缘层后，将剩余的线头绝缘层向后扳翻，用电工刀切下剩余的绝缘层。

图 10-14 为用电工刀剥削塑料硬导线绝缘层的方法。

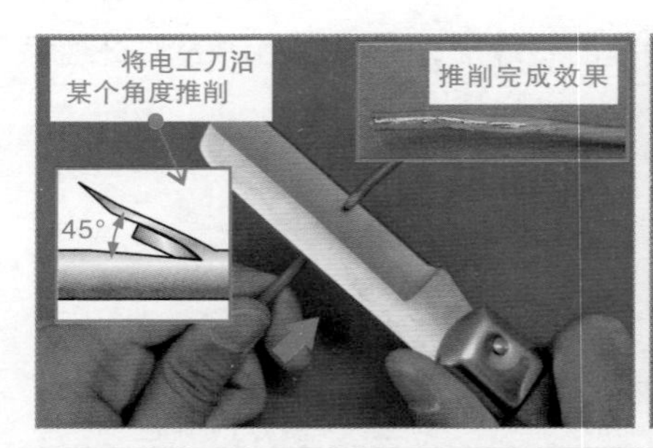

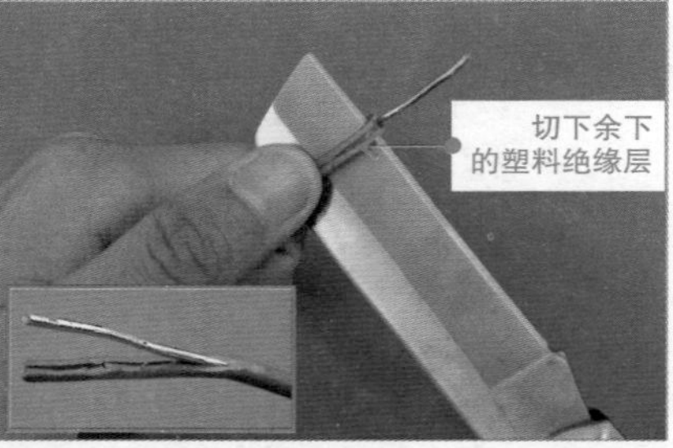

图 10-14　用电工刀剥削塑料硬导线绝缘层的方法

10.2.2　塑料软导线绝缘层的剥削

塑料软导线的线芯多是由多股铜（铝）丝组成的，不适宜用电工刀剥削绝缘层，实际操作中多使用剥线钳和斜口钳进行剥削操作。

首先将导线需剥削处置于剥线钳合适的刀口中，一只手握住并稳定导线，另一只手握住剥线钳的手柄，并轻轻用力，切断导线需剥削处的绝缘层。

图 10-15 为使用剥线钳切断多股软导线的绝缘层。

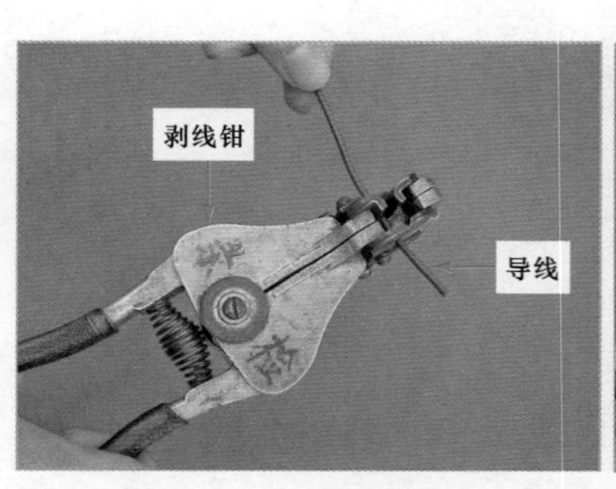

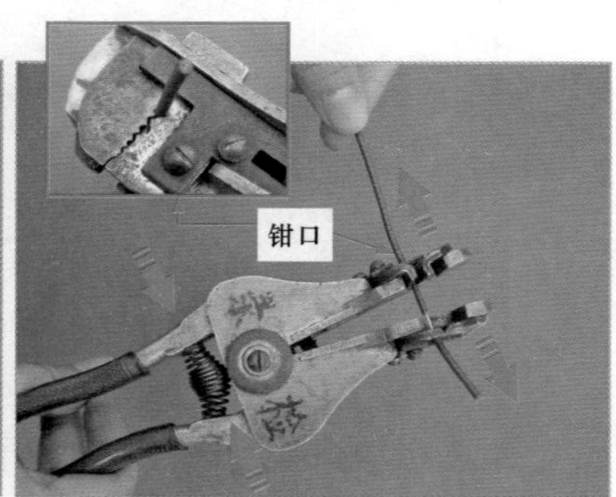

图 10-15　使用剥线钳切断多股软导线的绝缘层

继续用力按下剥线钳，此时剥线钳钳口间距加大，直至剥线钳钳口将多股软导线的绝缘层剥下。图 10-16 为使用剥线钳将多股软导线的绝缘层剥离。

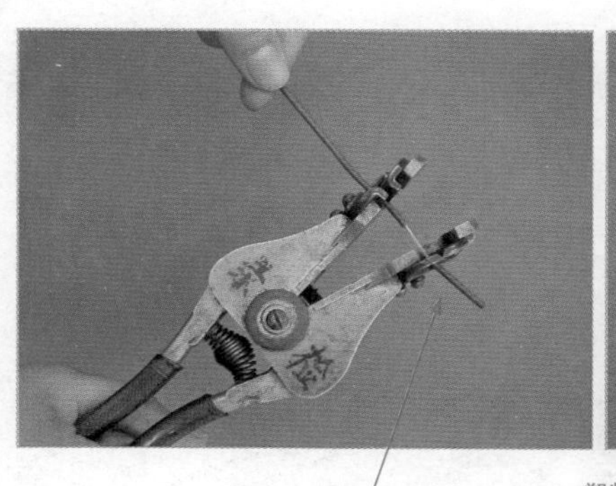

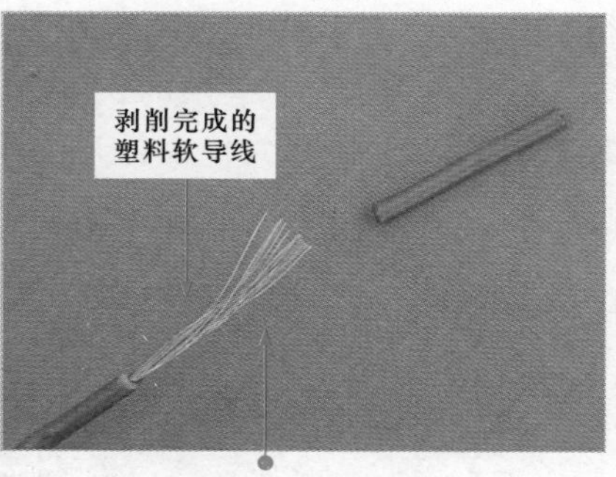

需剥离的绝缘层

塑料软导线线芯较细较多，剥削操作的各个步骤都要小心谨慎，一定不能损伤或弄断线芯，否则就要重新剥削，以免在连接时影响连接质量

图 10-16　使用剥线钳将多股软导线的绝缘层剥离

提示

在使用剥线钳剥离多股软导线的绝缘层时，应当注意选择剥线钳的切口。若在使用剥线钳剥落线芯较粗的多股软导线时，选择的剥线钳切口过小，会导致多股软导线的多根线芯与绝缘层一同被剥落，导致该线缆无法使用，如图 10-17 所示。

不适合待剥削的塑料软导线的切口

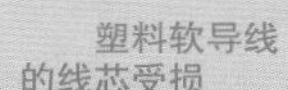

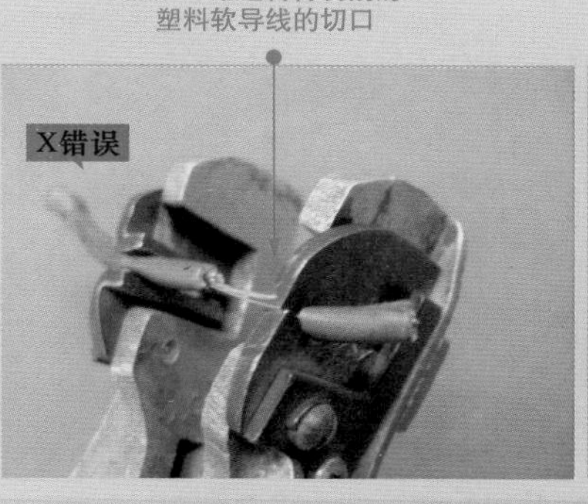

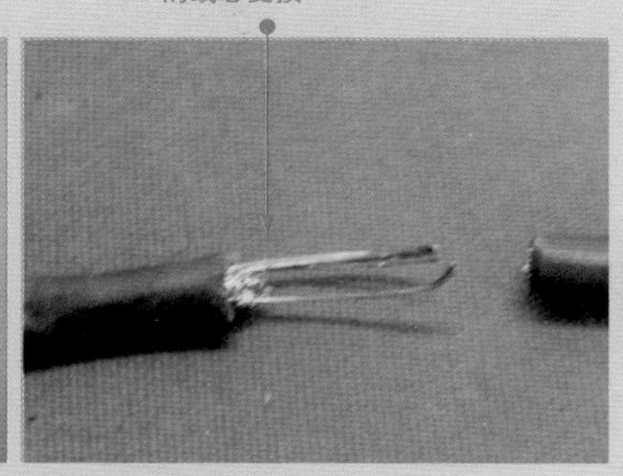

图 10-17　错误使用剥线钳剥离多股软导线的绝缘层

10.2.3　塑料护套线绝缘层的剥削

塑料护套线是将两根带有绝缘层的导线用护套层包裹在一起，因此在进行绝缘层剥削时要先剥削护套层，然后再分别对两根导线的绝缘层进

行剥削。

确定需要剥离护套层的长度后，使用电工刀尖对准线芯缝隙处，划开护套层。图 10-18 为使用电工刀割开塑料护套线缆的护套层。

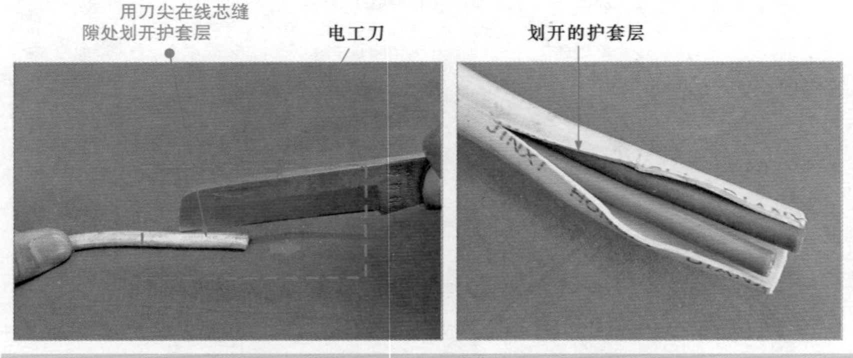

图 10-18　使用电工刀剥开塑料护套线缆的护套层

然后将剩余的护套层向后翻开，再使用电工刀沿护套层的根部切割整齐即可，切勿将护套层切割出锯齿状。图 10-19 为使用电工刀割断塑料护套线缆的护套层。

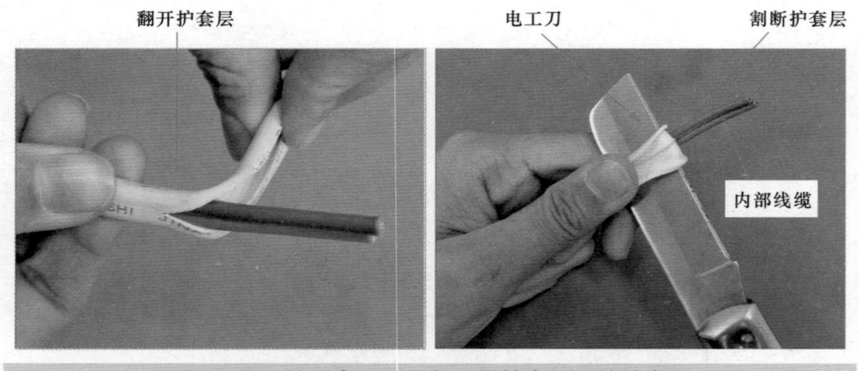

图 10-19　使用电工刀割断塑料护套线缆的护套层

10.2.4　漆包线绝缘层的剥削

漆包线的绝缘层是将绝缘漆喷涂在线缆上。由于漆包线的直径有所不同，所以对漆包线绝缘层进行剥削时，应当根据线缆的直径选择合适的加工工具。直径在 0.6mm 以上的漆包线，可以使用电工刀去除绝缘漆；

直径在 0.15 ~ 0.6mm 的漆包线，可以使用砂纸去除绝缘漆；直径在 0.15mm 以下的漆包线，可使用电烙铁去除绝缘漆。

首先确定去除绝缘漆的位置，然后使用电工刀轻轻刮去漆包线上的绝缘漆，确保漆包线一周的漆层剥落干净即可。图 10-20 为使用电工刀剥落漆包线的绝缘漆。

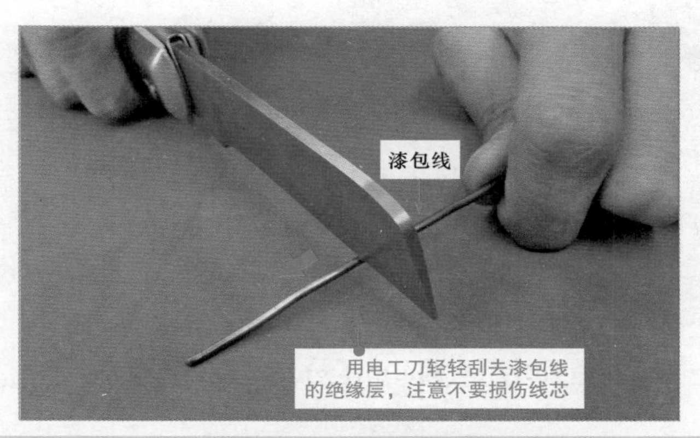

图 10-20　使用电工刀剥落漆包线的绝缘漆

使用砂纸去除漆包线的绝缘漆时，也要先确定去除绝缘漆的位置；左手握住漆包线，右手用细砂纸夹住漆包线；然后将左手进行旋转，直到需要去除绝缘漆的位置干净即可。图 10-21 为使用砂纸去除漆包线的绝缘漆。

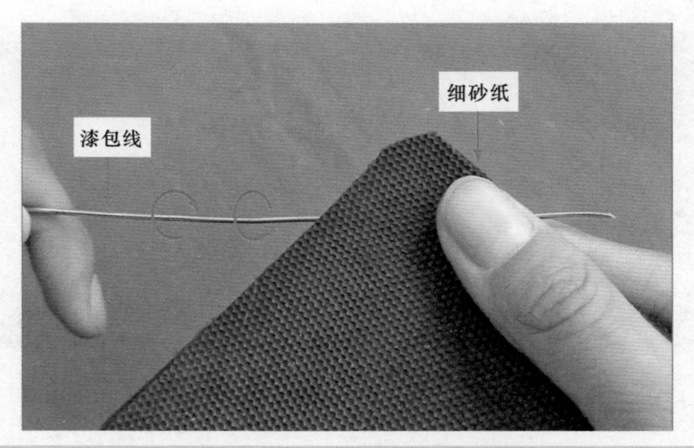

图 10-21　使用砂纸去除漆包线的绝缘漆

由于漆包线线芯过细，使用电工刀和砂纸极易造成线芯损伤，所以可选用 25 W 以下的电烙铁，将电烙铁加热后，放在漆包线上来回摩擦即可去掉漆皮。图 10-22 为使用电烙铁去掉漆包线的绝缘漆。

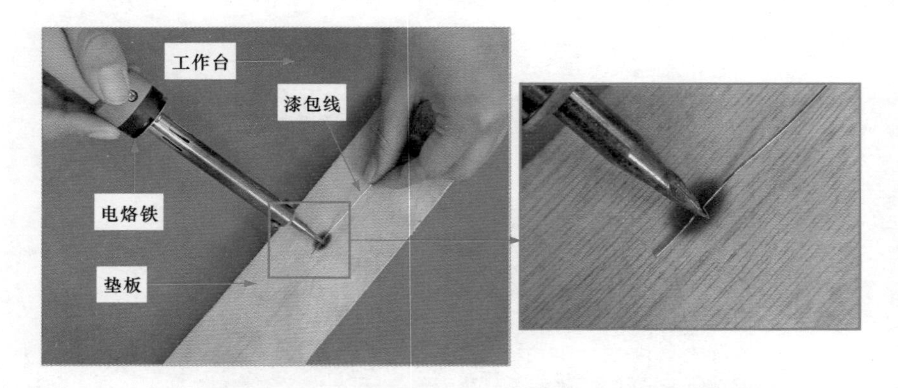

图 10-22　使用电烙铁去掉漆包线的绝缘漆

提示

在没有电烙铁的情况下，也可使用火去除漆包线的绝缘层。使用微火对漆包线线头进行加热，当漆层软化后，使用软布进行擦拭即可，如图 10-23 所示。

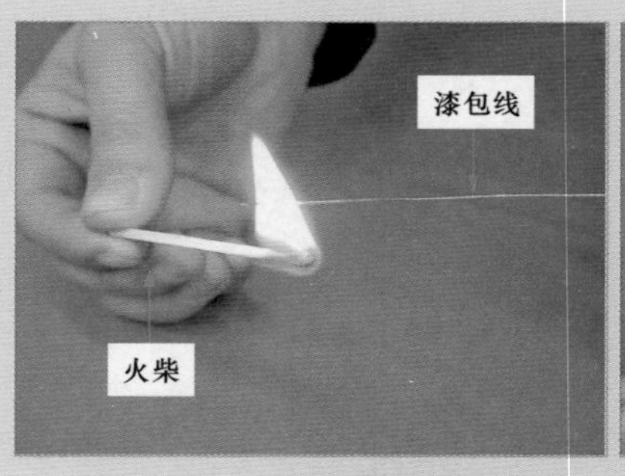

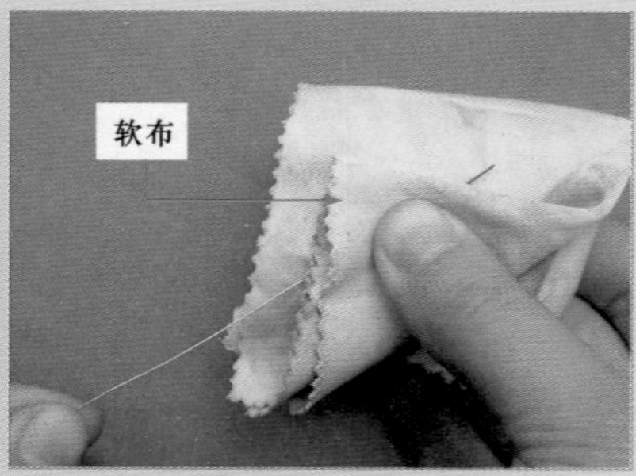

图 10-23　使用微火去除漆包线的绝缘漆

10.3 掌握电气线缆的连接

10.3.1 单股硬导线的绞接（X 形连接）

当两根截面积较小的铜芯单股硬线需要进行连接时，可以采用绞接（X 形连接）方式将两根单股硬线以 X 形摆放，利用线芯本身进行绞绕。

两根单股硬线连接时，可将两根线芯以中心点搭接，摆放成 X 形，再分别使用钳子钳住，并将线芯向相反的方向旋转 2 ~ 3 圈左右。图 10-24 为将两根单股硬线摆成 X 形进行旋转。

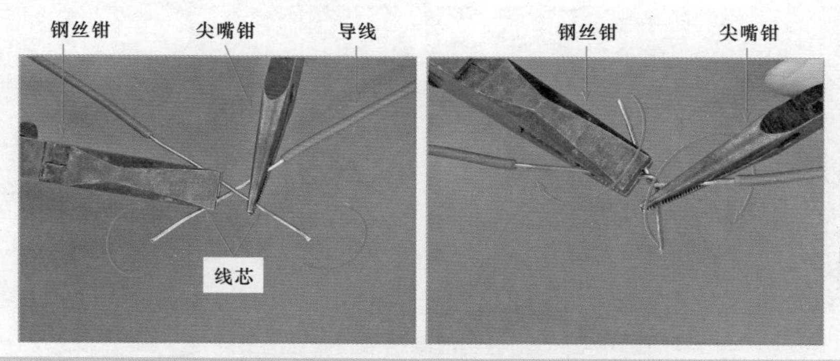

图 10-24　将两根单股硬线摆成 X 形进行旋转

然后将两单股硬线的线头扳直，再将一根线芯在另一根线芯上紧贴并顺时针旋转绕紧，然后使用同样的方法将另一根线芯进行同样的处理。图 10-25 为将两单股硬线线头扳直进行缠绕。

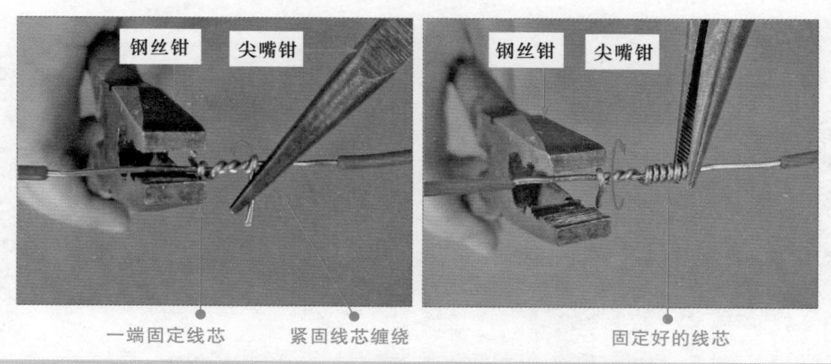

图 10-25　将两单股硬线线头扳直进行缠绕

10.3.2 单股硬导线的缠绕式对接

当两根较粗的铜芯单股硬导线需要进行连接时，可以选择缠绕式对接法进行连接，将两根线芯叠交后使用导电的铜丝进行缠绕即可。

将两根单股硬线的线芯相对叠交，然后选择一根剥去绝缘层的细裸铜丝，将其中心与叠交线芯的中心进行重合，并使用细裸铜丝从一端开始进行缠绕。图 10-26 为细裸铜丝缠绕单股硬线的叠交端。

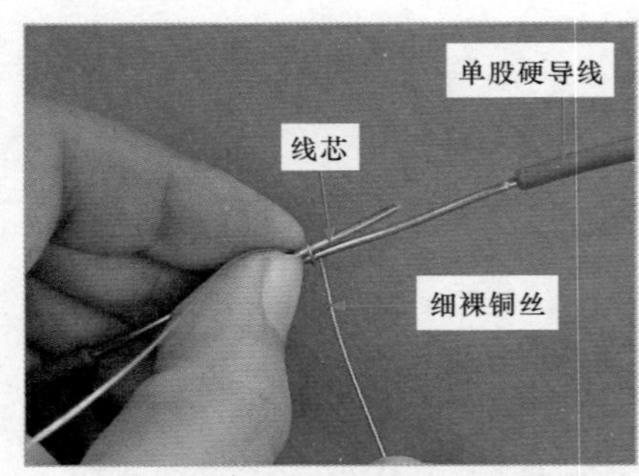

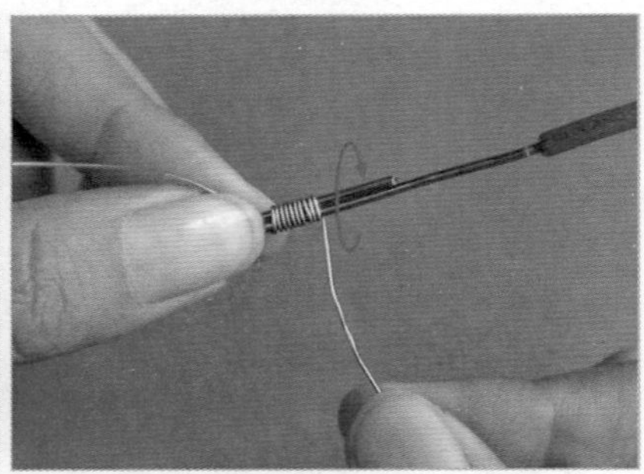

图 10-26　细裸铜丝缠绕单股硬线的叠交端

当细裸铜丝缠绕至两根单股硬导线的线芯对接的末尾处时，应当继续向外端缠绕 8 ~ 9mm 的距离，这样可以保证线缆连接后接触良好，然后再将另一端的细裸铜丝进行同样的缠绕即可。图 10-27 为缠绕单股硬导线的线芯叠交的尾端。

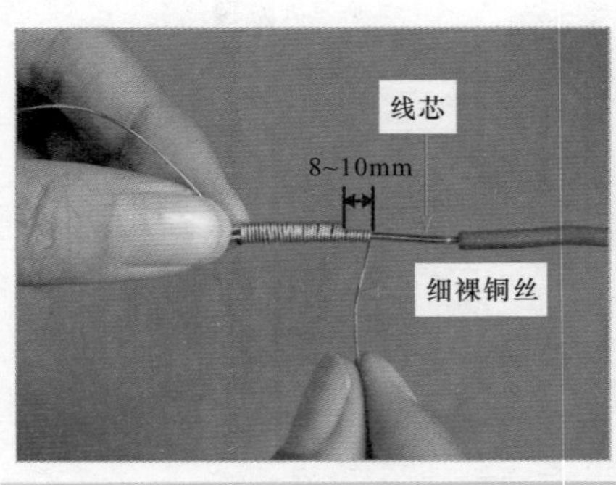

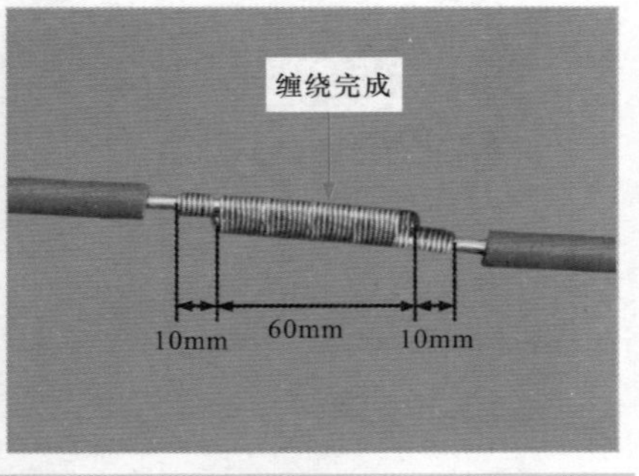

图 10-27　缠绕单股硬导线的线芯叠交的尾端

提示

在两根单股硬导线采用缠绕式连接时，根据线缆线芯的直径不同，所缠绕的长度也有所不同。若直径在 5mm 及以下的线缆，需要铜丝进行缠绕的长度为 60mm；若直径大于 5mm 的线缆，需要缠绕的长度为 90mm。

10.3.3 单股硬导线的 T 形连接

当一根支路单股硬导线与一根主路单股硬导线需要连接时，可以采用 T 形连接法。

将去除绝缘层的支路线芯与主路单股硬导线去除绝缘层的位置中心进行十字相交，支路线芯的根部应当保留 3 ~ 5mm 的裸线，再按照顺时针的方向缠绕支路线芯。图 10-28 为将支路线芯与主路线缆进行连接。

图 10-28 将支路线芯与主路线缆进行连接

然后将支路线芯沿顺时针方向紧贴主路单股硬导线的线芯进行缠绕，缠绕 6 ~ 8 圈即可，然后使用钢丝钳将剩余的线芯剪断，并使用钢丝钳将线芯末端接口钳平。图 10-29 为缠绕支路线芯并进行接口处理。

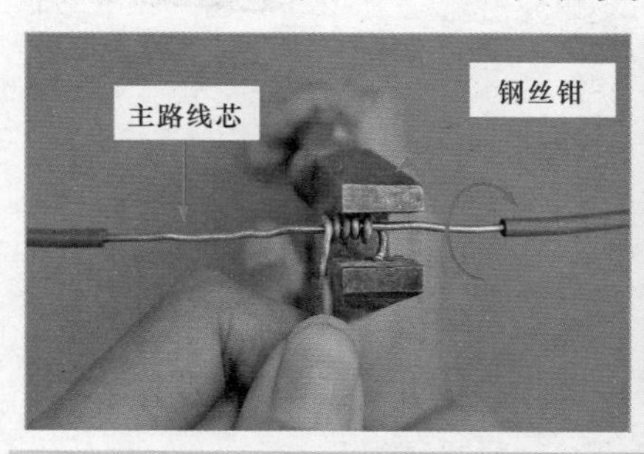

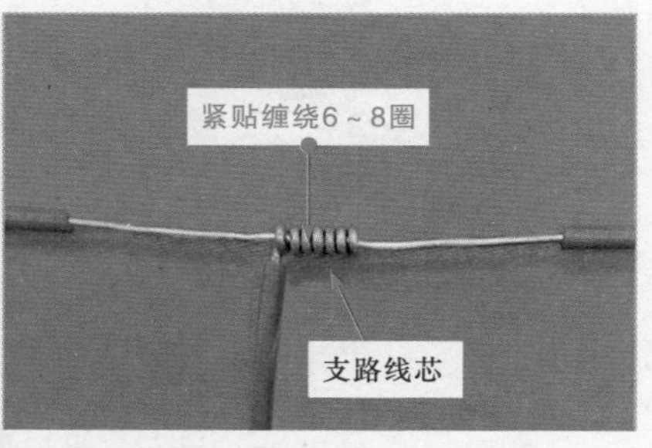

图 10-29 缠绕支路线芯并进行接口处理

10.3.4 单股硬导线的连接器连接

当单股硬导线内部为铝线芯时，由于该类氧化铝膜的电阻率较高，除了直径较小的铝线芯外，其余的铝线芯无法与铜线芯采用相同的线芯进行连接，所以通常铝线芯会采用压接器进行连接。

当两根铝质单股硬导线进行连接时，需要将其连接头处的绝缘层剥落，剥落的长度应当比压接器的长度略短一些；然后分别将两根线芯从两端插入压接器中，将螺钉拧入压接器中，使两根线芯固定在压接器中，并且确定其连接牢固。操作如图 10-30 所示。

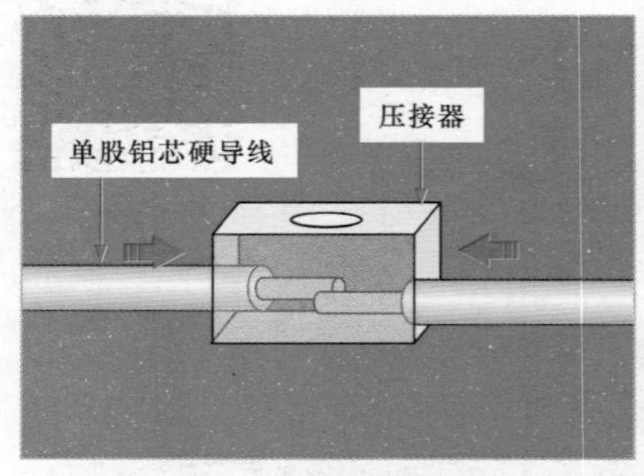

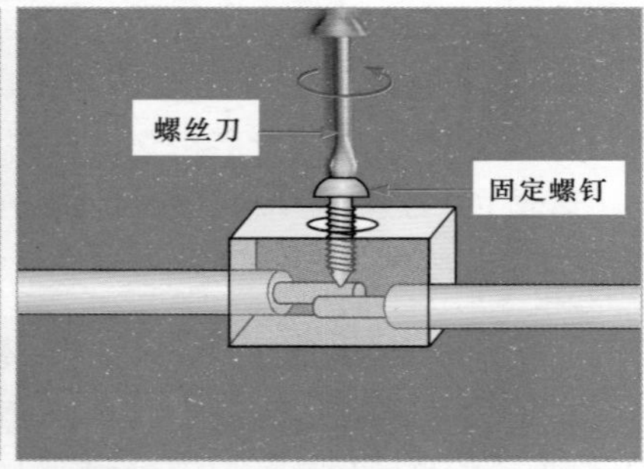

图 10-30 使用压接器连接两根铝质单股硬导线

提示

两根单股硬导线还可以采用塑料端子进行连接，该类连接方法常用于家装电路中。在塑料接线端子中带有导电金属，并且带有螺纹，将需要进行连接的两根线缆放入塑料接线端子中，然后旋转塑料接线端子即可，如图 10-31 所示。

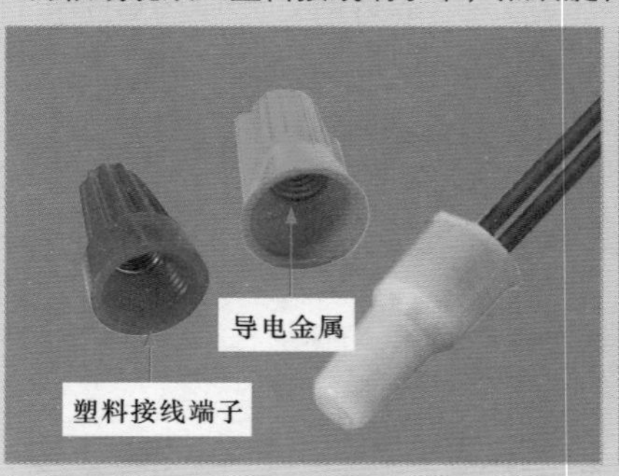

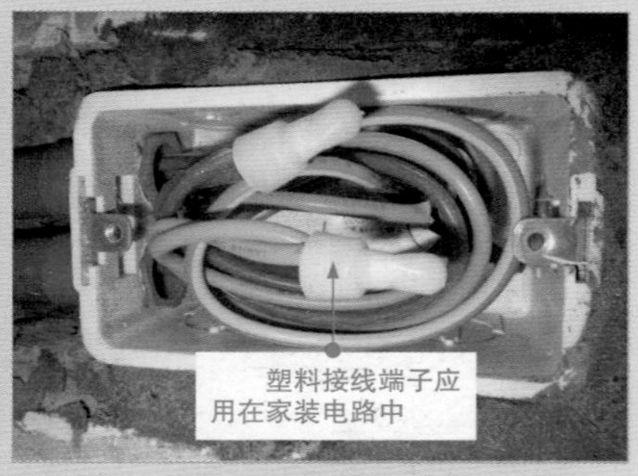

图 10-31 使用塑料端子连接线缆

10.3.5 多股软导线的缠绕式对接

当两根多股软导线需要进行连接时，可以采用简单的缠绕对接法，在进行连接前应将需要连接的两根导线的绝缘层剥离。

首先将两根多股软线缆的线芯散开拉直，并将靠近绝缘层 1/3 的线芯绞紧，然后再将剩余 2/3 的线芯分散为伞状。图 10-32 为对多股软导线的线芯进行处理。

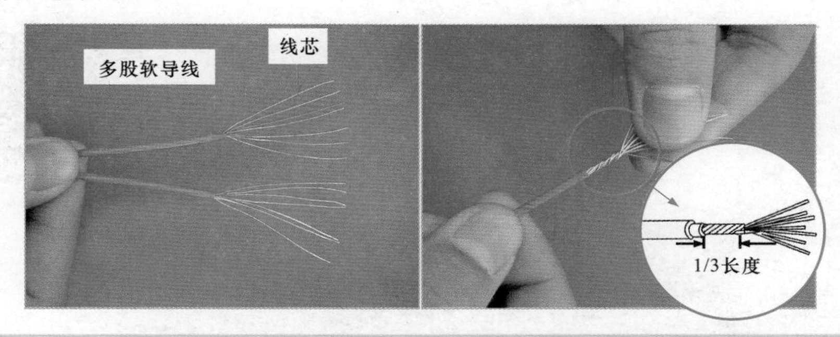

图 10-32 对多股软导线的线芯进行处理

将两根加工后的多股软导线的线芯成隔根式对插，然后用手将两端对插的线芯捏平。图 10-33 为将两根线芯的线头对插后捏平。

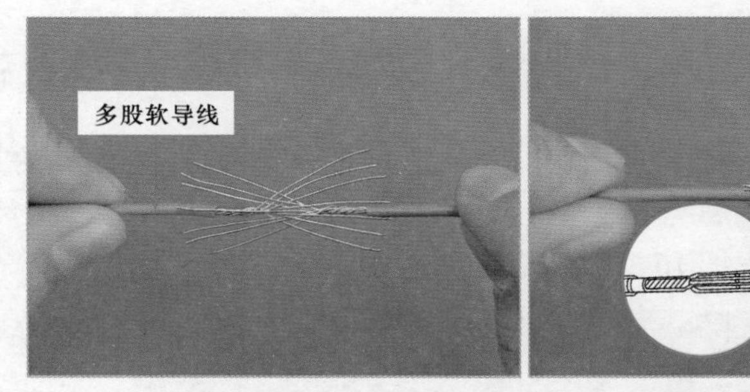

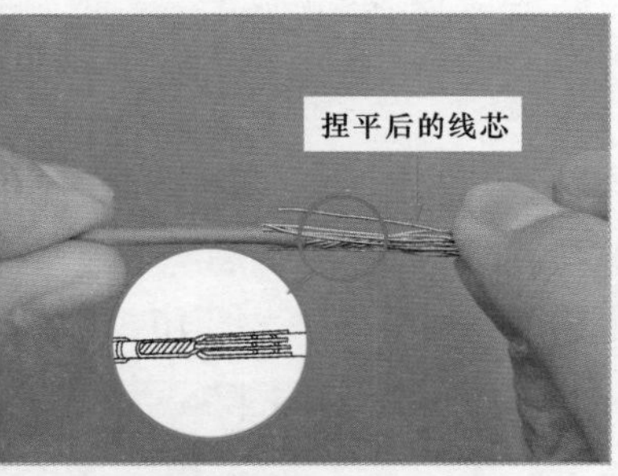

图 10-33 将两根线芯的线头对插后捏平

将一端的线芯近似平均分成三组，将第一组的线芯扳起，垂直于线头，按顺时针方向将线芯进行缠绕，当缠绕两圈后将剩余的线芯与其他线芯平行贴紧。图 10-34 为第一组线芯的缠绕。

接着将第二组线芯扳起，按顺时针方向紧压着线芯平行方向缠绕两圈，再将剩余线芯与其他线芯平行紧贴。图 10-35 为第二组线芯的缠绕。

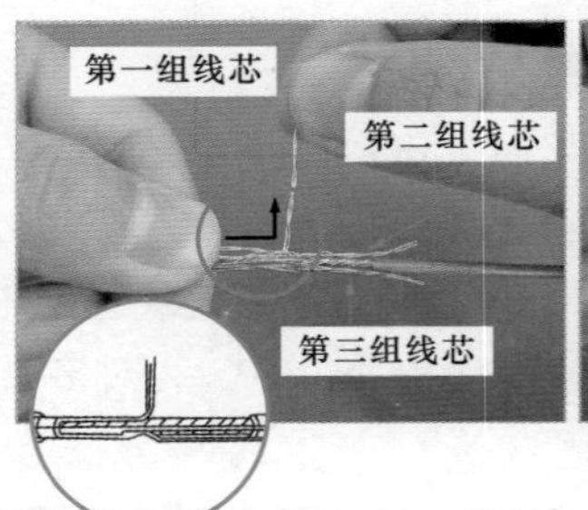

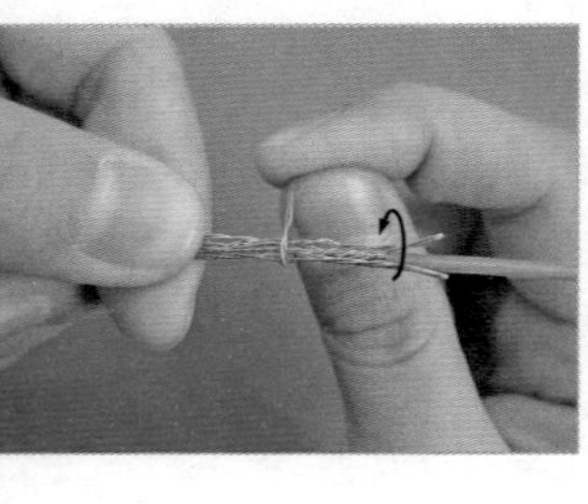

图 10-34 第一组线芯的缠绕

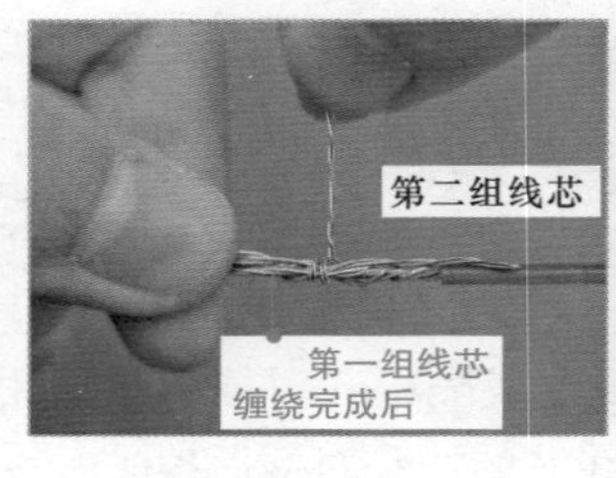

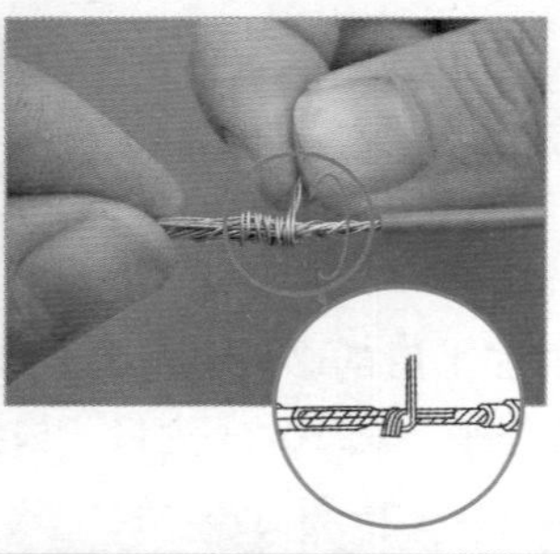

图 10-35 第二组线芯的缠绕

然后再将第三组线芯扳起，使其与其他线芯垂直，按照顺时针的方向紧压着线芯平行方向缠绕三圈，切除多余的线圈即可。另一根线缆的线芯也采用相同的方法。图 10-36 为第三组线芯的缠绕。

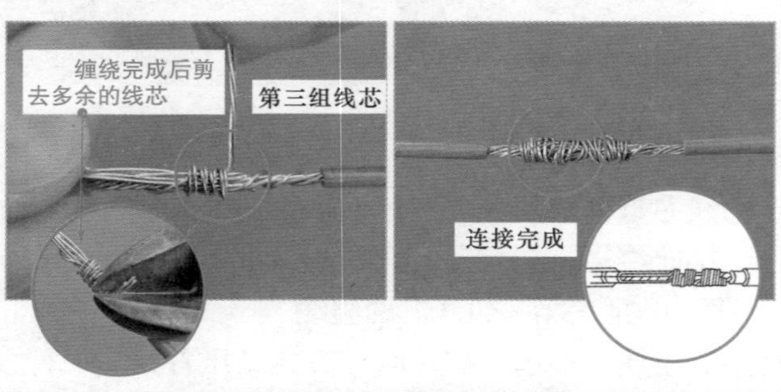

图 10-36 第三组线芯的缠绕

10.3.6 多股软导线的 T 形连接

当一根支路多股软导线与一根主路多股软导线进行连接时，也可以采用 T 形连接法。

将去除绝缘层的支路多股软导线线芯散开再拉直，并将距绝缘层 1/8 处的线芯绞紧，然后剩余的线芯分为两组排列。图 10-37 为支路多股软导线线芯的处理。

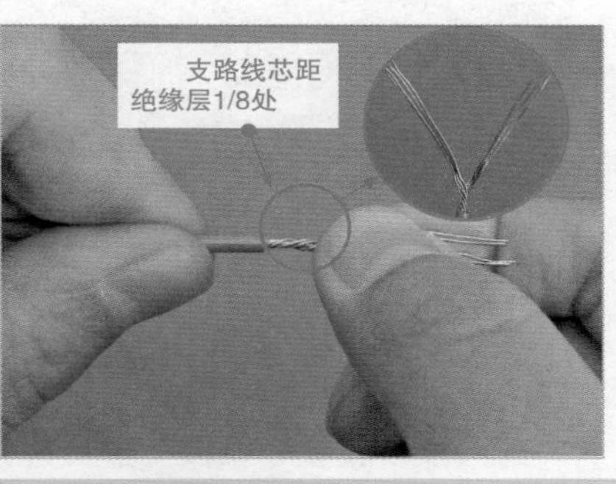

图 10-37 支路多股软导线线芯的处理

将一字螺丝刀插入主路多股软导线去绝缘层的中心部位，并将该部分线芯分为两组，再将支路线芯中的一组插入，另一支路线芯可以放置于主路多股软导线的前面。图 10-38 为支路线芯与主路线芯的连接。

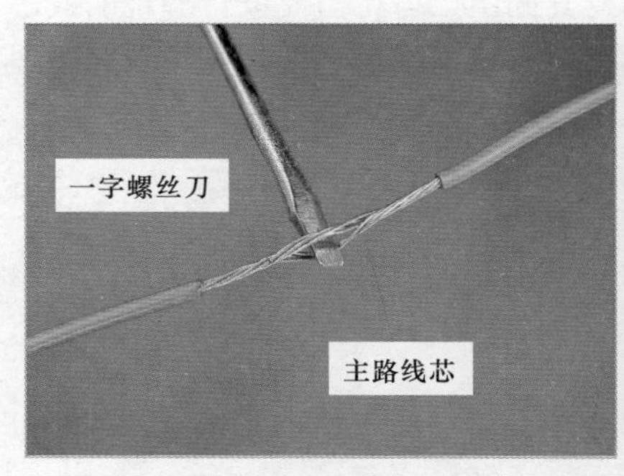

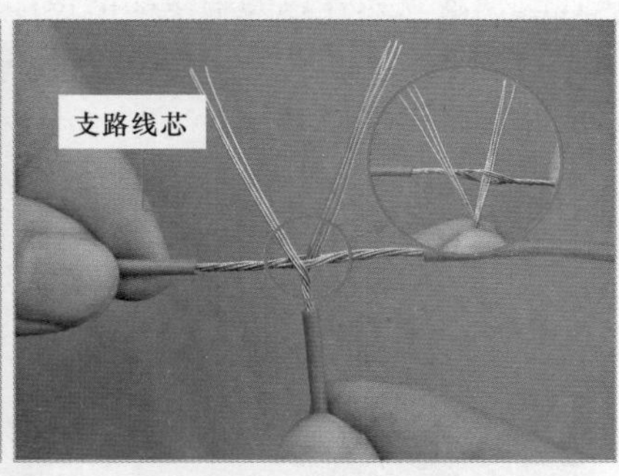

图 10-38 支路线芯与主路线芯的连接

再将其中一组支路线芯沿主路线芯进行顺时针缠绕三四圈，并将多余的线芯取出，另一端采用相同的方法处理线芯。图 10-39 为两根多股软导线 T 形连接完成。

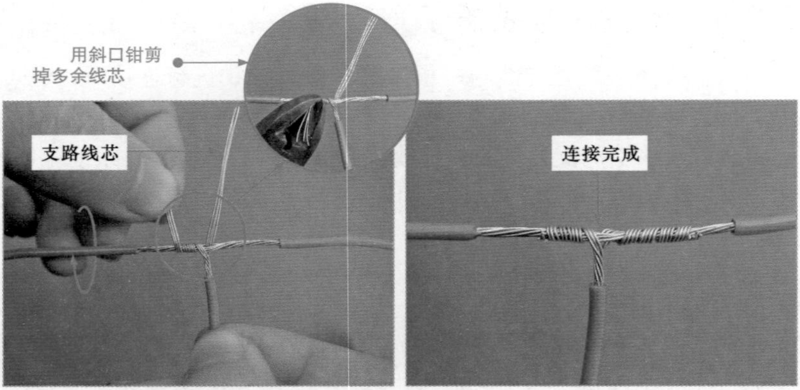

用斜口钳剪掉多余线芯

支路线芯

连接完成

图 10-39　两根多股软导线 T 形连接完成

10.3.7　三根多股软导线的缠绕式连接

当三根多股软导线需要进行连接时，可以采用缠绕的方式进行连接，利用其中的一根导线去缠绕另外两根线缆即可。

三根多股软导线需要进行连接时，在剥离绝缘层时，需要进行缠绕的线缆绝缘层剥离的长度应为另外两根线缆剥离绝缘层的长度的三倍，再将三根多股软导线的线芯绞绕紧，然后将三根多股软导线平放，用一只手按住三根多股软导线的绝缘层的根部将其固定，再将需要进行缠绕的线芯向上弯曲 60°，使其压在另外两根多股软导线的线芯上。图 10-40 为三根多股软导线缠绕的准备。

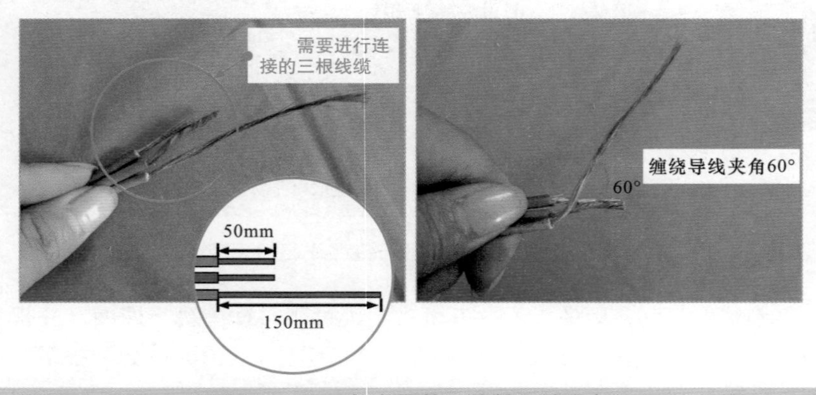

图 10-40　三根多股软导线缠绕的准备

将线芯沿顺时针紧绕另外两根线芯，直至缠绕完成，当其完成后，将多余的线芯使用钢丝钳切断即可。图 10-41 为将线缆进行缠绕并修剪多余的线芯。

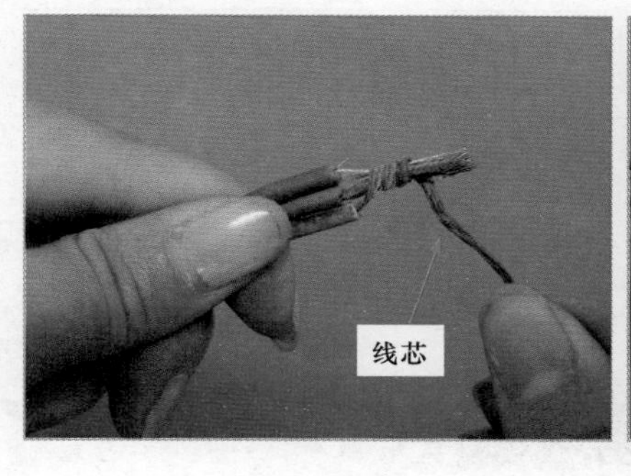

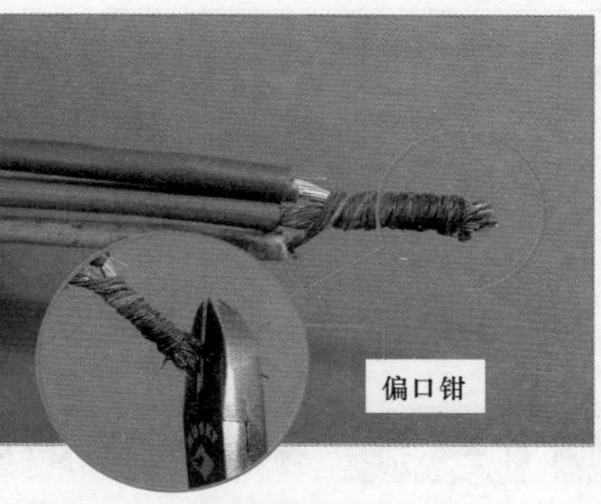

图 10-41　将线缆进行缠绕并修剪多余的线芯

第 11 章

掌握电气布线

11.1 掌握线缆的明敷操作

11.1.1 瓷夹配线的明敷操作

瓷夹配线也称为夹板配线，是指用瓷夹板来支持导线，使导线固定并与建筑物绝缘的一种配线方式，一般适用于正常干燥的室内场所和房屋挑檐下的室外场所。通常情况下，使用瓷夹配线时，其线路的截面积一般不能超过 $10mm^2$。

1 瓷夹的固定

瓷夹在固定时可以将其埋设在固件上，或使用胀管螺钉进行固定。用胀管螺钉进行固定时，应先在需要固定的位置上进行钻孔，孔的大小应与胀管粗细相同，其深度略大于胀管螺钉的长度；然后将胀管螺钉放入瓷夹底座的固定孔内，进行固定；接着将导线固定在瓷夹的线槽内；最后使用螺钉固定好瓷夹的上盖即可，如图 11-1 所示。

2 瓷夹配线的明敷操作

瓷夹配线时，通常会遇到一些障碍，如水管、蒸汽管或转角等。对于该类情况进行操作时，应进行相应的保护。例如在与导线进行交叉敷设时，应使用塑料线管或绝缘管对导线进行保护，并且在塑料线管或绝缘管的两端导线上用瓷夹夹牢，防止塑料线管移动。在跨越蒸汽管时，应使用瓷管对导线进行保护，瓷管与蒸汽管保温层外须有 20mm 的距离，如图 11-2 所示。若是使用瓷夹在转角或分支配线时，应在距离墙面 40 ~

60mm 处安装一个瓷夹，用来固定线路。

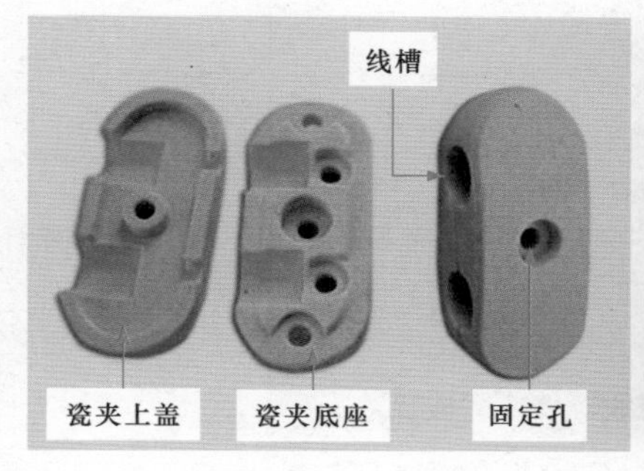

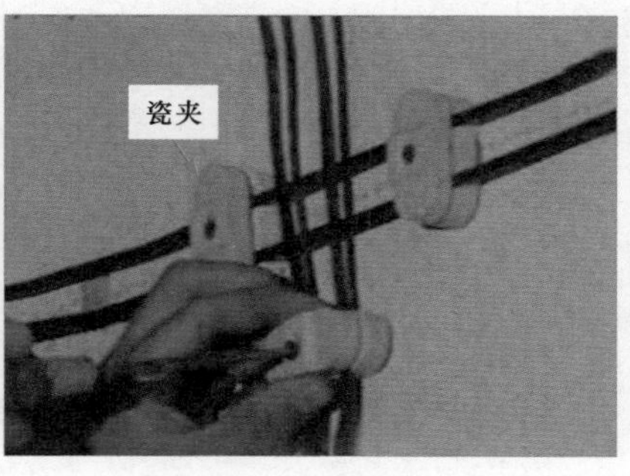

图 11-1　瓷夹的固定

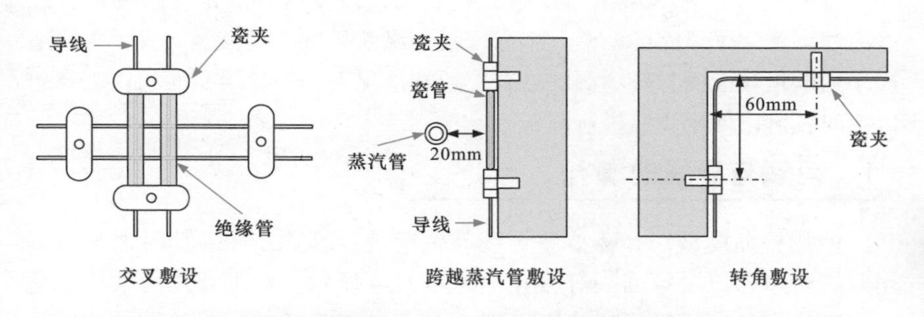

图 11-2　瓷夹配线的明敷训练

提示

在使用瓷夹配线时，若是需要连接导线，则应将其连接头尽量安装在两瓷夹的中间，避免将导线的接头压在瓷夹内。而且使用瓷夹在室内配线时，绝缘导线与建筑物表面的最小距离不应小于 5mm。使用瓷夹在室外配线时，不能在雨雪能够落到导线上的地方进行敷设。

瓷夹配线明敷过程中，通常会遇到穿墙或是穿楼板的情况，这时要严格按照规范进行操作，如图 11-3 所示。线路穿墙进户时，一根瓷管内只能穿一根导线，并应有一定的倾斜度；在穿过楼板时，应使用保护钢管，并且保护钢管高出楼板的高度应为 1.8m。

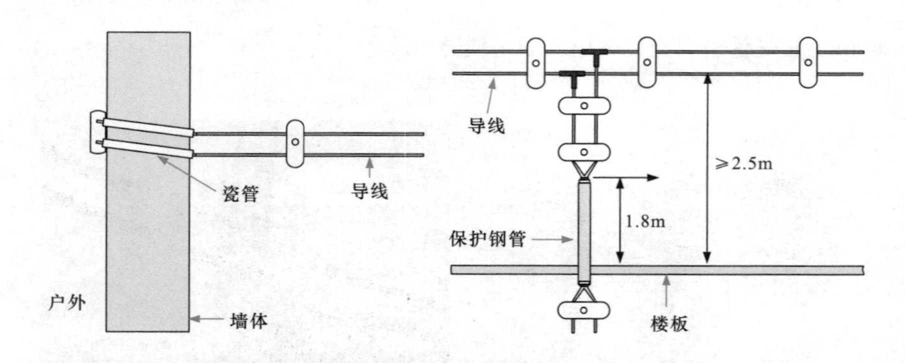

图 11-3 瓷夹配线穿墙或穿楼板

11.1.2 瓷瓶配线的明敷操作

瓷瓶配线也称为绝缘子配线，是利用瓷瓶支撑并固定导线的一种配线方法，常用于线路的明敷。瓷瓶配线绝缘效果好，机械强度大，主要适用于用电量较大而且较潮湿的场合。通常情况下，当导线截面积在 $25mm^2$ 以上时，可以使用瓷瓶进行配线。

1 瓷瓶与导线的绑扎

使用瓷瓶配线时，需要将导线与瓷瓶进行绑扎，在绑扎时通常会采用双绑、单绑以及绑回头等方式，如图 11-4 所示。双绑方式通常用于受力瓷瓶的绑扎，或导线的截面面积在 $10mm^2$ 以上的绑扎；单绑方式通常用于不受力瓷瓶或导线截面面积在 $6mm^2$ 及以下的绑扎；绑回头的方式通常用于终端导线与瓷瓶的绑扎。

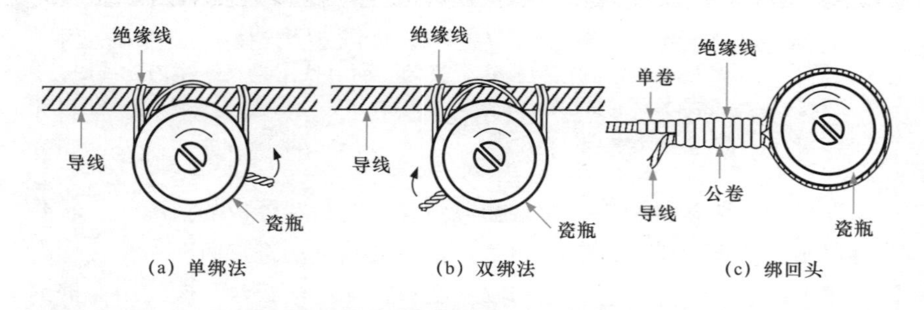

图 11-4 瓷瓶与导线的绑扎

提示

在瓷瓶配线时，应先将导线校直，将导线的其中一端绑扎在瓷瓶的颈部，然后在导线的另一端将导线收紧，并绑扎固定，最后绑扎并固定导线的中间部位。

2 瓷瓶配线的明敷操作

瓷瓶配线的过程中，难免会遇到导线的分支、交叉或是拐角等操作，在对该类情况进行配线时，应按照相关的规范进行操作。如图 11-5 所示，导线在分支操作时，需要在分支点处设置瓷瓶以支撑导线，不使导线受到其他张力；导线相互交叉时，应在距建筑物较近的导线上套绝缘保护管；导线在同一平面内进行敷设时，若遇到有弯曲的情况，瓷瓶需要装设在导线曲折角的内侧。

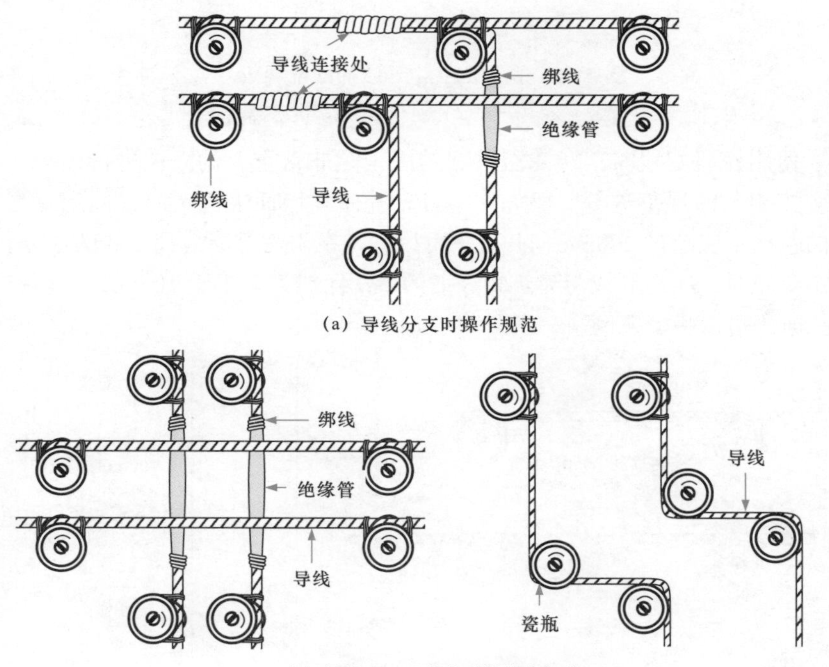

图 11-5 瓷瓶与导线的敷设

提示

如图 11-6 所示，瓷瓶配线时，若两根导线平行敷设，应将导线敷设在两个绝缘子的同一侧或者在两绝缘子的外侧；在建筑物的侧面或斜面配线时，必须将导线绑在绝缘子的上方，严禁将两根导线置于两绝缘子的内侧。无论是瓷夹配线还是瓷瓶配线，在对导线进行敷设时，都应使导线处于平直、无松弛的状态，并且导线在转弯处避免有急弯的情况。

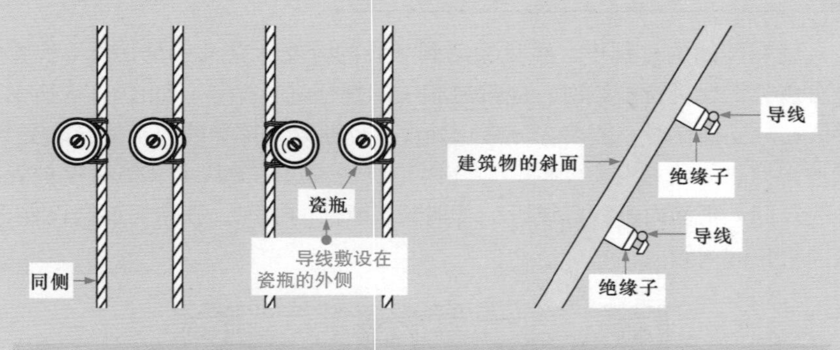

图 11-6 瓷瓶配线中导线的敷设规范

使用瓷瓶配线时，对瓷瓶位置的固定是非常重要的，在进行该操作时应按相关的规范进行。例如在室外，瓷瓶在墙面上固定时，固定点之间的距离不应超过 200mm，并且不可以固定在雨雪等能落到导线的地方；固定瓷瓶时，应使导线与建筑物表面的最小距离大于等于 10mm，瓷瓶在配线时不可以将瓷瓶倒装，如图 11-7 所示。

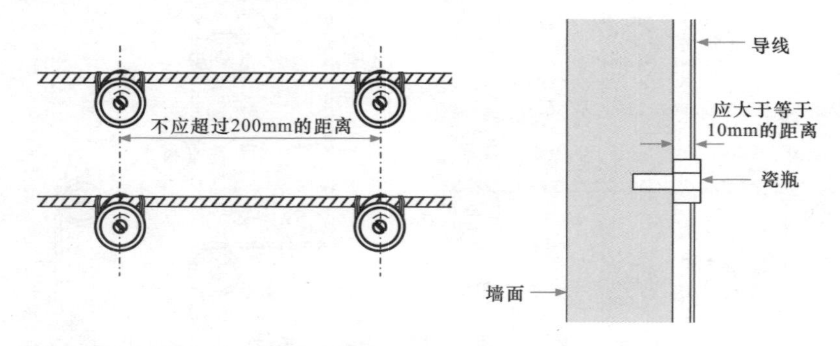

图 11-7 瓷瓶固定时的规范

11.1.3 金属管配线的明敷操作

金属管配线是指使用金属材质的管制品，将线路敷设于相应的场所，它是一种常见的配线方式，室内和室外都适用。采用金属管配线可以使导线受到很好的保护，并且能减少因线路短路而发生火灾。

1 金属管的选用

在使用金属管明敷于潮湿的场所时，由于金属管会受到不同程度的锈蚀，为了保障线路的安全，应采用材质较厚的专用钢管；若是敷设于干燥的场所时，则可以选用金属电线管，如图 11-8 所示。

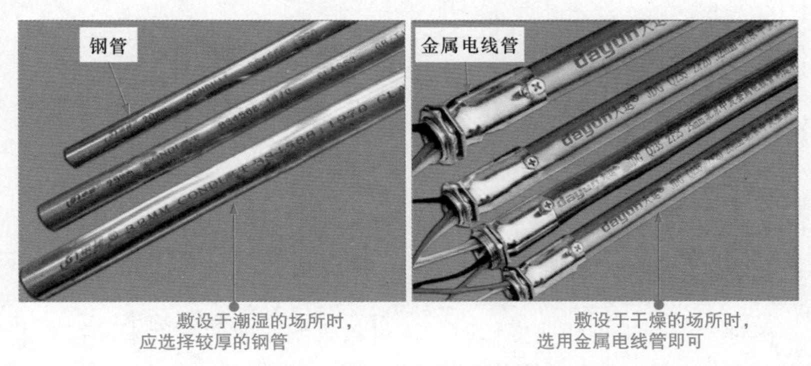

图 11-8 金属管的选用

另外，在使用金属管进行配线时，为了防止穿线时金属管口划伤导线，其管口的位置应使用专用工具进行打磨，使其没有毛刺或是尖锐的棱角，如图 11-9 所示。

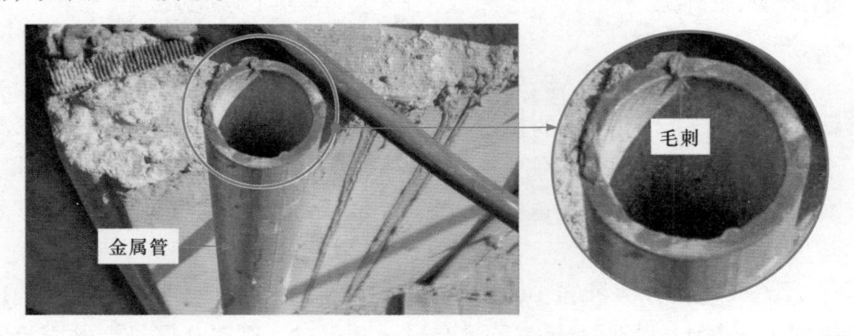

图 11-9 金属管管口的加工

2 金属管的弯头操作

在金属管配线明敷时，有时要根据敷设现场的环境要求对金属管进行弯管操作，使其能够适应环境的需要。弯管操作要使用专业的弯管器，以避免出现裂缝、明显凹瘪等弯制不良的现象。另外，对于金属管弯曲半径不得小于金属管外径的6倍；若明敷且只有一个弯时，可将金属管的弯曲半径减少为金属管外径的4倍，如图11-10所示。

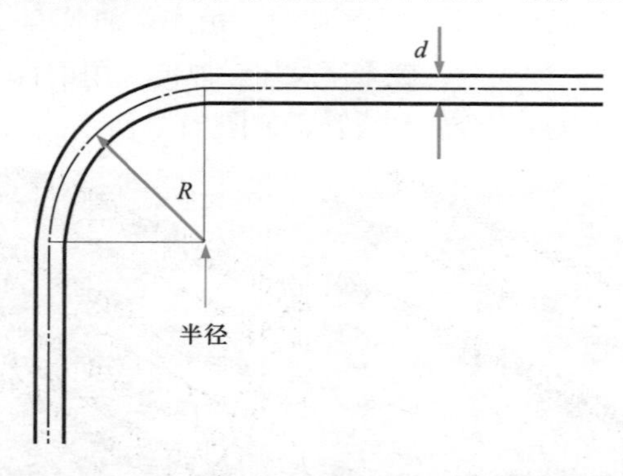

图11-10 金属管弯头的操作

在对金属管进行弯曲操作时，还可以采用弯曲的角度来进行衡量并操作，通常情况下，金属管的弯曲角度应在90°～105°。

提示

在敷设金属管时，为了减少配线时的难度，应尽量减少弯头出现的总量，例如每根金属管的弯头不应超过3个，直角弯头不应超过2个。

金属管配线明敷中，若管路较长或有较多弯头时，则需要适当加装接线盒。通常对于无弯头的情况，金属管的长度不应超过30m；对于有一个弯头的情况，金属管的长度不应超过20m；对于有两个弯头的情况，金属管的长度不应超过15m；对于有三个弯头的情况，金属管的长度不应超过8m，如图11-11所示。

为了美观和方便拆卸，在对金属管进行固定时，通常会使用管卡进行固定，如图11-12所示。若是没有设计要求时，则对金属管卡的固定间隔不应超过3m；在距离接线盒0.3m的区域，应使用管卡进行固定；在弯头两边也应使用管卡进行固定。

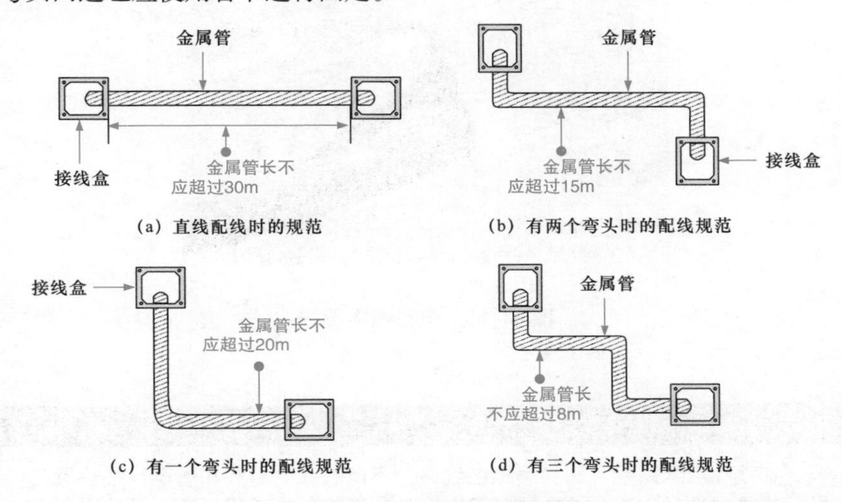

图 11-11 金属管明敷规范

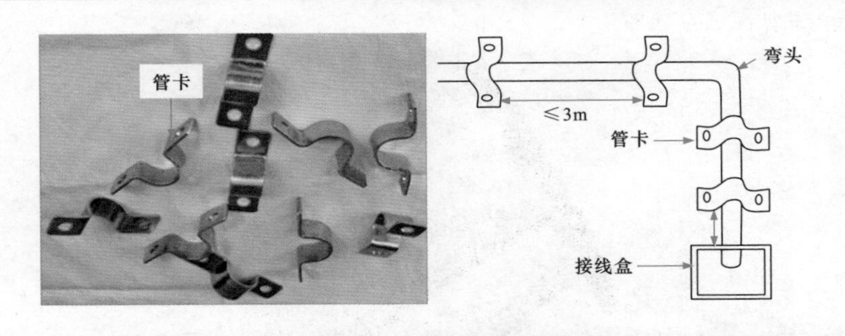

图 11-12 金属管配线时的固定

11.1.4 线槽配线的明敷操作

线槽配线主要采用塑料线槽配线敷设、塑料线管配线敷设和金属线槽配线敷设三种。

1 塑料线槽配线的明敷操作

塑料线槽配线时，其内部的导线填充率及载流导线的根数，应满足导线的安全散热要求，并且在塑料线槽的内部不可以有接头、分支接头等（若有接头的情况，可以使用接线盒进行连接），如图 11-13 所示。

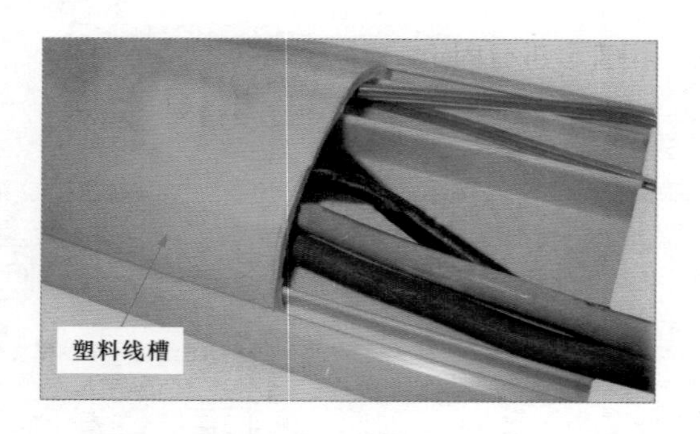

图 11-13　塑料线槽配线

提示

如图 11-14 所示，塑料线槽配线时，不能将强电导线和弱电导线放置在同一线槽内进行敷设，这样会对弱电设备的通信传输造成影响。另外线槽内的线缆也不宜过多，通常规定在线槽内的导线或电缆的总截面积不应超过线槽内总截面积的 20%。

图 11-14　使用塑料线槽配线时的错误操作

如图 11-15 所示，有些电工在使用塑料线槽敷设线缆时，线槽内的导线数量过多，且接头凌乱，这样会为日后用电留下安全隐患，必须将线缆理清重新设计敷设方式。

（1）塑料线槽配线时导线的固定　如图 11-16 所示，线缆水平敷设在塑料线槽中可以不绑扎；其槽内的缆线应顺直，尽量不要交叉；在导线进出线槽的部位以及拐弯处应绑扎固定。若导线在线槽内是垂直配线时，应每间隔 1.5m 的距离固定一次。

图 11-15　线缆在塑料槽内的配线规范

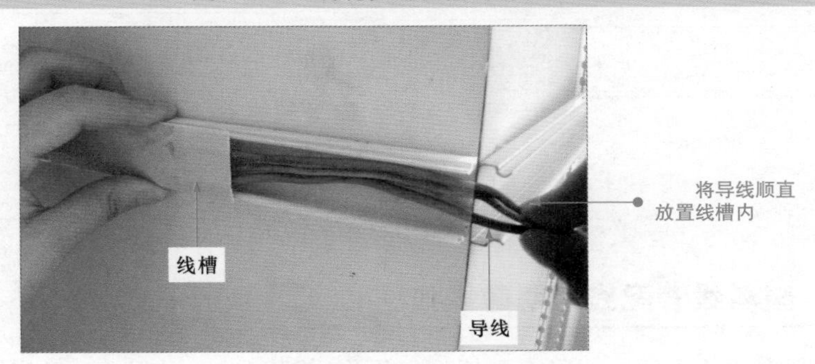

图 11-16　塑料线槽配线时导线的固定

提示

为方便塑料线槽的敷设连接，目前市场上有很多塑料线槽的敷设连接配件，如阴转角、阳转角、分支三通、直转角等，使用这些配件可以为塑料线槽的敷设连接提供方便，如图 11-17 所示。

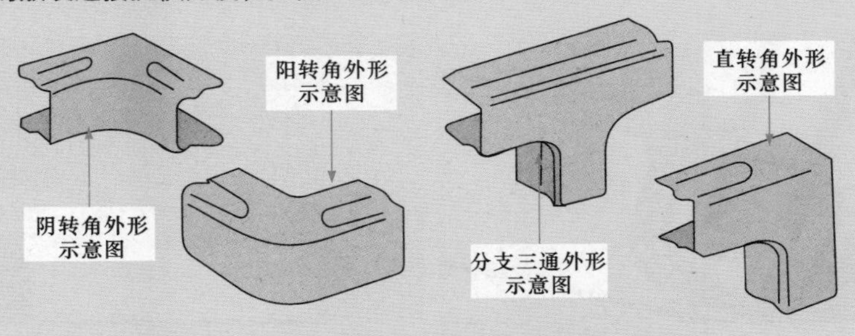

图 11-17　塑料线槽配线时用到的相关附件

（2）塑料线槽配线时线槽的固定　如图 11-18 所示，对线槽的槽底进行固定时，其固定点之间的距离应根据线槽的规格而定。例如塑料线槽的宽度为 20 ~ 40mm 时，其两固定点间的最大距离应为 80mm，可采用单排固定法；若塑料线槽的宽度为 60mm 时，其两固定点的最大距离应为 100mm，可采用双排固定法并且固定点纵向间距为 30mm；若塑料线槽的宽度为 80 ~ 120mm 时，其固定点之间的距离应为 80mm，可采用双排固定法并且固定点纵向间距为 50mm。

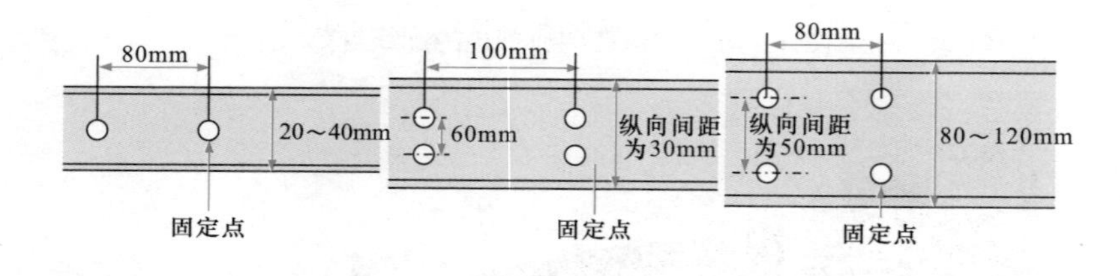

图 11-18　塑料线槽的固定

2　塑料线管配线的明敷操作

塑料线管配线方式具有配线施工操作方便、施工时间短、抗腐蚀性强等特点，适合应用在腐蚀性较强的环境中。塑料线管可分为硬质塑料线管和半硬质塑料线管。

（1）塑料线管配线的固定　如图 11-19 所示，塑料线管配线时，应使用管卡进行固定、支撑。在距离塑料线管始端、终端、开关、接线盒或电气设备 150 ~ 500mm 处应固定一次。如果多条塑料线管敷设时，要保持其间距均匀。

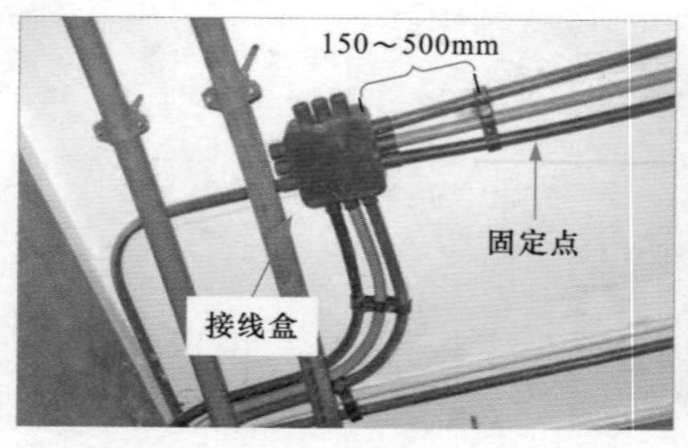

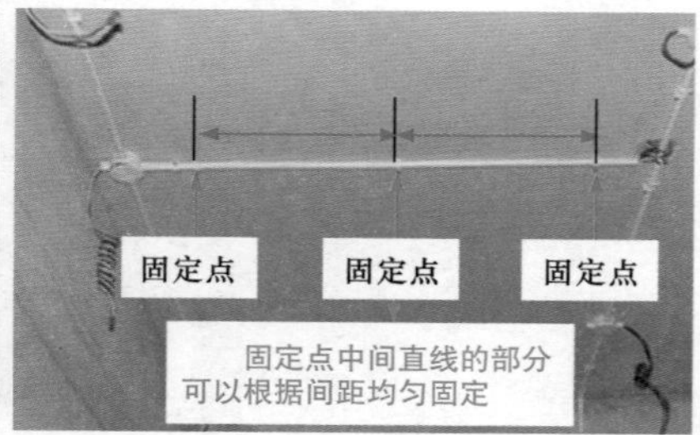

图 11-19　塑料线管配线的固定

提示

塑料管配线前，应先对塑料管本身进行检查，其表面不可以有裂缝、瘪陷的现象，其内部不可以有杂物，而且保证明敷塑料管的管壁厚度不小于 2mm。

（2）塑料线管的连接　塑料线管之间的连接可以采用插入法和套接法，如图 11-20 所示。插入法是指将黏结剂涂抹在 A 塑料硬管的表面，然后将 A 塑料硬管插入 B 塑料硬管内，深度约为 A 塑料硬管管径的 1.2 ~ 1.5 倍即可。套接法则是同直径的硬塑料线管扩大成套管，其长度约为硬塑料线管外径的 2.5 ~ 3.0 倍。插接时，先将套管加热至 130℃左右，约 1 ~ 2min 使套管变软后，同时将两根硬塑料线管插入套管即可。

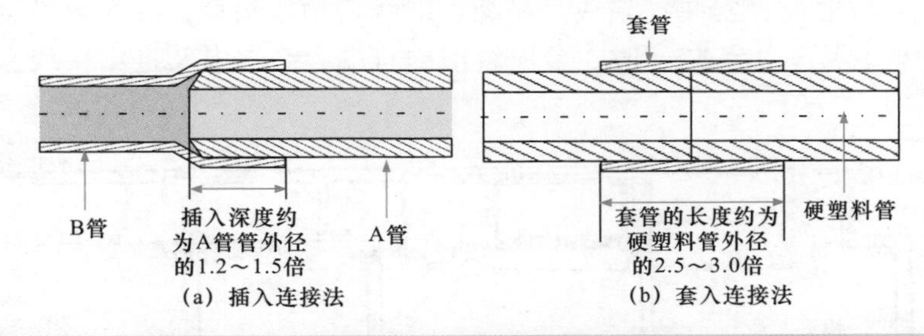

图 11-20　塑料线管的连接

提示

在使用塑料管敷设连接时，可使用辅助连接配件进行连接弯曲或分支等操作，例如 90° 弯头、45° 弯头、异径接头或活接头等，如图 11-21 所示。在安装连接过程中，可以根据其环境的需要使用相应的配件。

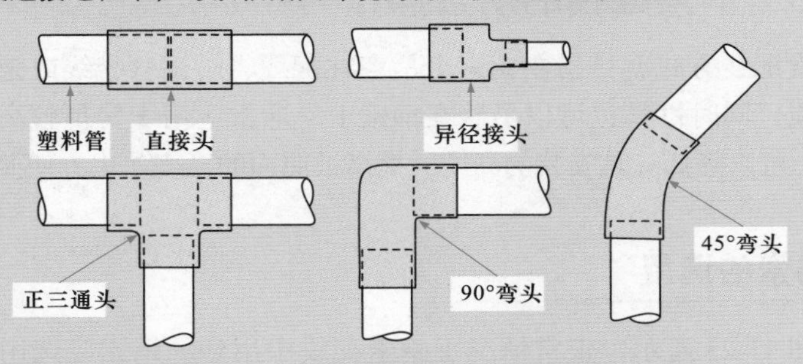

图 11-21　塑料管配线时用到的配件

3 金属线槽配线的明敷操作

金属线槽配线用于明敷时，一般适用于正常环境的室内场所。带有槽盖的金属线槽，具有较强的封闭性，其耐火性能也较好，可以敷设在建筑物顶棚内。但是对于金属线槽有严重腐蚀的场所，不可以采用该类配线方式。

（1）金属线槽配线时导线的安装　金属线槽配线时，其内部的导线不能有接头（若是在易于检修的场所，可以允许在金属线槽内有分支的接头）；并且在金属线槽内配线时，其内部导线的截面积不应超过金属线槽内截面积的20%，载流导线不宜超过30根。

（2）金属线槽的安装　金属线槽配线时，遇到如图11-22所示的情况时，需要设置安装支架或是吊架。即线槽的接头处，直线敷设金属线槽的长度为1～1.5m时，金属线槽的首端、终端以及进出接线盒的0.5m处。

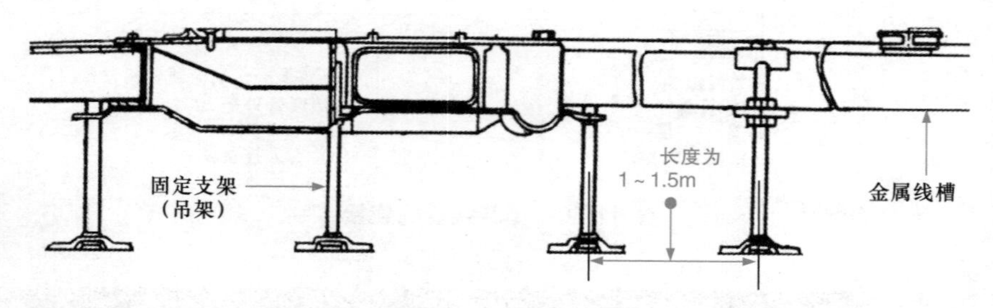

图11-22　金属线槽的安装

11.1.5　钢索配线的明敷操作

钢索配线方式就是指在钢索上吊瓷柱配线、吊钢管配线或是塑料护套线配线，同时灯具也可以吊装在钢索上，通常应用于房顶较高的生产厂房内，可以降低灯具安装的高度，提高被照面的亮度，也方便照明灯的布置。

1 钢索的选用

如图11-23所示，正常情况下钢索配线中用到的钢索应选用镀锌钢索，不得使用含油芯的钢索；若是敷设在潮湿或有腐蚀性的场所时，可以选用塑料护套钢索。通常，单根钢索的直径应小于 0.5mm，并不应有扭曲或断股的现象。

图 11-23 钢索配线中钢索的选用

2 导线的固定

如图 11-24 所示，钢索配线敷设后，其导线的弧度（弧垂）不应大于 0.1m；如不能达到时，应增加吊钩，并且钢索吊钩间的最大间距不超过 12m。

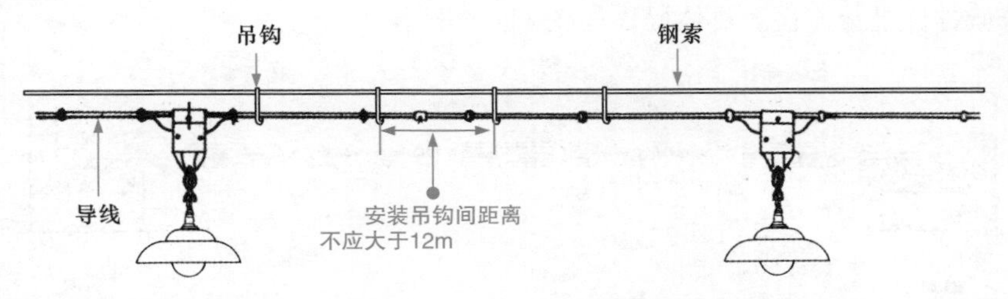

图 11-24 导线的固定

提示

如在选用吊钩时，最好是使用圆钢，且直径不应小于 8mm。目前常用的圆钢直径有 8mm 和 11mm 两种规格，吊钩的深度不应小于 20mm，如图 11-25 所示。

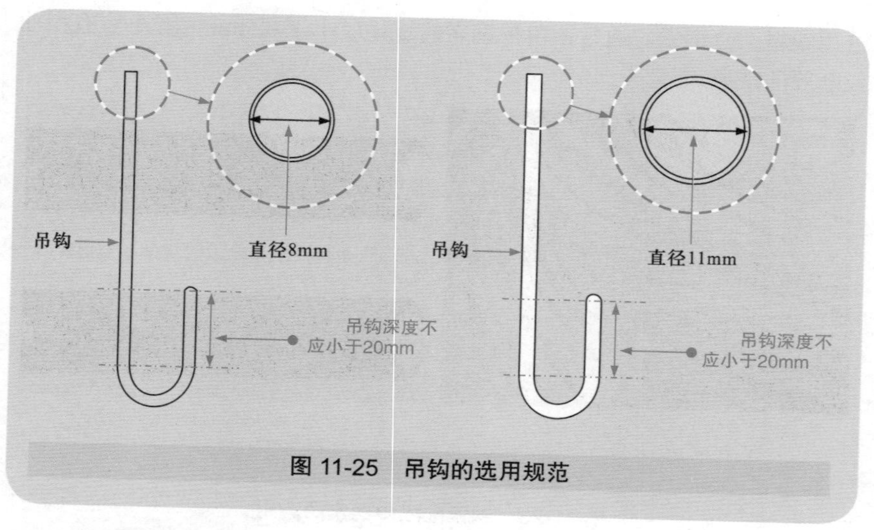

图 11-25 吊钩的选用规范

3 钢索的连接

在钢索配线过程中，若是钢索的长度不超过 50m，可在钢索的一端使用花篮螺栓进行连接；若钢索的长度超过 50m 时，钢索的两端应均安装花篮螺栓；若钢索的长度很长，则每超过 50m 时，应在中间加装一个花篮螺栓进行连接。具体操作如图 11-26 所示。

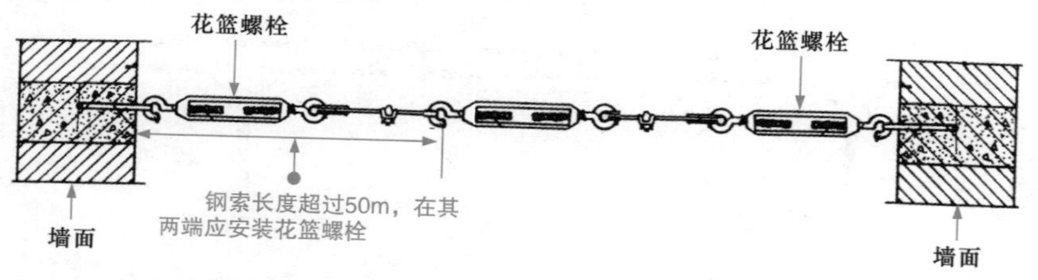

图 11-26 钢索的连接

11.2 掌握线缆的暗敷操作

11.2.1 金属管配线的暗敷操作

金属管配线主要是指将导线穿于金属管内，然后埋设在墙内或是地板下的一种配线方式。

金属管配线的过程中，若遇到有弯头的情况时，金属管的弯头弯曲的半径不应小于管外径的 6 倍；敷设于地下或是混凝土的楼板时，金属管的弯曲半径不应小于管外径的 10 倍。

金属管在转角时，其角度应大于 90°。为了便于导线的穿过，敷设金属管时，每根金属管的转弯点不应多于两个，并且不可以有 S 形拐角。

金属管配线时，由于内部穿线的难度较大，所以选用的管径要大一点，一般管内填充物最多为总空间的 30% 左右，以便于穿线。

金属管配线时，通常会采用直埋操作。为了减小直埋管在沉陷时连接管口处对导线的剪切力，在加工金属管管口时可以将其做成喇叭形，如图 11-27 所示。若是将金属管口伸出地面时，应距离地面 25 ~ 50mm。

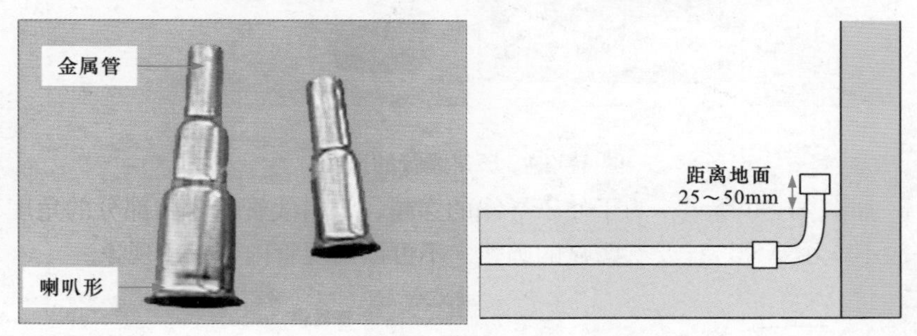

图 11-27 金属管管口的操作

金属管在连接时，可以使用管箍进行连接，也可以使用接线盒进行连接，如图 11-28 所示。采用管箍连接两根金属管时，应将钢管的丝扣部分顺螺纹的方向缠绕麻丝绳后再拧紧，以加强其密封程度；采用接线盒来连接两金属管时，钢管的一端应在连接盒内使用锁紧螺母夹紧，防止脱落。

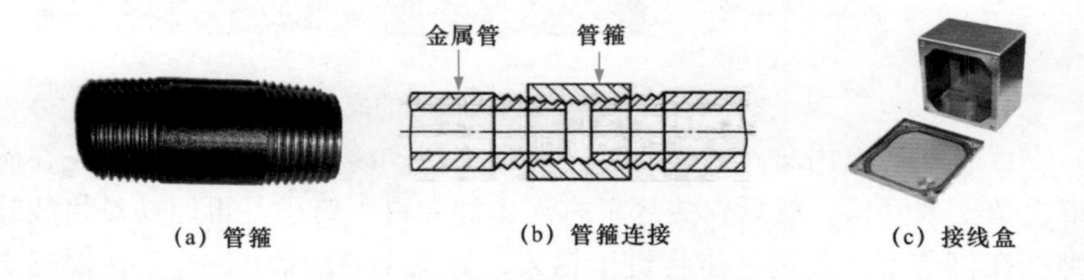

(a) 管箍　(b) 管箍连接　(c) 接线盒

图 11-28 金属管的连接

11.2.2 塑料线管配线的暗敷操作

塑料线管暗敷是指将塑料线管埋入墙壁内的一种配线方式。

在选用塑料线管配线时，首先应检查塑料线管的表面是否有裂缝或是瘪陷的现象，若存在该现象则不可以使用；然后检查塑料线管内部是否存有异物或是尖锐的物体，若有该情况时，则不可以选用。如图 11-29 所示，将塑料线管用于暗敷时，要求其管壁的厚度应不小于 3mm。

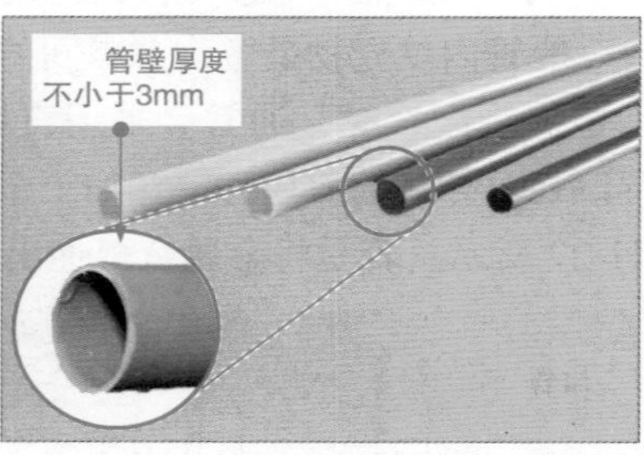

图 11-29 塑料线管的选用

如图 11-30 所示，为了便于导线的穿越，塑料线管的弯头部分的角度一般不应小于 90°；要有明显的圆弧，不可以出现管内弯瘪的现象。

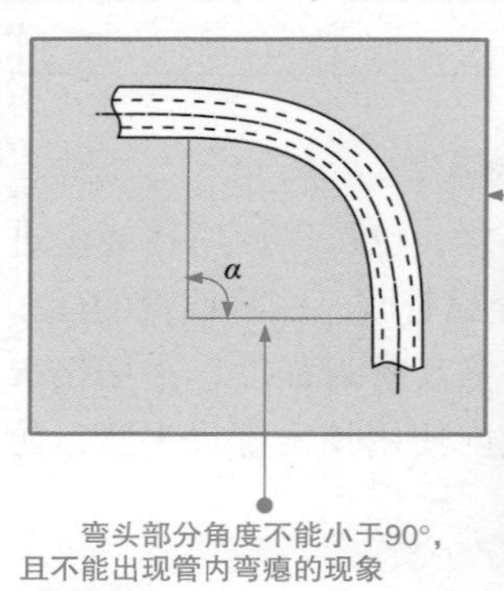

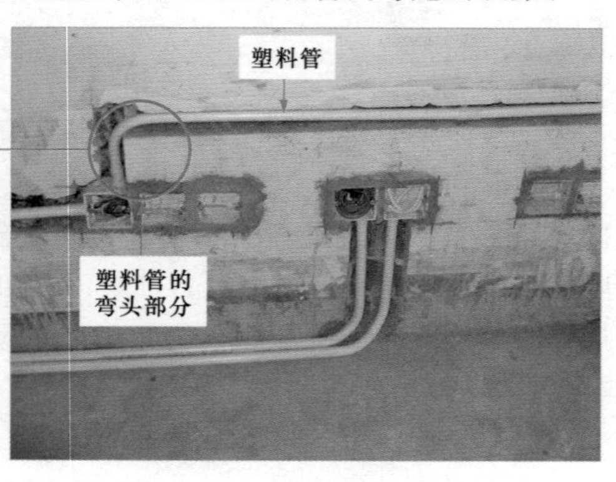

图 11-30 塑料线管弯曲时的操作

线管在砖墙内暗线敷设时，一般在土建砌砖时预埋，否则应先在砖墙上留槽或开槽，然后在砖缝里打入木榫并钉上钉子，再用铁丝将线管绑扎在钉子上，并进一步将钉子钉入，如图 11-31 所示。若是在混凝土内暗线敷设时，可用铁丝将管子绑扎在钢筋上，将管子用垫块垫高 10 ~

15mm，使管子与混凝土模板间保持足够距离，并防止浇灌混凝土时把管子拉开。

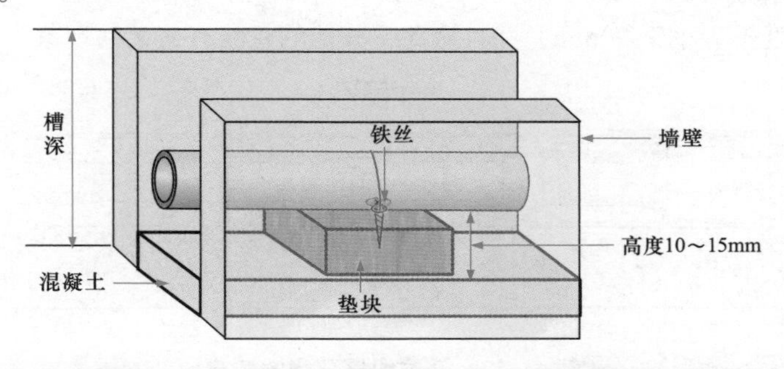

图 11-31　塑料线管在砖墙及混凝土内敷设时的操作

塑料线管配线时，两个接线盒之间的塑料线管为一个线段，每线段内塑料线管口的连接数量要尽量减少；并且根据用电的需求，使用塑料线管配线时，应尽量减少弯头。

11.2.3　金属线槽配线的暗敷操作

金属线槽配线应用在暗敷操作中时，通常适用于正常环境下大空间且隔断变化多、用电设备移动性大或敷设有多种功能的场所，主要是敷设于现浇混凝土地面、楼板或楼板垫层内。

金属线槽配线时，为了便于穿线，金属线槽在交叉 / 转弯或是分支处配线时应设置分线盒。金属线槽配线时，若直线长度超过 6m 时，应采用分线盒进行连接，如图 11-32 所示。并且为了日后线路的维护，分线盒应能够开启，并采取防水措施。

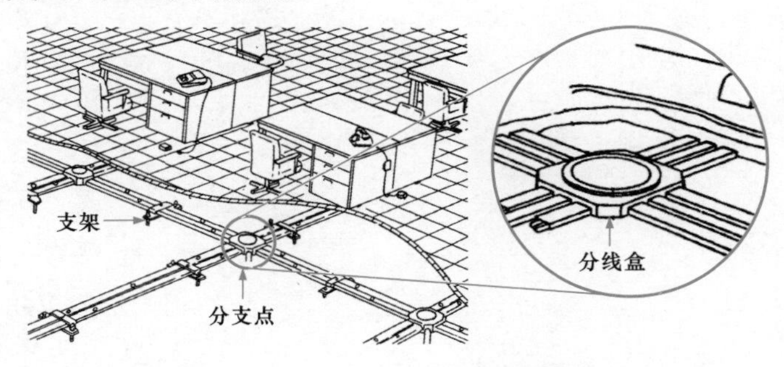

图 11-32　金属线槽配线时接线盒的使用

如图 11-33 所示，金属线槽配线时，若是敷设在现浇混凝土的楼板内，要求楼板的厚度不应小于 200mm；若是位于楼板垫层内时，要求垫层的厚度不应小于 70mm，并且避免与其他的管路有交叉的现象。

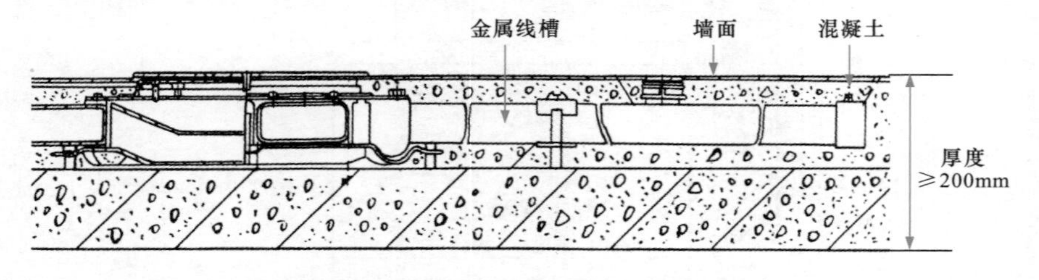

图 11-33　金属线槽配线的规范

第 12 章

练习电气安装

12.1 电源插座的安装接线

12.1.1 三孔电源插座的安装接线

三孔电源插座是指插座面板上仅设有相线孔、零线孔和接地孔三个插孔的电源插座。在实际安装操作前，需要首先了解三孔电源插座的特点和接线关系，如图 12-1 所示。

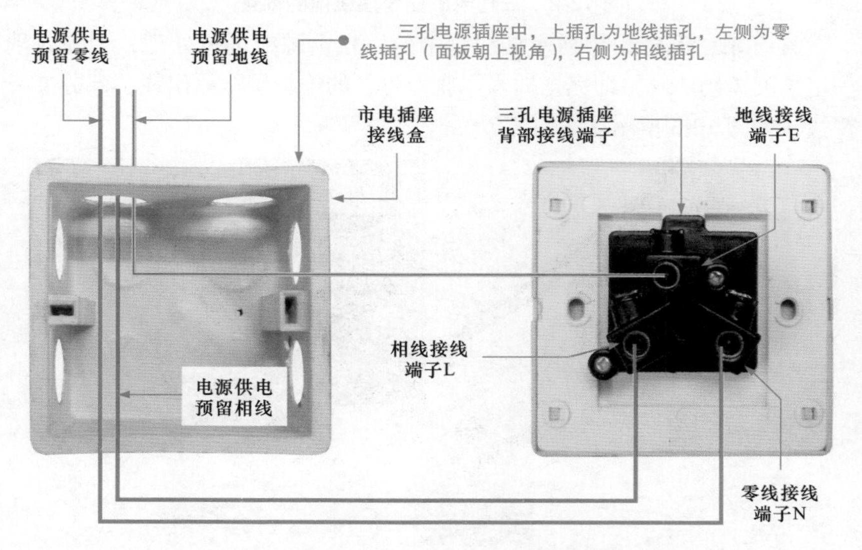

图 12-1　三孔电源插座的特点和接线关系

安装三孔电源插座时，可以分为接线、固定与护板的安装两个环节。

1 接线

接线是将三孔电源插座与电源供电预留导线连接。接线前，需要先将三孔电源插座护板取下，为接线和安装固定做好准备，如图 12-2 所示。

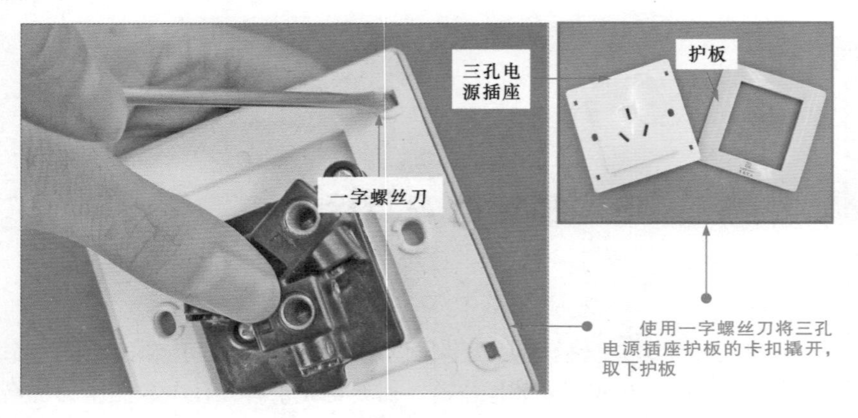

图 12-2 三孔电源插座接线前的准备

接下来，先将预留插座接线盒中的三根电源线进行处理，剥除线端一定长度（约 3cm，即完全插入插座即可）的绝缘层，露出线芯部分准备接线，如图 12-3 所示。

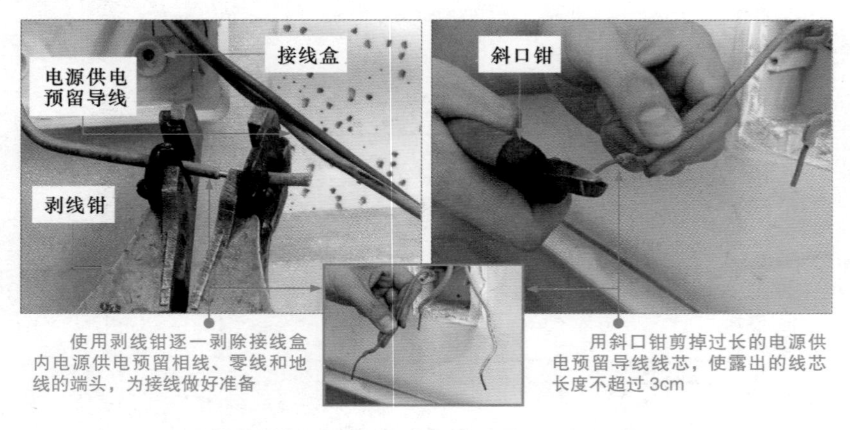

图 12-3 电源供电预留导线的处理

接着，将三孔电源插座背部接线端子的固定螺钉拧松，并将预留插座接线盒中的三根电源线线芯对应插入三孔电源插座的接线端子内，即相线插入相线接线端子内，零线插入零线接线端子内，保护地线插入地线接线端子内，然后逐一拧紧固定螺钉，完成三孔电源插座的接线，如图 12-4 所示。

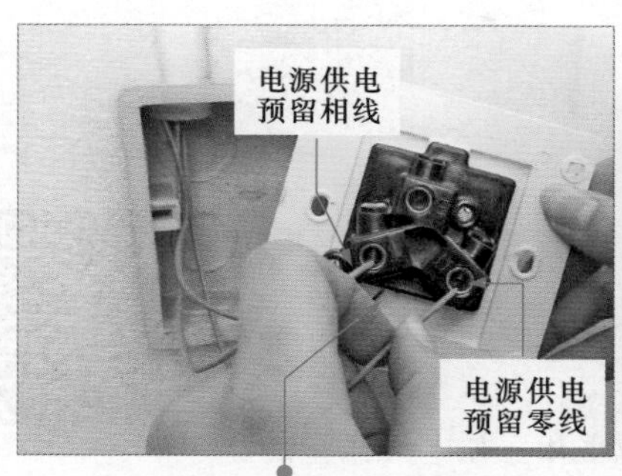

将接线盒中电源预留相线插入插座的相线接线端子（L）、零线插入零线接线端子（N）

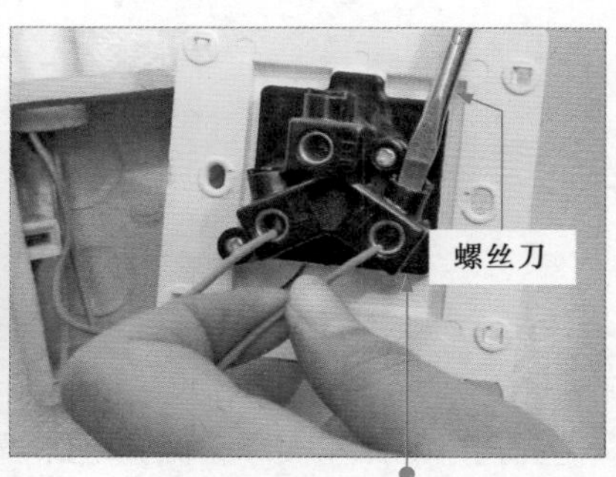

使用螺丝刀拧紧接线端子的固定螺钉，紧固线芯

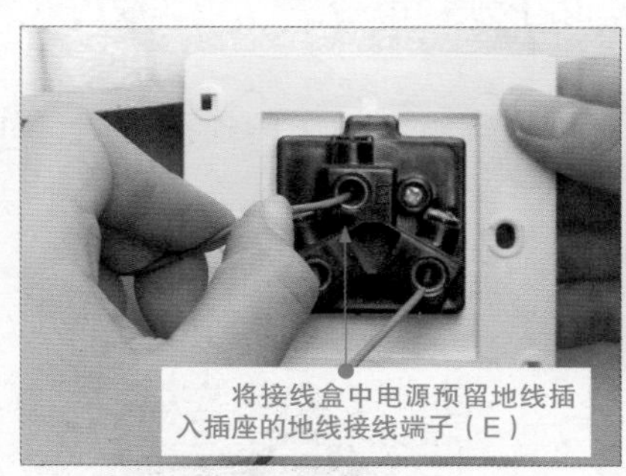

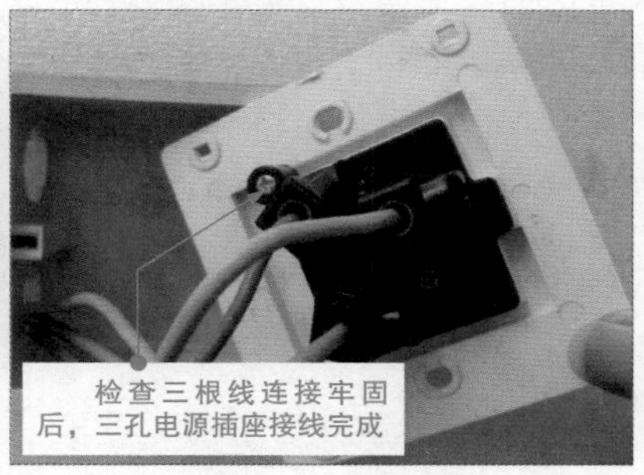

图 12-4　三孔电源插座的接线操作

2　固定与护板的安装

三孔电源插座接线完成后，将连接导线合理盘绕在接线盒中；然后将三孔电源插座固定孔对准接线盒中的螺钉固定孔推入、按紧，并使用固定螺钉固定；最后将三孔电源插座的护板扣合到面板上，确认卡紧到位后，三孔电源插座安装完成，如图 12-5 所示。

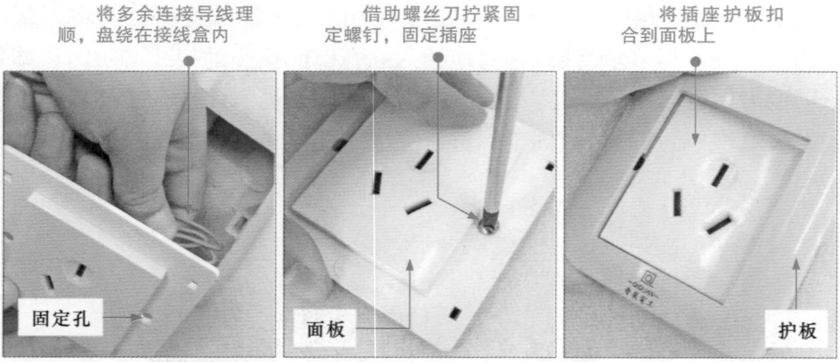

将多余连接导线理顺，盘绕在接线盒内
借助螺丝刀拧紧固定螺钉，固定插座
将插座护板扣合到面板上
固定孔
面板
护板

图 12-5　三孔电源插座的固定与护板的安装

12.1.2　五孔电源插座的安装接线

五孔电源插座实际是两孔电源插座和三孔电源插座的组合，面板上面为平行设置的两个孔，用于为采用两孔插头电源线的电气设备供电；下面为一个三孔电源插座，用于为采用三孔插头电源线的电气设备供电。

在动手安装组合插座之前，首先要了解组合插座的连接方式，如图 12-6 所示。

电源供电预留零线
电源供电预留地线
市电插座接线盒
地线接线端子(E)
五孔电源插座背部接线端子
相线接线端子(L)
电源供电预留相线
零线接线端子(N)

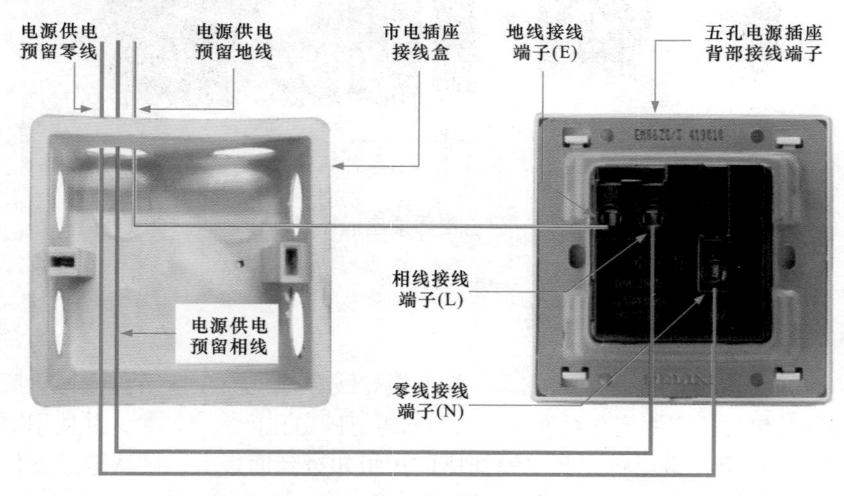

图 12-6　五孔电源插座的特点和接线关系

提示

目前，五孔电源插座面板侧为五个插孔，但背面接线端子侧多为三个插孔，这是因为大多电源插座生产厂家在生产时已经将五个插座进行相应连接，即两孔中的零线与三孔的零线连接，两孔的相线与三孔的相线连接，只引出三个接线端子即可，以方便连接，如图 12-7 所示。

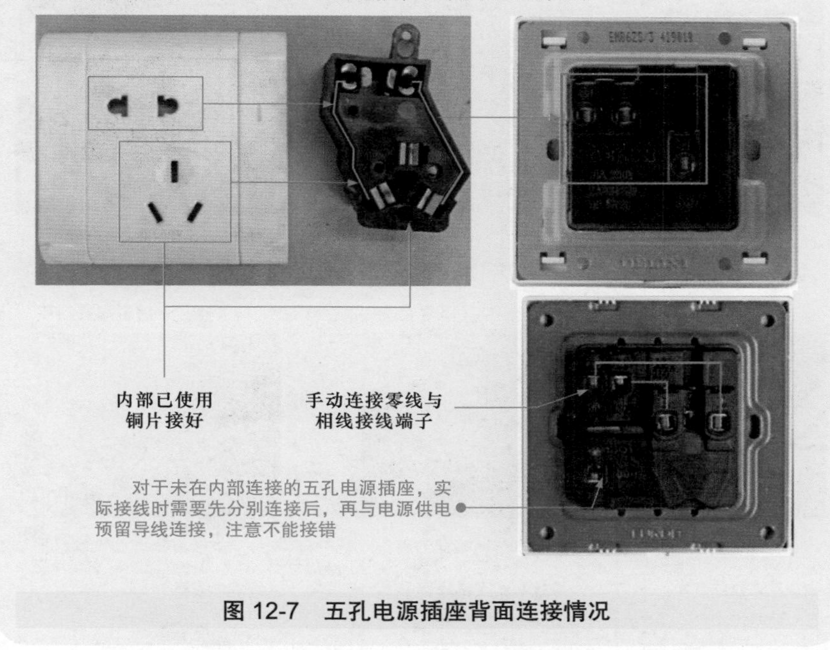

图 12-7　五孔电源插座背面连接情况

了解了五孔电源插座的安装方式后，接下来需要进行接线和固定操作。

1　接线

对五孔电源插座接线时，先区分五孔电源插座接线端子的类型，在断电状态下将电源供电预留相线、零线、地线连接到五孔电源插座相应标识的接线端子（L、N、E）内，并用螺丝刀拧紧固定螺钉，如图 12-8 所示。

2　固定

将五孔电源插座固定到预留接线盒上。先将接线盒内的导线整理后盘入盒内，然后用固定螺钉紧固电源插座面板，扣好挡片或护板后，安装完成，如图 12-9 所示。

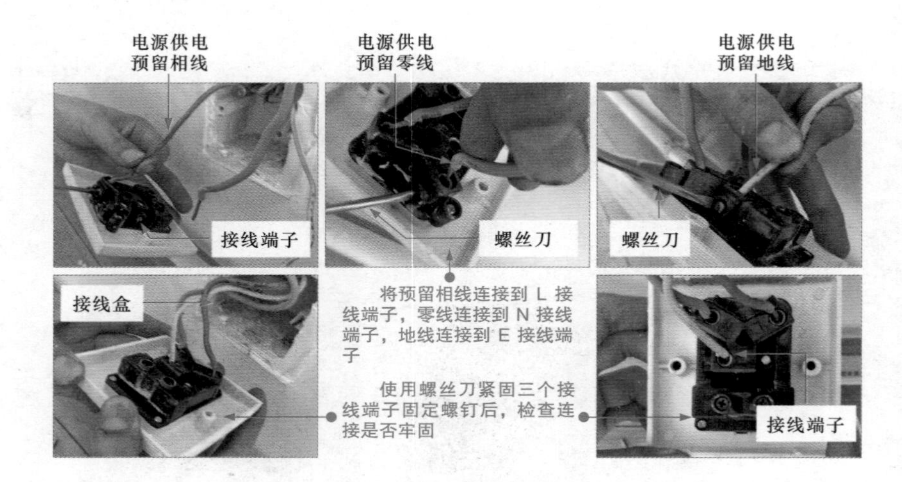

图 12-8　五孔电源插座的接线

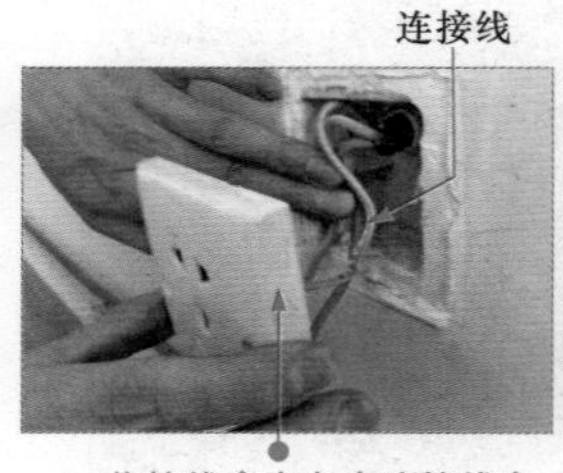

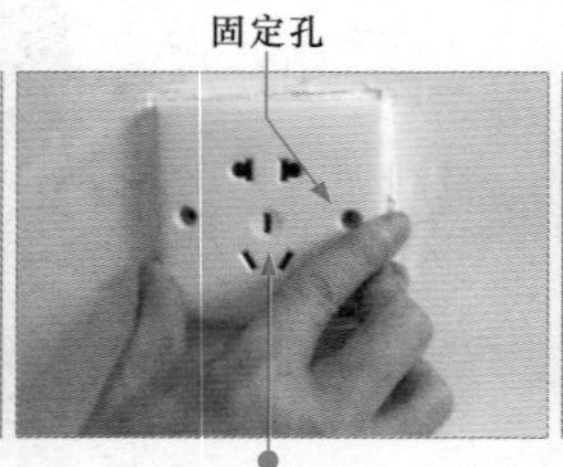

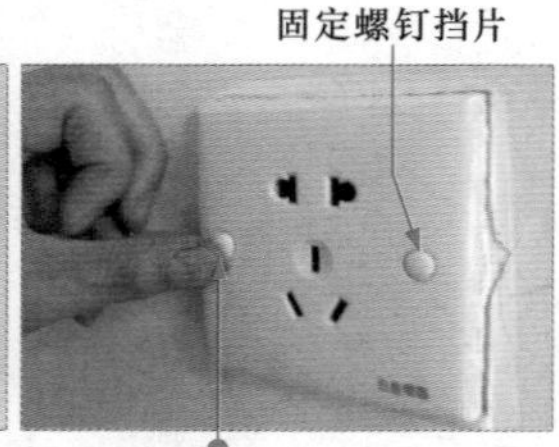

将接线盒内多余连接线盘绕在线盒内，然后将五孔电源插座推入接线盒中

借助螺丝刀将固定螺钉拧入插座固定孔内，使插座与接线盒固定牢固

安装好插座固定螺钉挡片（有些为护板防护需安装护板），安装即完成

图 12-9　五孔电源插座的固定

12.2 通信插座的安装接线

12.2.1 网络插座的安装接线

网络插座是网络通信系统与用户计算机连接的主要端口，安装前应先了解室内网络插座的具体连接方式，然后再根据连接方式进行安装操作，如图 12-10 所示。

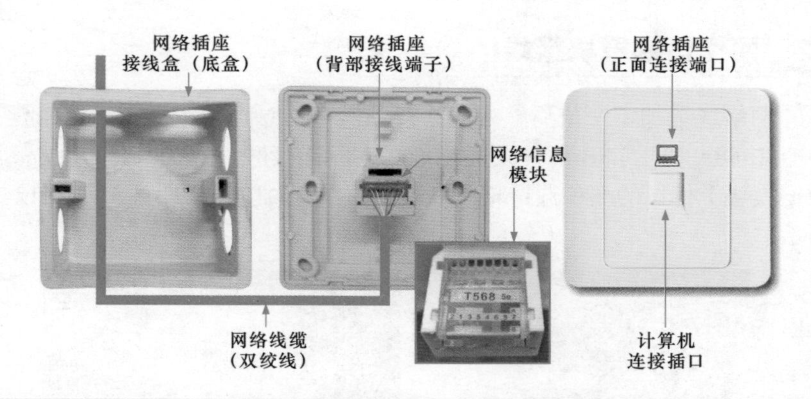

图 12-10　网络插座的安装示意图

以常见的普通网络插座为例，网络插座的安装操作可分为网络线缆的加工处理、网络信息模块接线、插座安装固定三个环节。

1 线缆的加工处理

安装网络插座需要将户外引入的网络线缆与插座上的网络信息模块连接。接线前，需要先将网络线缆加工处理，以常见的双绞线为例，如图 12-11 所示。

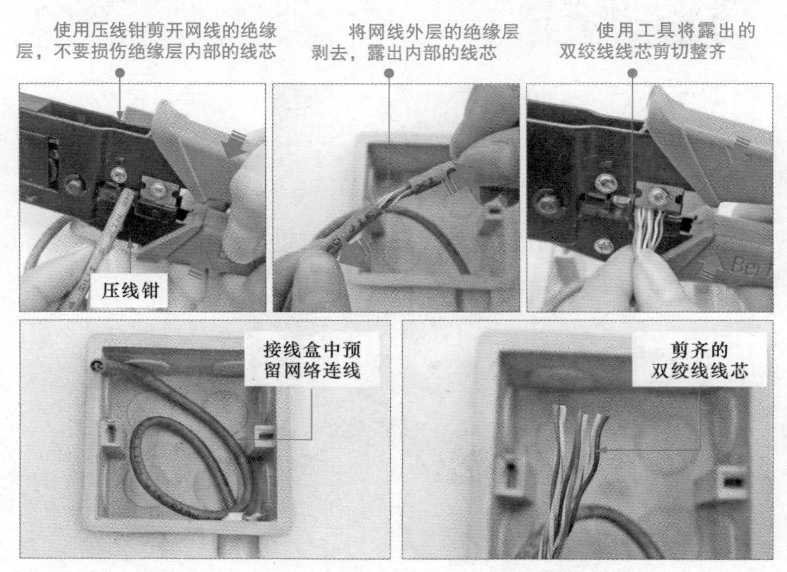

图 12-11　线缆的加工处理

2　网络信息模块接线

网络线缆加工完成后，将其连接到网络信息模块中。网络信息模块中有 T568A 和 T568B 两种线序标准，实际连接时，选择其中一种标准，根据模块上标识的颜色选择相应双绞线的颜色对应插接即可，如图 12-12 所示。

根据插座的样式选择网络插座，采用压线式安装方式

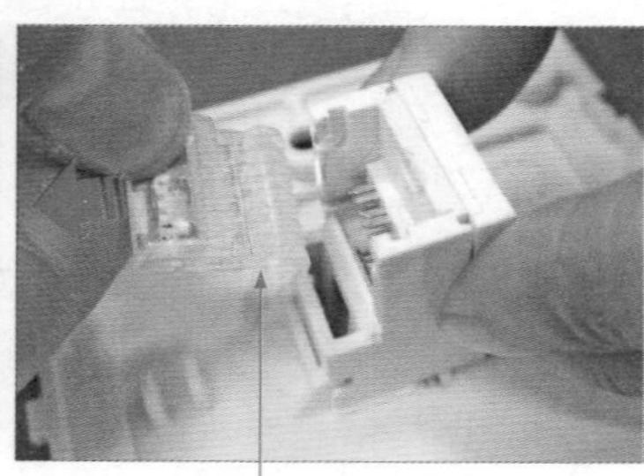

用手轻轻取下压线式网络插座内信息模块的压线板，确定网络插座的线序标准

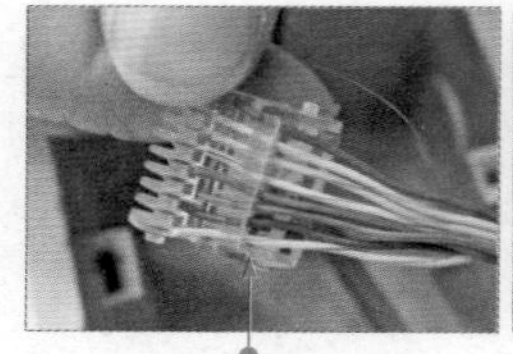

根据信息模块上标识的颜色将双绞线相应颜色的线芯依次插入压线板中

将穿好网线的压线板插回到插座内的网络信息模块上

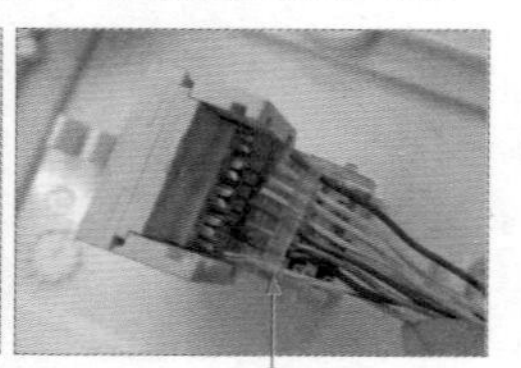

插入的网络线缆应对准信息模块上的接线针脚

图 12-12　网络线缆与网络信息模块的连接

接下来，将双绞线压线板压紧到网络信息模块中，完成网络信息模块的接线，如图 12-13 所示。

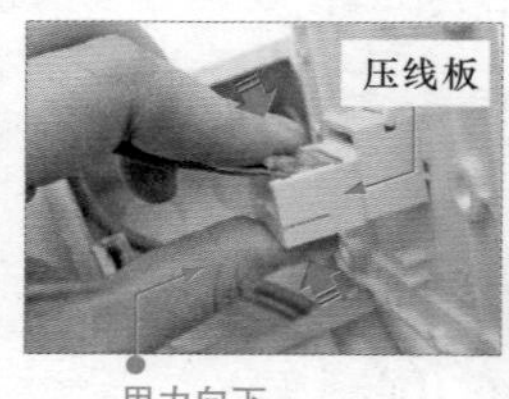

用力向下按压压线板

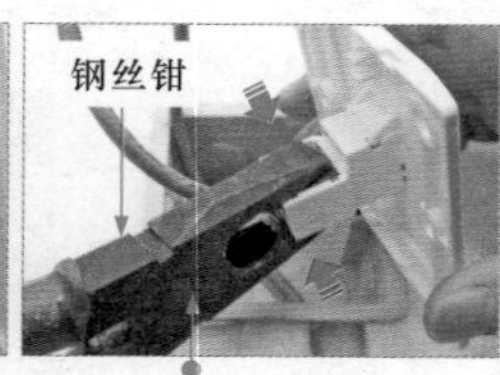

按压压线板时，可借助钳子操作

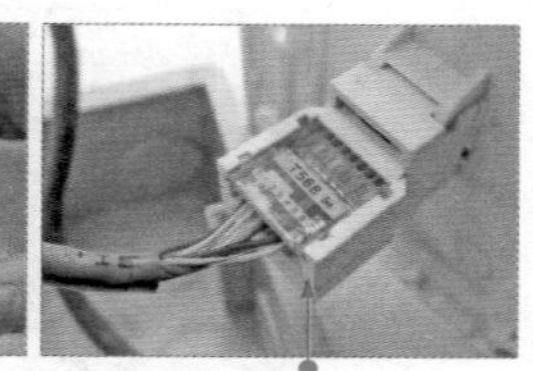

检查压装好的压线板，确保接线及压接正常

图 12-13　网络信息模块的接线操作

提示

目前常见网络传输线（双绞线）的排列顺序主要分为两种，即 T568A 与 T568B，安装时可根据这两种网络传输线的排列顺序进行排列。需要注意的是，若网络信息模块选用 T568A 线序标准，则对应网线水晶头制作也应采用 T568A 线序标准，如图 12-14 所示。

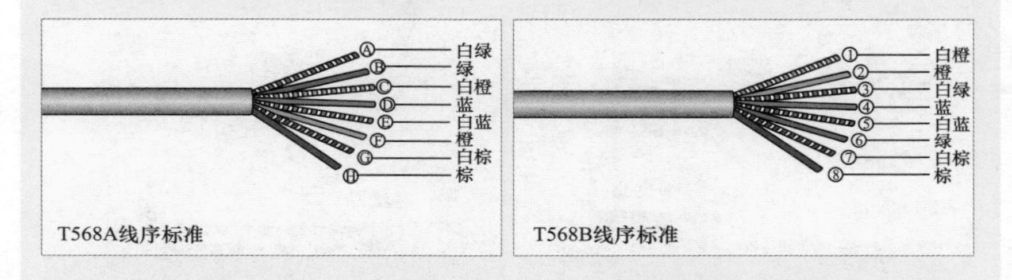

图 12-14　线序标准

另外需要注意的是，在实际连接网络信息模块时，网络信息模块接线处标识的颜色可能与图 12-14 中的 T568A 和 T568B 均不符，主要是因为生产厂家已将信息模块内部线序做了调整，在实际操作时，按照实际网络信息模块上标识的颜色对应连接即可。当制作网络插座与计算机之间的网线水晶头时，须严格按照图 12–14 中线序标准排列，如图 12-15 所示。

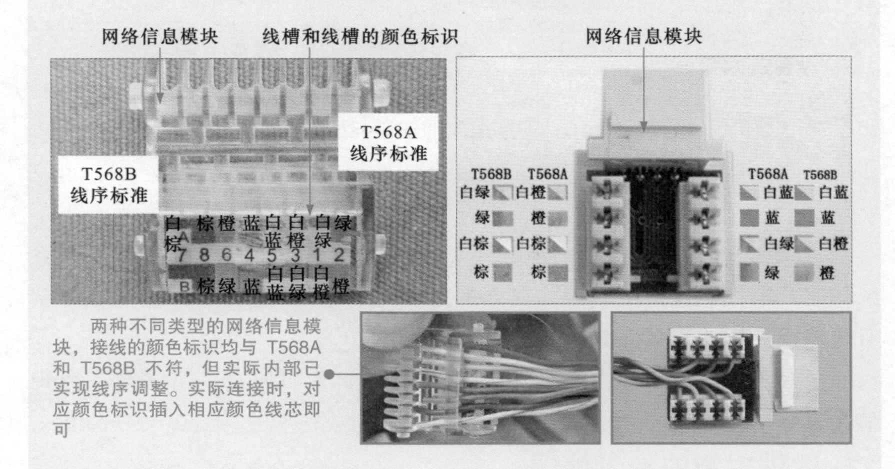

图 12-15　线序标准排列

3 插座安装固定

当网络信息模块接线完成后，将网络插座固定到接线盒上，借助螺丝刀拧紧插座的固定螺钉，最后扣好网络插座的护板，检查网络插座连接、安装牢固稳定后，网络插座的安装操作完成，如图 12-16 所示。

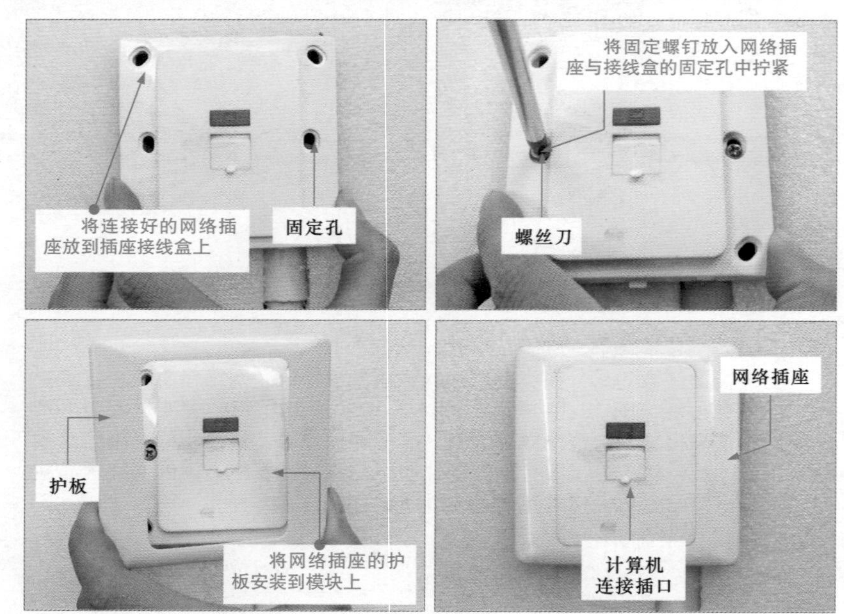

图 12-16　网络插座的安装与固定操作

12.2.2　有线电视插座的安装接线

在家装电工中，有线电视插座（用户终端接线模块）是有线电视系统与用户电视机连接的端口。在动手安装有线电视插座之前，首先要了解有线电视插座的连接方式，如图 12-17 所示。

了解有线电视插座的安装位置及接线后，便可以动手安装有线电视插座了。

1 同轴电缆的加工处理

安装有线电视插座需要将户外引入的同轴电缆与插座接线端子连接，接线前，需要先将同轴电缆加工处理，露出线芯部分，为接线操作做好准备，如图 12-18 所示。

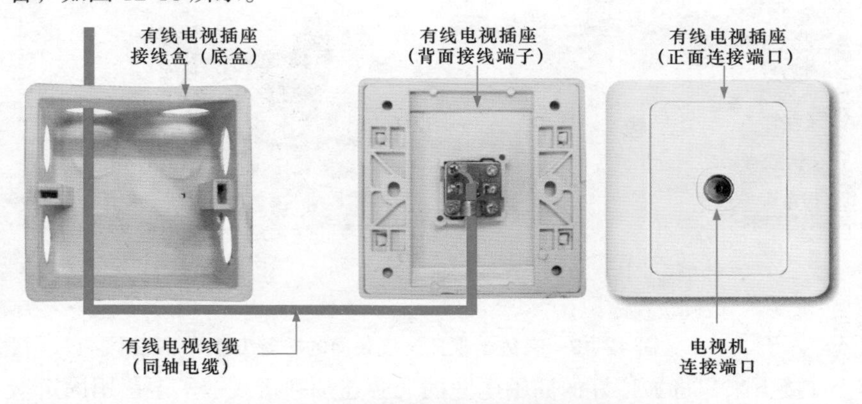

图 12-17　有线电视插座的特点和接线关系

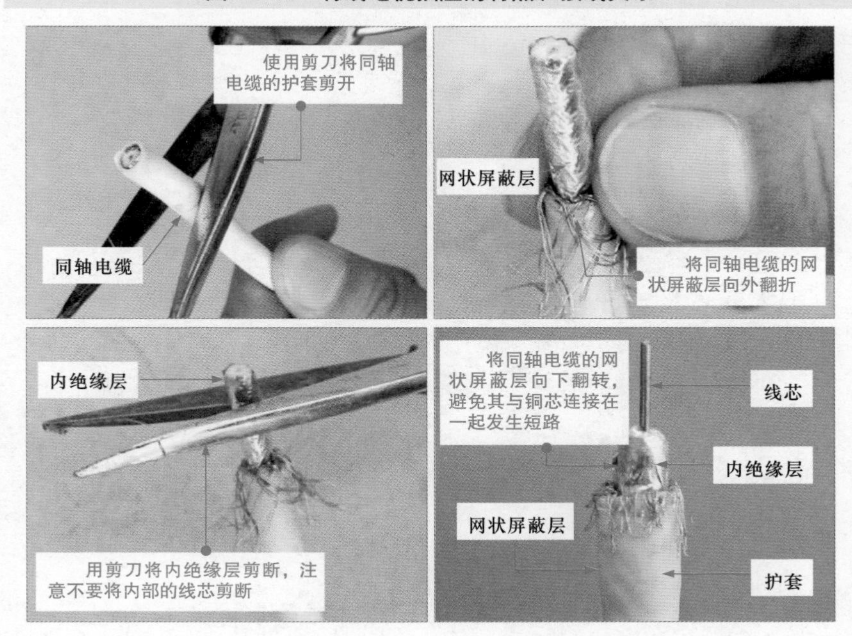

图 12-18　同轴电缆的加工处理操作

2　有线电视插座接线

在进行有线电视插座接线前，先将有线电视插座的护板取下，拧松接线端子固定螺钉，为接线做好准备，如图 12-19 所示。

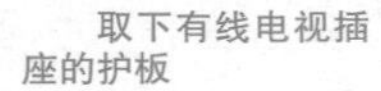

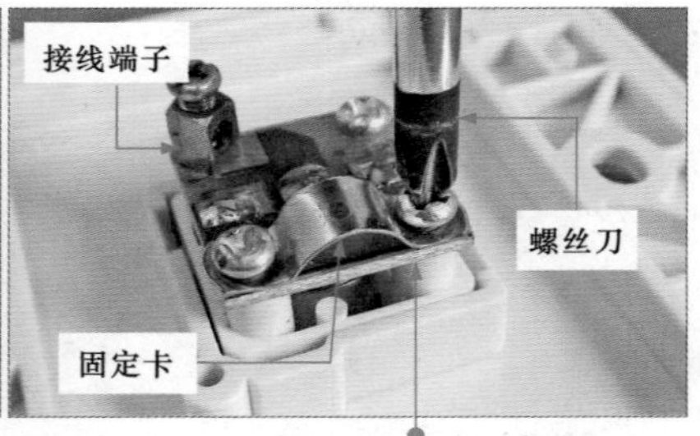

图 12-19　有线电视插座接线前的准备工作

接下来，将加工好的同轴电缆的线芯连接到接线端子上，用固定卡卡紧同轴电缆护套部分，拧紧固定螺钉即可完成有线电视插座的接线，如图 12-20 所示。

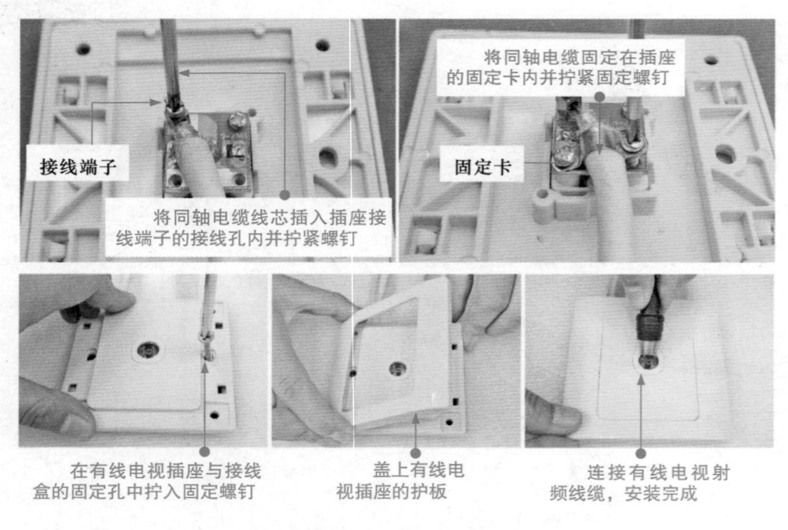

图 12-20　有线电视插座接线操作

提示

有线电视插座及其连接线路属于弱电线路，该插座及线路须与强电（市电供电线路）插座保持一定距离，以避免强电干扰，影响信号质量。

12.2.3 电话插座的安装接线

电话插座是电话通信系统与用户电话机连接的端口。入户线盒及分线盒安装完成后，还需要在用户墙体上预留的接线盒处安装电话插座。在安装电话插座之前，首先需要了解电话插座的连接方式，如图 12-21 所示。

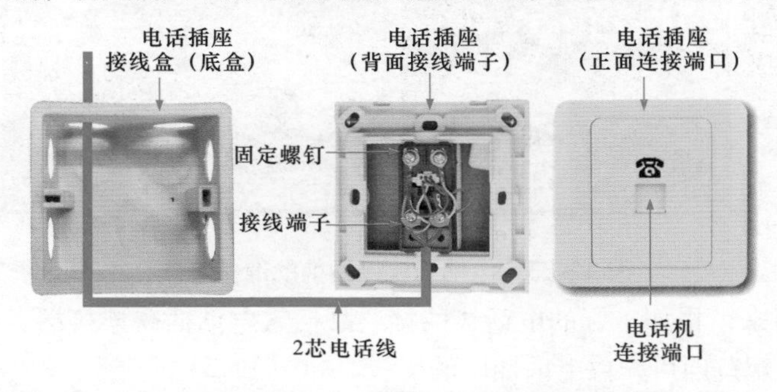

图 12-21 电话插座的安装示意图

1 电话线的加工处理

安装电话插座需要将户外引入的电话线与插座接线端子连接，接线前需要先将电话线的线端剥除绝缘层，并安装接线耳，为接线操作做好准备，如图 12-22 所示。

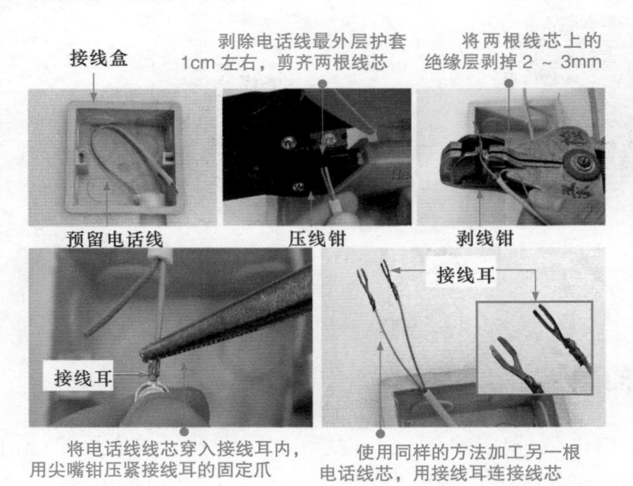

图 12-22 电话线的加工处理操作

2 电话插座接线

在进行电话插座接线前，先将电话插座的护板取下，从安装槽中取出配套的固定螺钉，为接线做好准备，如图 12-23 所示。

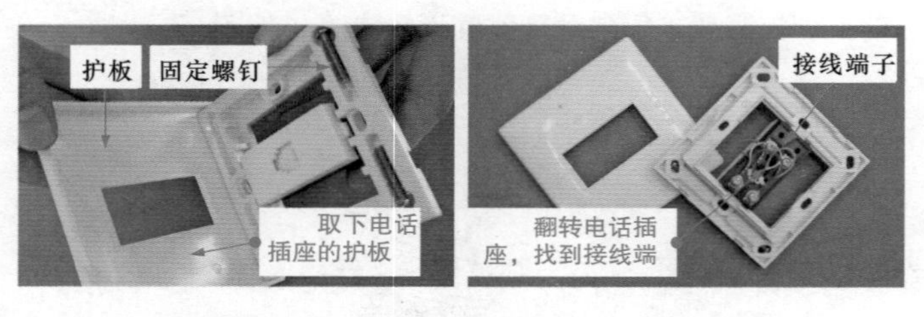

图 12-23 电话插座接线前的准备工作

接下来，将加工好的电话线的接线耳插入电话插座连接端子垫片下，拧紧固定螺钉即可完成电话插座的接线，如图 12-24 所示。

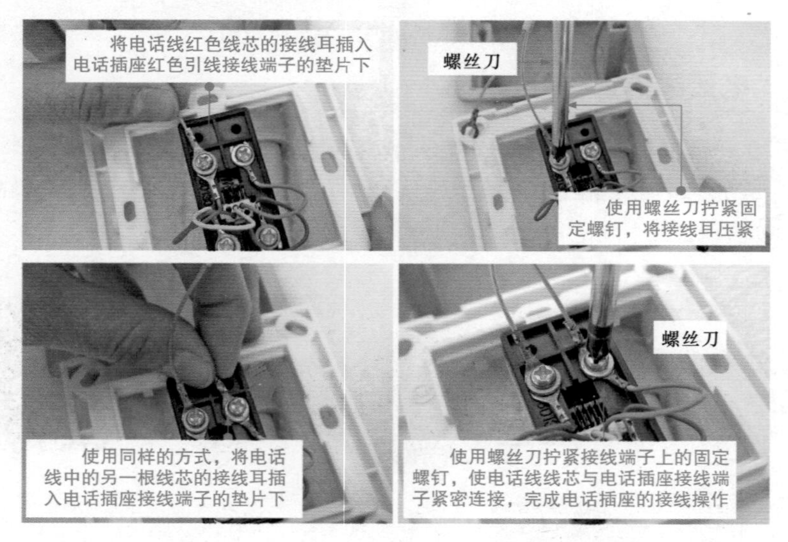

图 12-24 电话插座的接线操作

3 电话插座的固定

接线完成后，将电话插座固定孔对准接线盒固定孔，拧入固定螺钉，使电话插座面板与接线盒固定，然后扣好护板，接入电话机的电话线，电话插座安装完成，如图 12-25 所示。

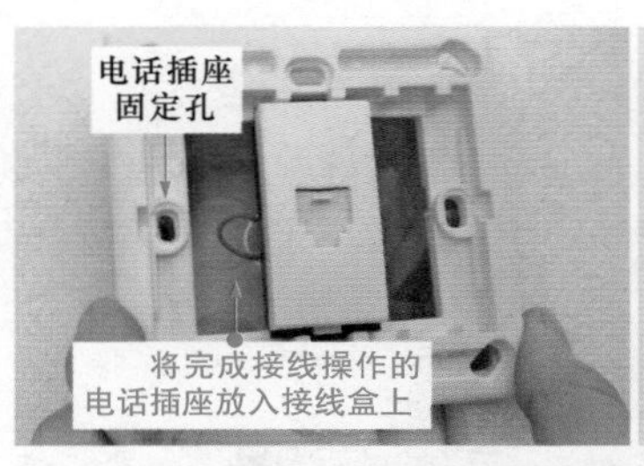

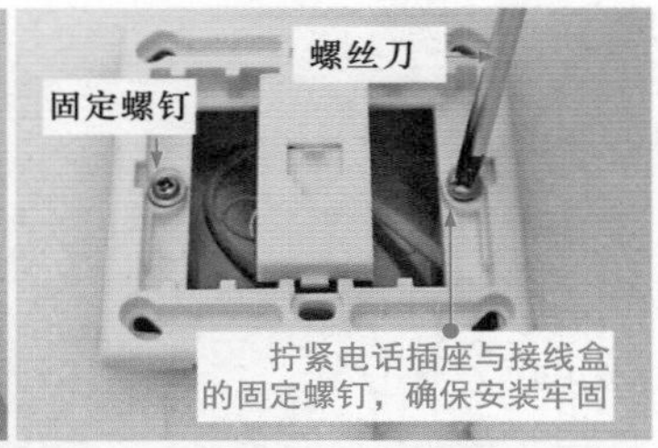

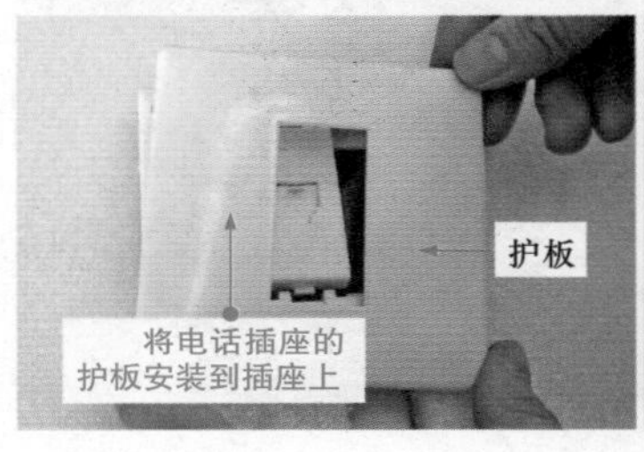

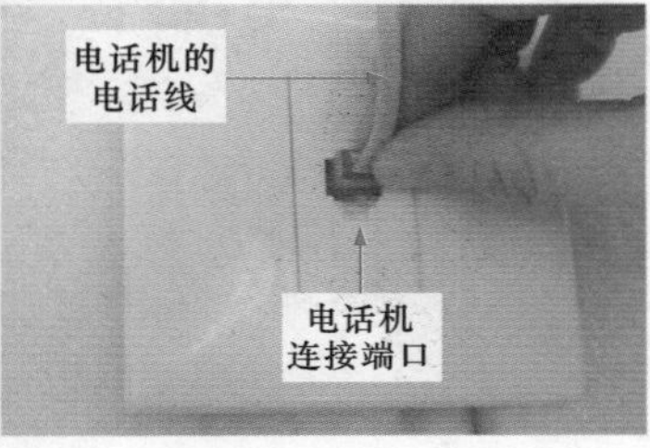

图 12-25　电话插座的固定操作

12.3 电动机的安装接线

12.3.1 电动机的安装

电动机的安装主要涉及零部件的安装、基座的安装、联轴器或皮带轮的安装，且在电动机安装完成后，还需要对电动机进行调试，以确保电动机安装正常。

图 12-26 为三相异步电动机的结构。在安装前，先检查各零部件是否完好，如电动机转子上的两个轴承转动是否灵活、有无破损。

图 12-26　三相异步电动机的结构

1 前后端盖的安装

（1）将后端盖安装到转子上　电动机各零部件检查完成后，在轴承上补充润滑油。接下来将转子和定子绕组擦拭干净，将后端盖安装到轴承上，并用锤子敲打端盖，如图 12-27 所示。敲打端盖时要均匀用力，切不可只在固定位置敲打。

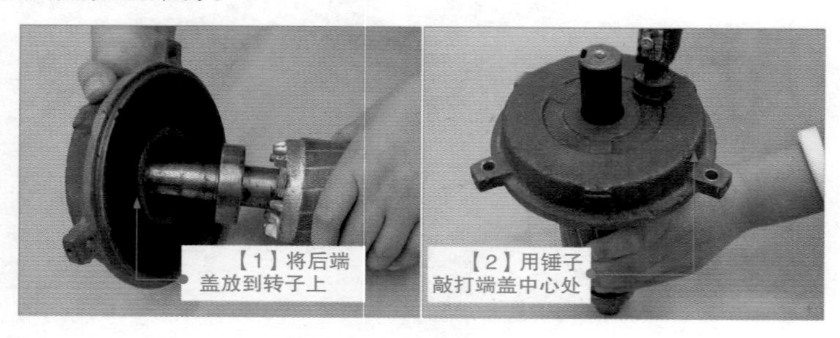

图 12-27　将后端盖安装到转子上

提示

轴承内盖和风扇内盖的润滑油不要补充过多或过少，一般加到轴承盖的 1/3 ~ 1/2。

（2）将后端盖和转子装入定子绕组内　将组装好的后端盖和转子装入定子绕组内，如图 12-28 所示。

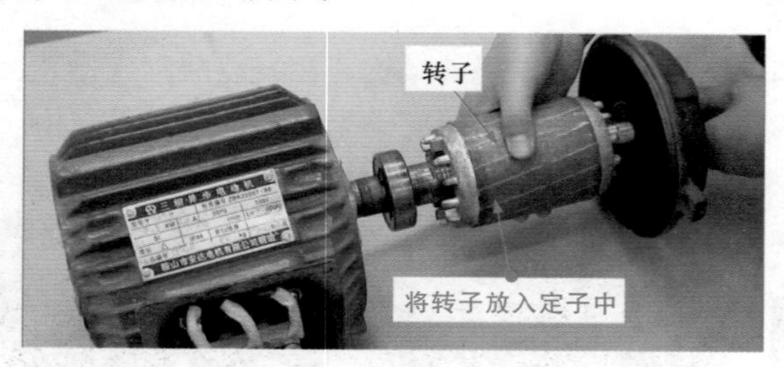

图 12-28　将后端盖和转子装入定子绕组内

（3）安装后端盖　后端盖和转子放置完成后，用锤子沿圆周敲打端盖轴承部位。端盖部分进入定子后，对好固定螺钉孔位置，将螺钉装入端盖固定孔中，并用扳手拧紧螺钉，如图 12-29 所示。

图 12-29　安装后端盖

（4）安装前端盖　将轴伸端从前端盖孔中穿出，将前端盖与轴承对位，然后用锤子沿圆周形敲打端盖，待端盖部分进入定子后，对好端盖固定螺栓孔与定子上螺栓孔的位置。将螺钉装入端盖固定孔中，并用扳手紧固。图 12-3 为安装电动机前端盖。

图 12-30　安装前端盖

2　风扇的安装

（1）安装风扇　首先将风扇中心的卡扣与电动机轴伸端的凹槽对应，风扇卡扣与轴伸端凹槽对应完成后，用锤子轻轻敲打风扇中心位置，如图 12-31 所示。用铁锤敲打风扇时，可垫一块木板，防止损坏风扇。

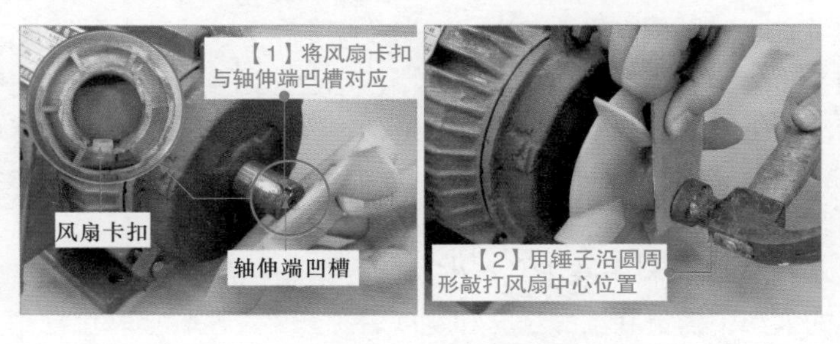

图 12-31　安装风扇

（2）安装弹簧片　接下来需要安装风扇弹簧片，它是用来防止风扇旋转时脱落的。先将弹簧片放置在轴伸端的卡槽内，然后用螺丝刀插入轴伸端卡槽中，轻轻撬动螺丝刀，如图 12-32 所示。

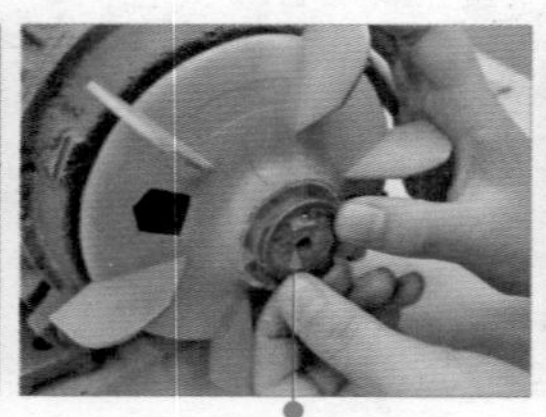

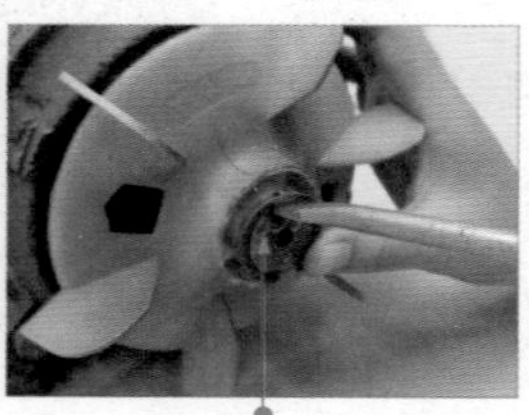

图 12-32　安装弹簧片

（3）安装风扇罩　弹簧片安装完成后，将风扇罩安装到风扇上，并用螺丝刀固定好螺钉，如图 12-33 所示。

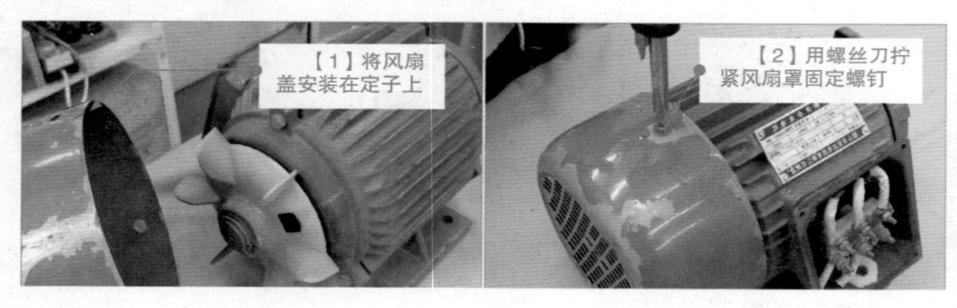

图 12-33　安装风扇罩

3　基座的安装

电动机重量大，工作时会产生振动，因此电动机不能直接放置于地面上，应安装固定在混凝土基座或金属支架上。

（1）确定基座尺寸　图 12-34 为固定式基座的尺寸。固定式基座一般采用混凝土制成，基座高于地面 100 ~ 150mm，长、宽尺寸要比电动机长、宽多 100 ~ 150mm；基座深度一般为地脚螺栓长度的 1.5 ~ 2 倍，以保证地脚螺栓有足够的抗震强度。

（2）挖基坑并制作基座　首先确定好电动机的安装位置，然后根据电动机的大小，确定基坑的长度和宽度后，开始挖基坑。基坑挖到足够深度后，使用工具夯实坑底，以防止基座下沉。接下来在坑底铺一层石子，用水淋透并夯实，然后注入混凝土，同时把地脚螺栓埋入平台中，操作步骤如图 12-35 所示。

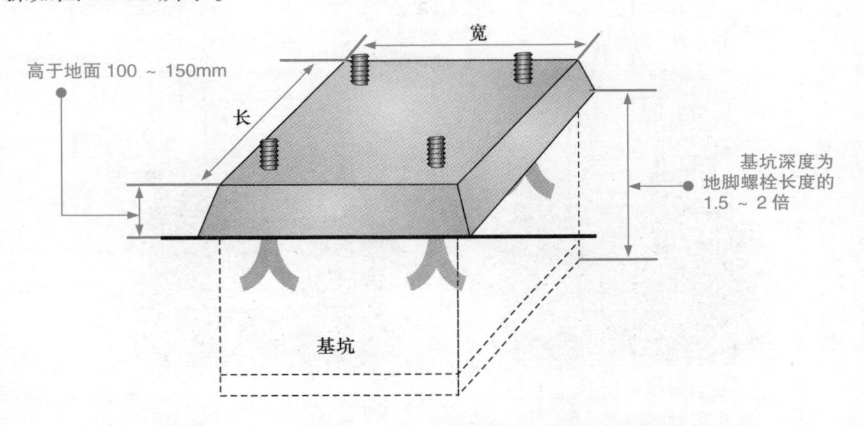

图 12-34　确定基座尺寸

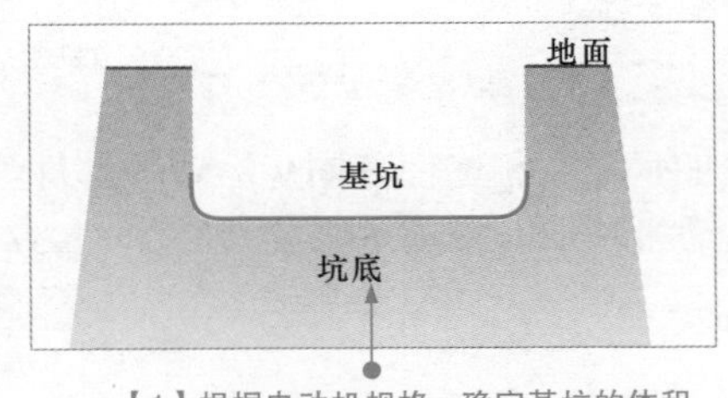

【1】根据电动机规格，确定基坑的体积，使用工具挖好基坑并夯实坑底

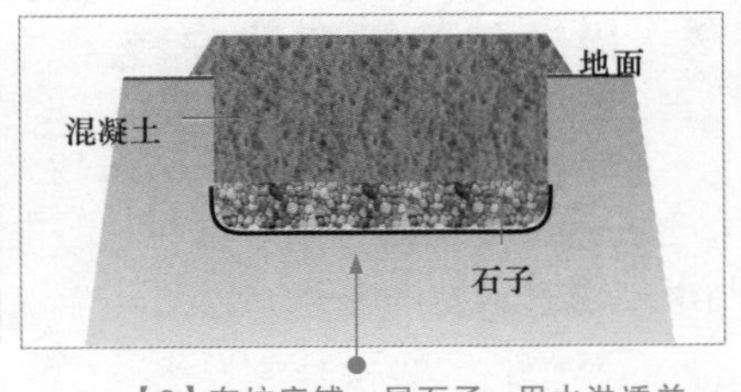

【2】在坑底铺一层石子，用水淋透并夯实，然后注入混凝土

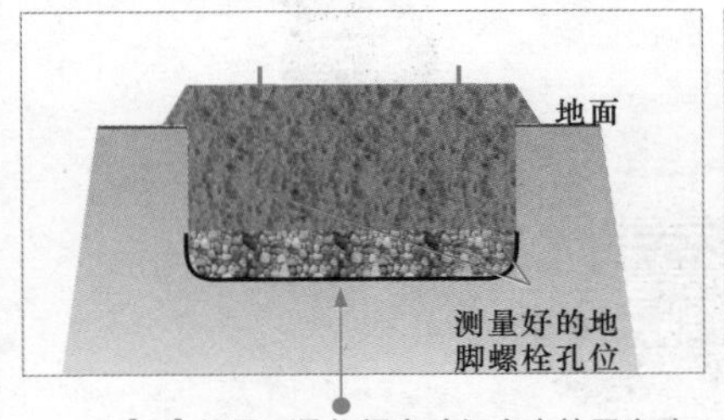

【3】使用工具根据电动机底座的固定孔，在浇注的混凝土基座上进行钻孔

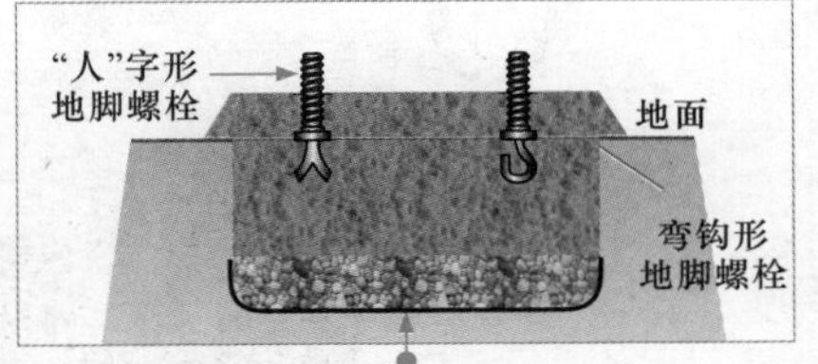

【4】将埋入基座一端的地脚螺栓制成“人”字形或弯钩形。待基座混凝土完全干燥后，把螺栓埋入孔洞中。地脚螺栓可采用预埋的方法，也可采用后置钻孔插入金属胀管的方式

图 12-35　制作电动机的基座

（4）安装电动机　将电动机水平放置在基座上，并将与地脚螺栓配套的固定螺母拧紧即可，如图 12-36 所示。

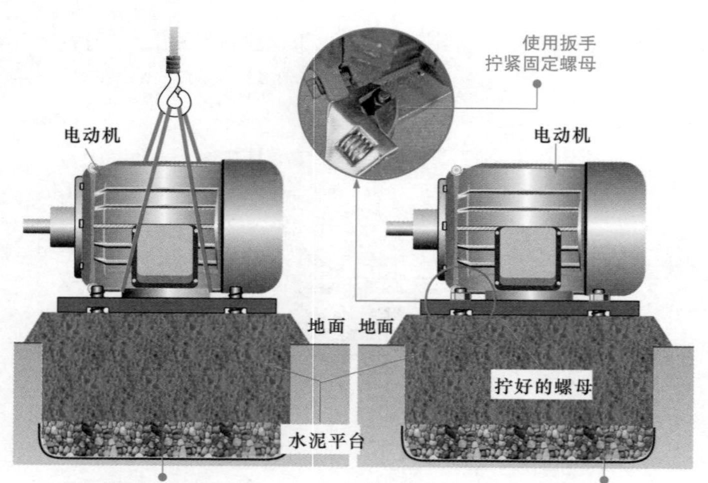

图 12-36 安装电动机

4 电动机联轴器的安装

联轴器是电动机与被驱动机构（如水泵）相连使其同步运转的部件。电动机通过联轴器与水泵轴相连，电动机转动时带动水泵旋转。图 12-37 为电动机联轴器的安装示意图。

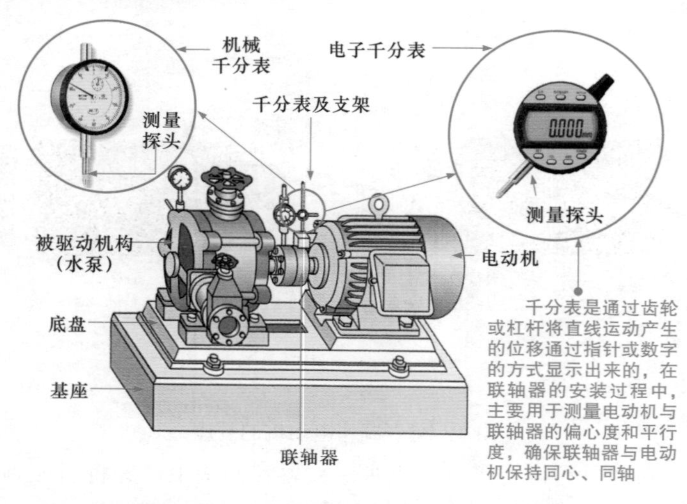

图 12-37 电动机联轴器的安装示意图

联轴器是由两个法兰盘构成的，一个法兰盘与电动机轴固定，另一个法兰盘与水泵轴固定。将电动机与水泵轴调整到轴线位于一条直线后，再将两个法兰盘用螺栓固定为一体进行动力的传动。图 12-38 为电动机与水泵连接示意图。

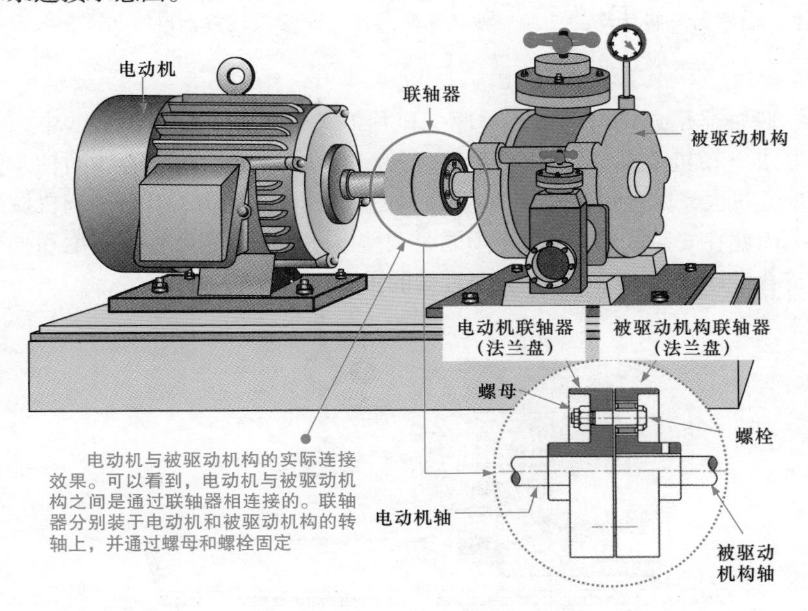

图 12-38　电动机与水泵连接示意图

将联轴器或皮带轮按照槽口放置到电动机转轴上，使用榔头或木槌顺着轴承转动的方向敲打传动部件的中心位置，将联轴器安装到电动机的转轴上，如图 12-39 所示。

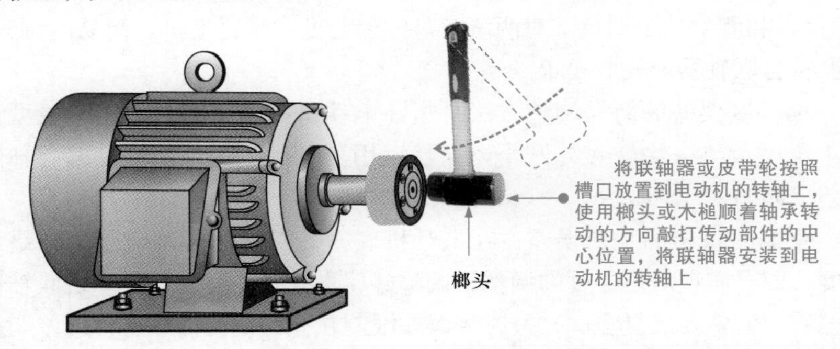

图 12-39　联轴器的安装方法

提示

若敲打位置不对或用力过猛，会损伤电动机转轴，且会导致传动部件与转轴歪斜。大型电动机很难直接用榔头将传动部件敲击安装到电动机转轴上，通常是先将传动部件加热使其膨胀后，迅速套入转轴，再借助榔头敲击入位。

联轴器是连接电动机和被驱动机构的关键机械部件。该结构中，必须要求电动机的轴心与被驱动机构（水泵）的转轴保持同心、同轴。如果偏心过大，则会对电动机或水泵机构造成较大的损害，并会引起机械振动。因此在安装联轴器时，必须同时调整电动机的位置，使偏心度和平行度符合设计要求。图 12-40 为联轴器的正确连接方法。

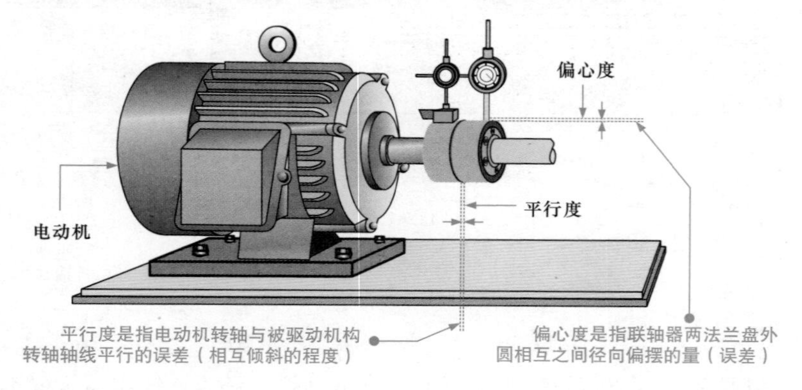

图 12-40 联轴器的正确连接方法

若在安装联轴器过程中没有千分表等精密测量工具，则可通过量规（角尺）和测量板（塞尺）对两法兰盘的偏心度和平行度进行简易的调整，使其符合联轴器的安装要求。

偏心度误差的简易调整方法是指在电动机静止状态下，用平板型量规（角尺）与法兰盘 A 外圆平贴，然后用测量板（塞尺）测量偏心轴向误差，如图 12-41 所示。

根据测量出的径向误差，在电动机底座处对称添加（或减少）垫片厚度，即可实现对偏心度的调整，调整好后再复查。通常，电动机联轴器的偏心度调整要反复多次，最终将误差限制在允许范围内。这种误差调整方法精度不高，仅适用于转速较低的电动机。

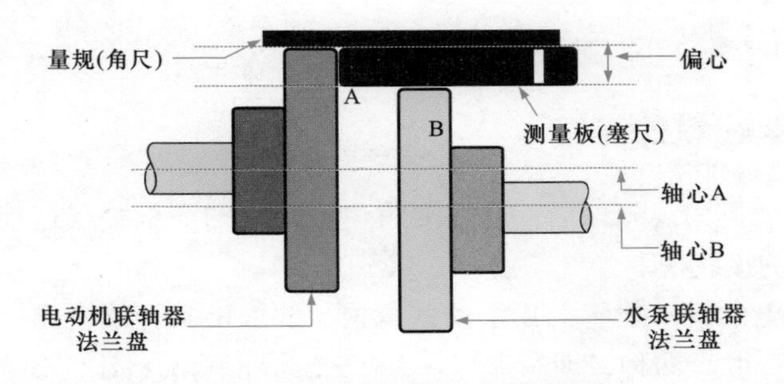

图 12-41　偏心度误差的调整方法

平行度误差的简易调整方法，是指用测量板测量两法兰盘端面之间最大缝隙 b_1 与最小缝隙 b_2 之差，即 $b_1 - b_2$ 的值，如图 12-42 所示。

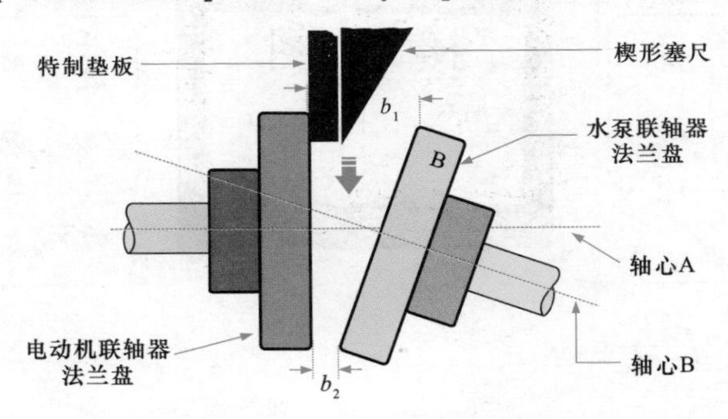

图 12-42　平行度误差的调整方法

进行平行度调整时，可使用特制垫板和楔形塞尺配合测量倾斜误差，同时根据测量结果对电动机联轴器的平行度进行微调，使误差在允许的范围内。

提示

电动机安装后，还应检查安装后的项目，从而确保安装后的电动机能正常运行。

1）电动机安装检查合格后，空载试运行，运行时间一般为 2h，运行期间记录电动机的空载电流。

2）检查电动机的旋转方向是否符合设计要求。

3）检查电动机的温度（无过热现象）、轴承温升（滑动轴承温升不应超过 55℃，滚动轴承温升不应超过 65℃）及声音是否正常（无杂音）。

4）检查电动机的振动情况，应符合规范要求。

12.3.2 电动机的接线

1 供电线缆的连接

将电动机固定好以后，就需要将供电线缆的三根相线连接到三相异步电动机的接线柱上。

普通电动机一般将三相端子共六根导线引出到接线盒内。电动机的接线方法一般有两种，即星形（Y）和三角形（△）接法。如图 12-43 所示，将三相异步电动机的接线盖打开，在接线盖内侧标有该电动机的接线方式。

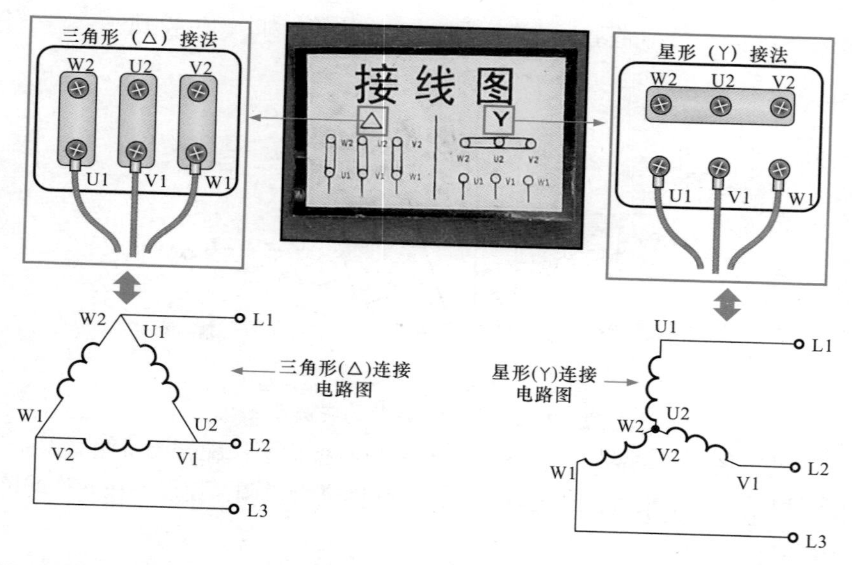

图 12-43 电动机的接线方式

提示

关于小型电动机的有关标准中规定，3kW 以下的单相电动机，其接线方式为三角形（△）接法，而三相电动机，其接线方式为星形（Y）接法；3kW 以上的电动机所接电压为 380V 时，接线方式为三角形（△）接法。

（1）拆下接线盖　使用螺丝刀将接线盒盖上的四颗固定螺钉拧下，然后取下接线盒盖，可以看到内部的接线柱，如图 12-44 所示。

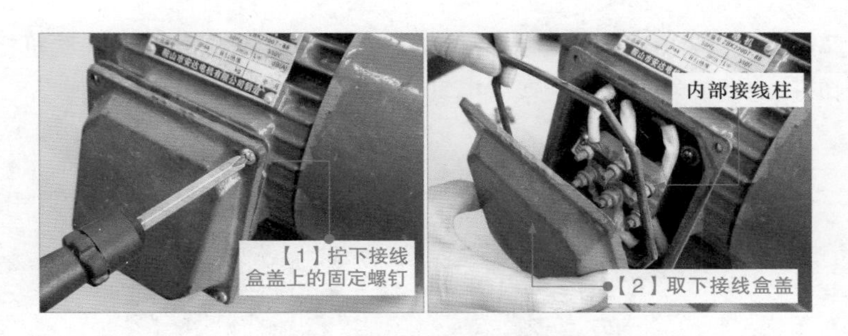

图 12-44　拆下接线盖

（2）查看连接方式　打开三相异步电动机接线盒盖后，对照电动机的接线图可确定该电动机采用的是星形（Y）接线方式，如图 12-45 所示。

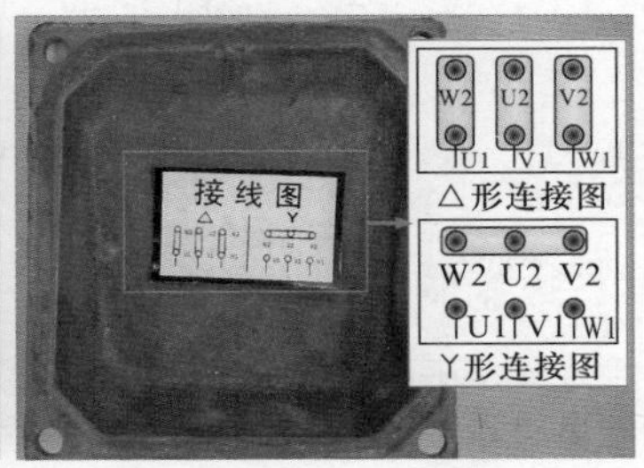

图 12-45　查看连接方式

（3）连接线缆　根据星形（Y）接线方式，将三根相线（L1、L2、L3）分别与接线柱（U1、V1、W1）进行连接，如图 12-46 所示。将线缆内的铜芯缠绕在接线柱上，然后将紧固螺母拧紧。

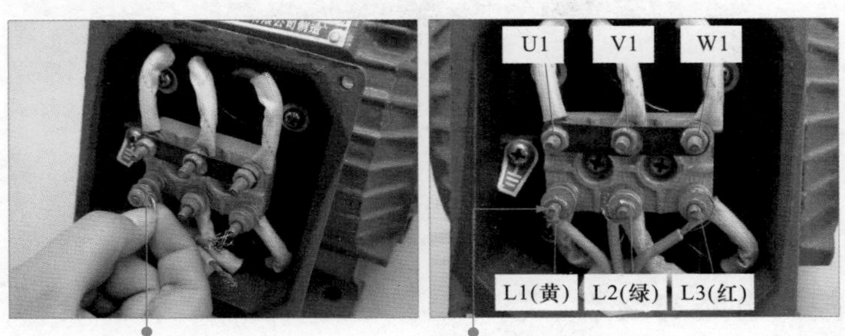

图 12-46　连接线缆

（4）连接接地线　供电线缆连接好后，一定不要忘记在电动机接线盒内的接地端或外壳上，连接导电良好的接地线，如图 12-47 所示。

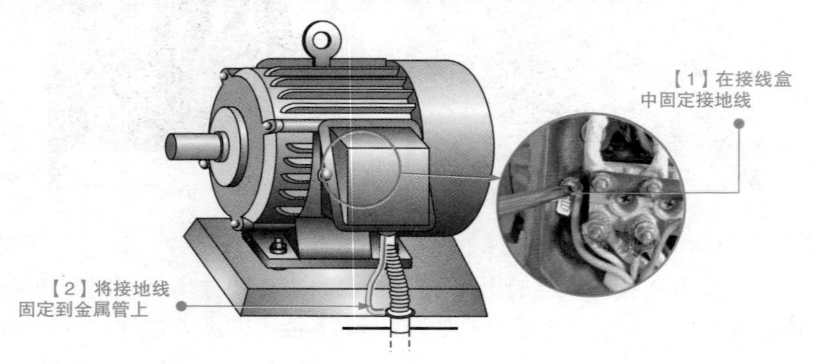

图 12-47　连接接地线

提示

连接接地线是必不可少的操作步骤。没有连接接地线，在电动机运行时，可能会由于电动机外壳带电引发触电事故。除了在接线盒内的接地端子连接地线外，还可以在电动机的固定螺栓处连接地线，所连接的地线统一固定到埋设的金属管上，如图 12-48 所示。

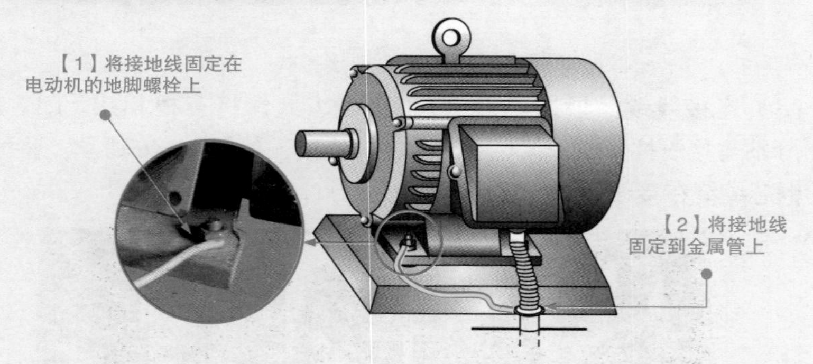

图 12-48　无接地端子的连接方式

2　控制电路的连接

将三相异步电动机与机械设备连接完毕后，就要对其控制电路进行连接。对电动机控制电路进行安装前，应选配好所需的控制元器件和导线的规格及数量，并将准备好的元器件安装到控制箱中，然后再进行电路的连接。图 12-49 为控制元器件安装好后的效果图。

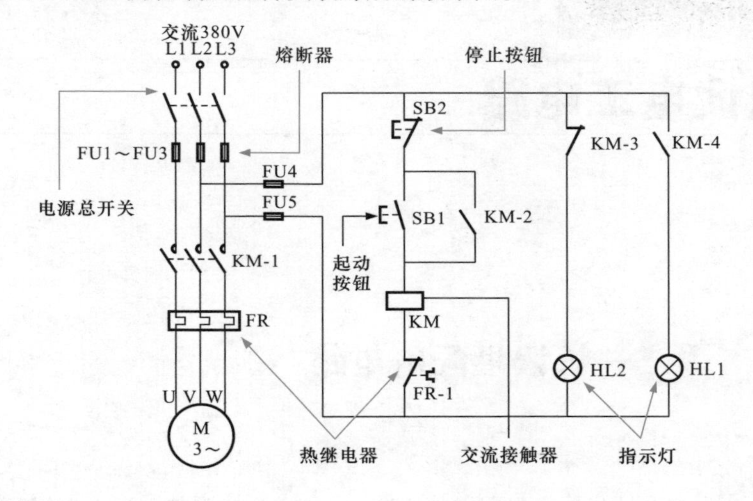

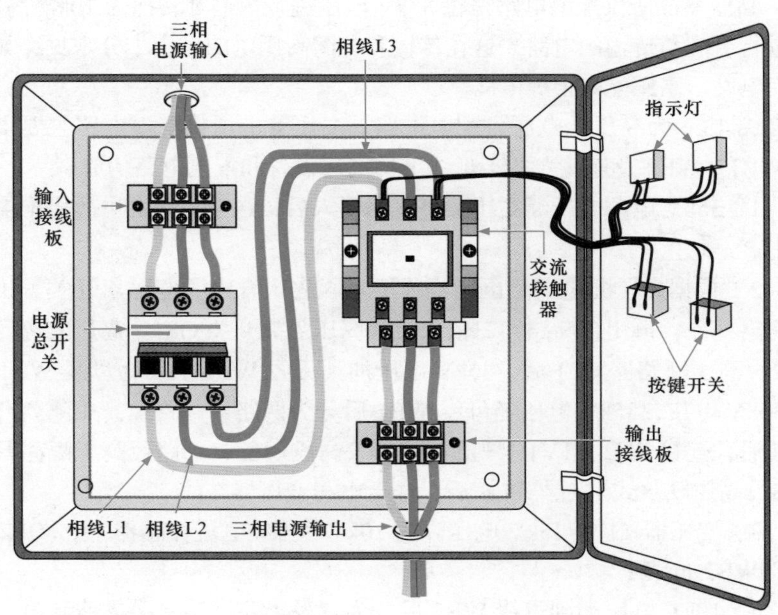

图 12-49　控制元器件安装好后的效果图

第 13 章

识读电工电路

13.1 识读供配电电路

13.1.1 高压变电所供配电电路

高压变电所供配电电路是将 35kV 电压进行传输并转换为 10kV 高压，再进行分配与传输的电路。这在传输和分配高压电的场合十分常见，如高压变电站、高压配电柜等电路。

图 13-1 为高压变电所供配电电路。高压变电所供配电电路主要由母线 WB1、WB2 及连接在两条母线上的高压设备和配电电路构成。

1）35kV 电源电压经高压架空电路引入后，送至高压变电所供配电电路中。

2）根据高压配电电路倒闸操作要求，先闭合电源侧隔离开关、负荷侧隔离开关，再闭合断路器，依次接通高压隔离开关 QS1、高压隔离开关 QS2、高压断路器 QF1 后，35kV 电压加到母线 WB1 上，为母线 WB1 提供 35kV 电压，35kV 电压经母线 WB1 后分为两路。一路经高压隔离开关 QS4 后，连接 FU2、TV1 及避雷器 F1 等高压设备；一路经高压隔离开关 QS3、高压跌落式熔断器 FU1 后，送至电力变压器 T1。

3）变压器 T1 将 35kV 电压降为 10kV，再经电流互感器 TA、QF2 后加到 WB2 母线上。

4）10kV 电压加到母线 WB2 后分为三条支路。第一条支路和第二条支路相同，均经高压隔离开关、高压断路器后送出，并在电路中安装避雷器。第三条支路首先经高压隔离开关 QS7、高压跌落式熔断器 FU3，送至电力变压器 T2 上，经变压器 T2 降压为 0.4kV 后输出。

5）在变压器 T2 前部安装有电压互感器 TV2，由电压互感器测量配电电路中的电压。

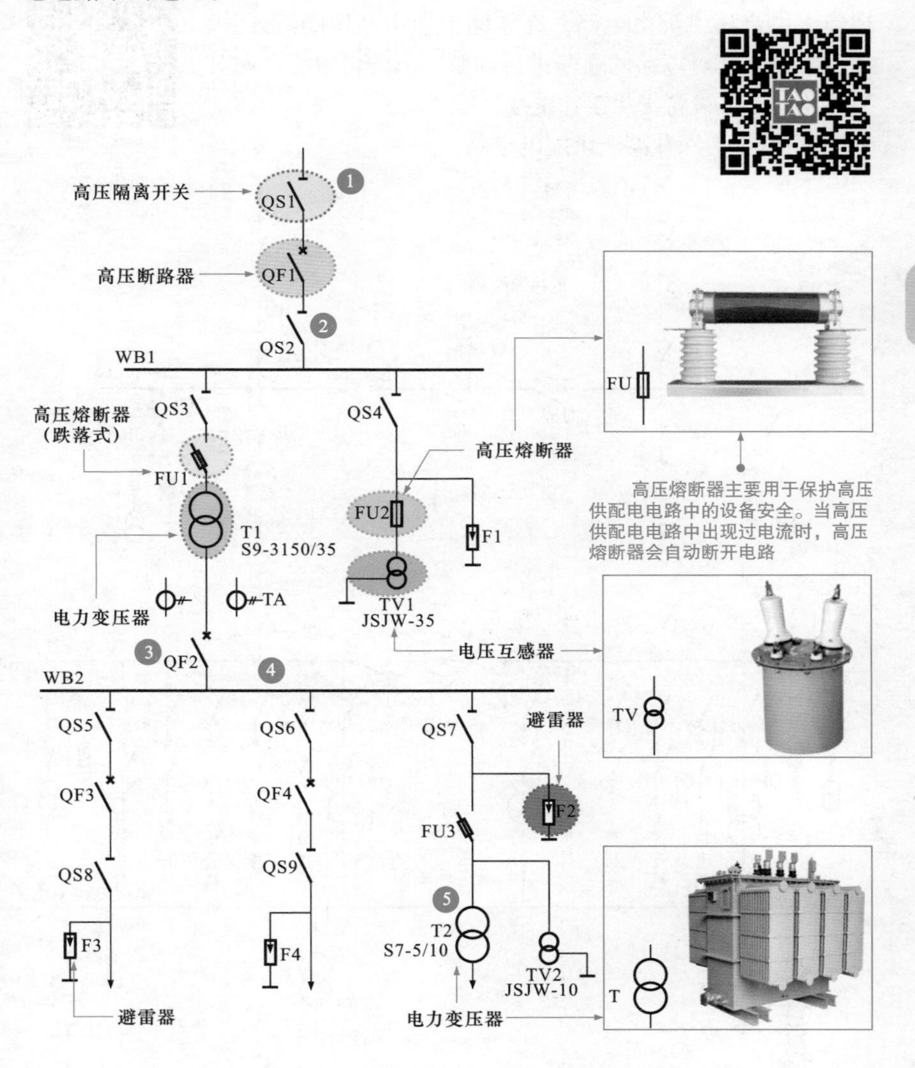

图 13-1 高压变电所供配电电路

13.1.2 深井高压供配电电路

深井高压供配电电路是一种应用在矿井、深井等工作环境下的高压供配电电路，在电路中使用高压隔离开关、高压断路器等对电路的通断进行控制，母线可以将电源分为多路，为各设备提供工作电压。

图 13-2 为深井高压供配电电路。

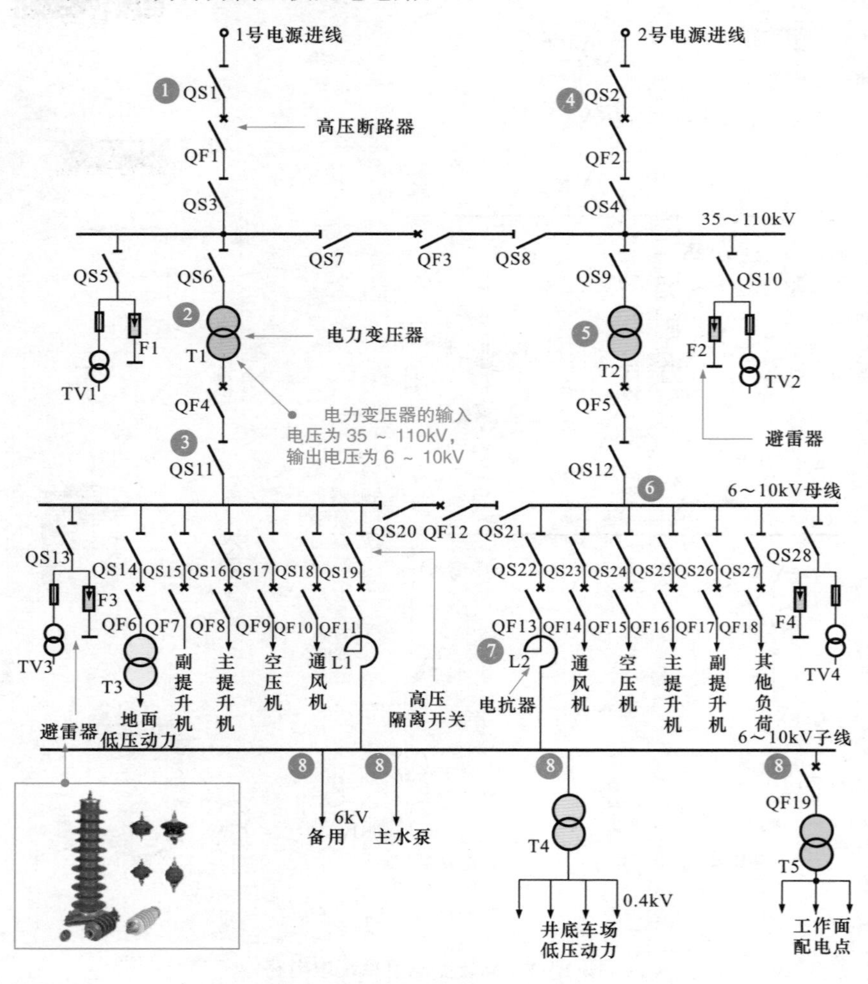

图 13-2　深井高压供配电电路

1）合上 1 号电源进线中的高压隔离开关 QS1、QS3，高压断路器 QF1，高压电送入 35~110kV 母线。

2）合上高压隔离开关 QS6、QS11，闭合高压断路器 QF4，35~110kV 高压送入电力变压器 T1 的输入端。

3）由电力变压器 T1 的输出端输出 6~10kV 的高压，送入 6~10kV 母线中。经母线后分为多路，分别为主 / 副提升机、通风机、空压机、避雷器等设备供电，每路都设有高压隔离开关，便于进行供电控制。还有一路经 QS19、高压断路器 QF11 及电抗器 L1 后送入 6~10kV 子线。

4）合上 2 号电源进线中的高压隔离开关 QS2、QS4，高压断路器 QF2，高压电送入 35~110kV 母线中。

5）合上高压隔离开关 QS9、QS12，再闭合断路器 QF5，35~110kV 高压送入电力变压器 T2 的输入端。

6）由电力变压器 T2 的输出端输出 6~10kV 的高压，送入 6~10kV 母线中，其电源分配方式与 1 号电源进线相同。

7）6~10kV 高压经 QS22、高压断路器 QF13、电抗器 L2 后送入 6~10kV 子线。

8）6~10kV 子线高压分为多路。一路直接为主水泵供电；一路作为备用电源；一路经电力变压器 T4 后变为 0.4kV（380V）低压，为井底车场低压动力设备供电；一路经高压断路器 QF19 和电力变压器 T5 后变为 0.69kV 低压，为开采区低压负荷设备供电。

13.1.3 楼宇低压供配电电路

楼宇低压供配电电路是一种典型的低压供配电电路，一般由高压供配电电路经变压器降压后引入，经小区中的配电柜进行初步分配后，送到各个住宅楼单元中为住户供电，同时为整个楼宇内的公共照明、电梯、水泵等设备供电。

图 13-3 为楼宇低压供配电电路。

1）高压配电电路经电源进线口 WL 后，送入小区低压配电室的电力变压器 T 中。

2）变压器降压后输出 380/220V 电压，经小区内总断路器 QF2 后送到母线 W1 上。

3）经母线 W1 后分为多个支路，每个支路可作为一个单独的低压供电电路使用。

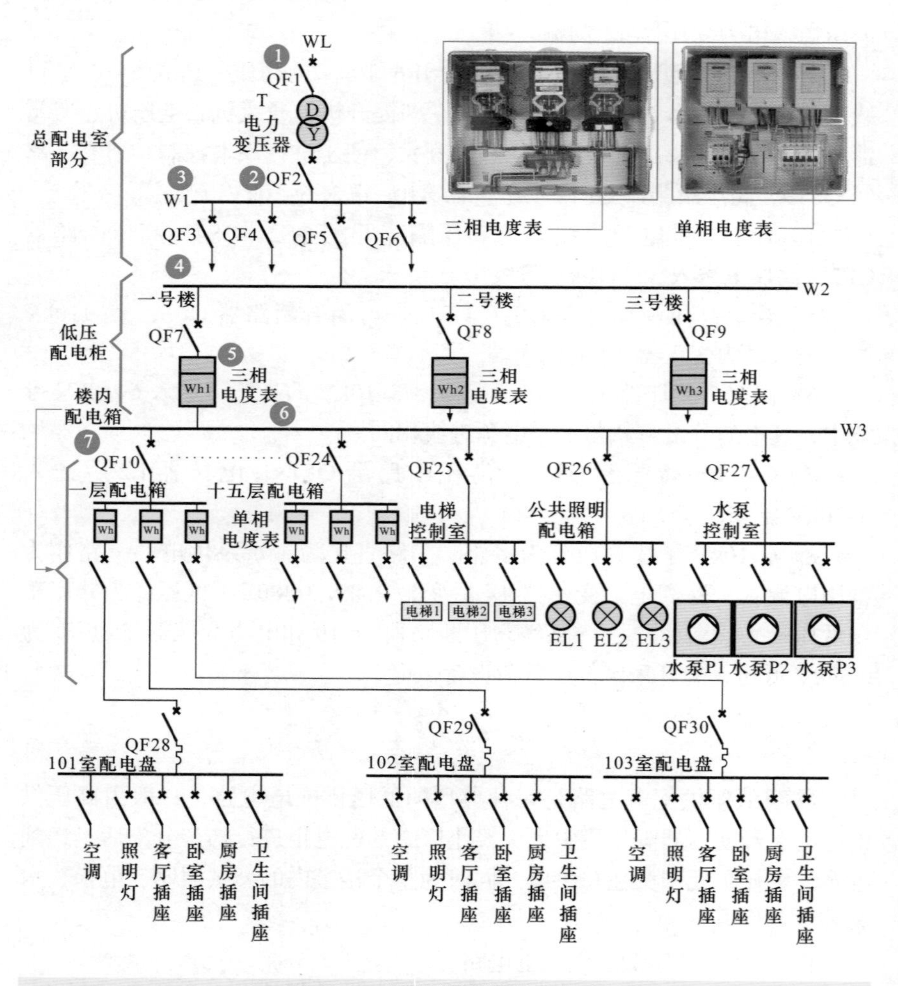

图 13-3 楼宇低压供配电电路

4）其中一条支路低压加到母线 W2 上，分为三路分别为小区中一号楼至三号楼供电。

5）每一路上安装有一只三相电度表，用于计量每栋楼的用电总量。

6）由于每栋楼有 15 层，除住户用电外，还包括电梯用电、公共照明用电及供水系统的水泵用电等。小区中的配电柜将供电电路送到楼内配电间后，分为 18 个支路。15 个支路分别为 15 层住户供电，另外三个支路分别为电梯控制室、公共照明配电箱和水泵控制室供电。

7）每个支路首先经过一个支路总断路器后，再进行分配。以一层住户供电为例，低压电经支路总断路器 QF10 分为三路，分别经三只电度表后，由进户线送至三个住户室内。

13.1.4 低压配电柜供配电电路

低压配电柜供配电电路主要用来对低电压进行传输和分配，为低压用电设备供电，如图 13-4 所示。在该电路中，一路作为常用电源，另一路则作为备用电源。当两路电源均正常时，黄色指示灯 HL1、HL2 均点亮；若指示灯 HL1 不能正常点亮，则说明常用电源出现故障或停电，此时需要使用备用电源进行供电，使该低压配电柜能够维持正常工作。

1）HL1 亮，常用电源正常。合上断路器 QF1，接通三相电源。

2）接通开关 SB1，其常开触点闭合，交流接触器 KM1 线圈得电。

3）KM1 常开触点 KM1-1 接通，向母线供电；常闭触点 KM1-2 断开，防止备用电源接通，起联锁保护作用；常开触点 KM1-3 接通，红色指示灯 HL3 点亮。

4）常用电源供电电路正常工作时，KM1 的常闭触点 KM1-2 处于断开状态，因此备用电源不能接入母线。

5）当常用电源出现故障或停电时，交流接触器 KM1 线圈失电，常开、常闭触点复位。

6）此时接通断路器 QF2、开关 SB2，交流接触器 KM2 线圈得电。

7）KM2 常开触点 KM2-1 接通，向母线供电；常闭触点 KM2-2 断开，防止常用电源接通，起联锁保护作用；常开触点 KM2-3 接通，红色指示灯 HL4 点亮。

当常用电源恢复正常后，由于交流接触器 KM2 的常闭触点 KM2-2 处于断开状态，因此交流接触器 KM1 不能得电，常开触点 KM1-1 不能自动接通。此时需要断开开关 SB2 使交流接触器 KM2 线圈失电，常开、常闭触点复位，为交流接触器 KM1 线圈再次工作提供条件，此时再操作 SB1 才起作用。

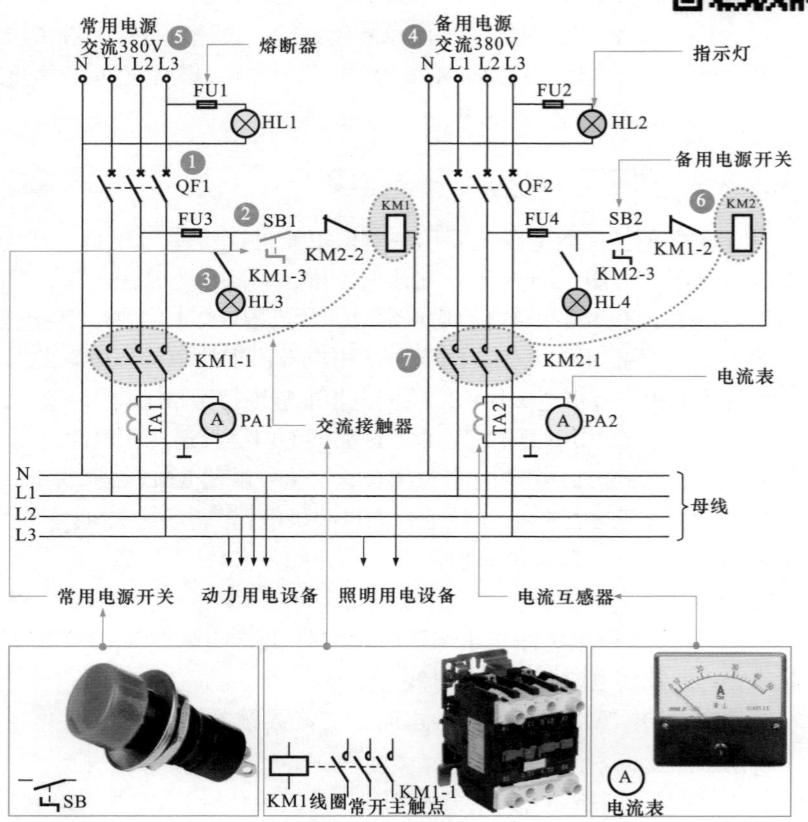

图 13-4 低压配电柜供配电电路

13.2 识读照明控制电路

13.2.1 光控照明电路

图 13-5 为典型的光控照明电路，该电路利用光敏电阻进行照明控制。白天光敏电阻器阻值较小，继电器不动作，照明灯不亮；夜晚光敏电阻器

阻值增大，继电器动作照明灯电源被接通自动点亮。

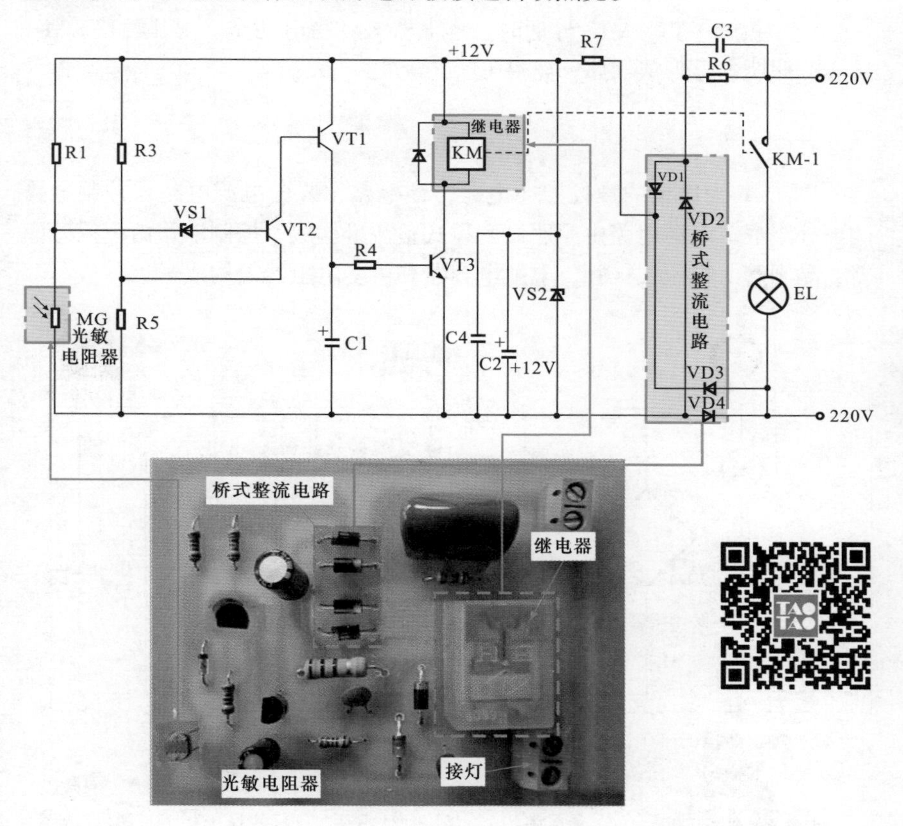

图 13-5　典型的光控照明电路

在光控照明电路中，由 AC 220V 供电电压输入，经过电阻器 R6、电容器 C3 降压、桥式整流电路整流和电阻器 R7、稳压二极管 VS2 稳压后形成 +12V 直流电压，为控制电路供电（+12V）。

由于光敏电阻 MG 的阻值在白天较小，导致三极管 VT1、VT2 和 VT3 都处于截止状态，无法使继电器 KM 动作，常开触点 KM-1 断开，照明灯供电断路，路灯 EL 不亮。

等到黑天时，光敏电阻器 MG 的阻值增大。

当光敏电阻器阻值增大时，三极管 VT2 基极电压上升而导通，三极管 VT2 导通后为三极管 VT1 提供基极电流，从而使三极管 VT1 和 VT3

导通。

当三极管 VT1、VT3 导通时，继电器 KM 得电动作，常开触点 KM-1 接通，照明电路形成回路，路灯 EL 点亮。

13.2.2 声控照明电路

图 13-6 为典型的声控照明电路，该电路主要由电源电路与控制电路两部分组成。电源电路由照明灯和桥式整流堆构成，控制电路由声控感应器、晶闸管、稳压二极管、电解电容器和可变电阻器等构成。

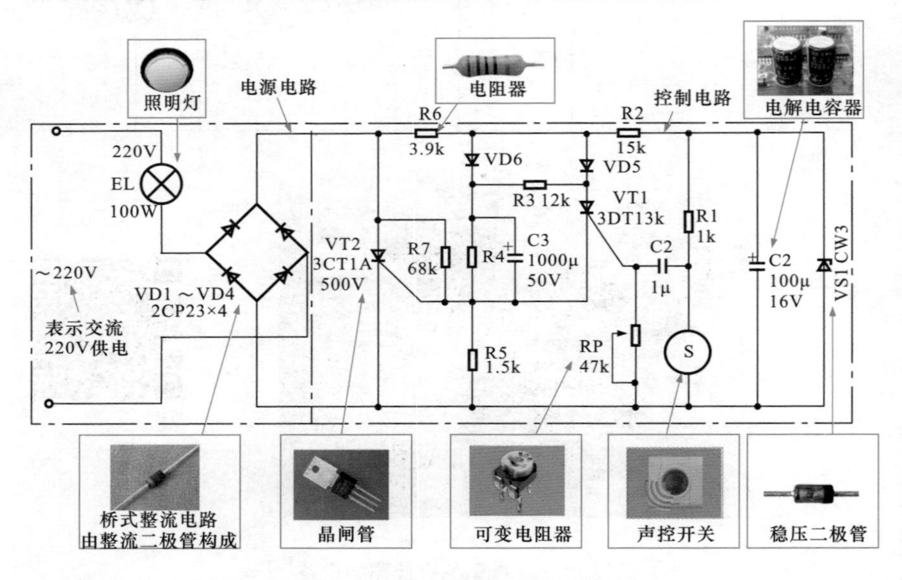

图 13-6 典型的声控照明电路

声控照明电路利用声音感应器件和晶闸管对照明灯的供电进行控制，利用电解电容器的充放电特性起到延时的作用。该电路比较适合应用在楼道照明中，当楼道中的声控开关感应到有声音时照明灯自动亮起，声音感应器接收到声波后，输出音频信号。音频信号经电容器 C2 触发晶闸管 VT1 并使之导通。当晶闸管 VT1 导通后为晶闸管 VT2 提供触发信号使其导通，照明电路形成回路，照明灯 EL 点亮。

当声音触发信号消失后，晶闸管 VT1 截止。但由于电容器 C3 的放电过程，仍能维持 VT2 导通，使照明灯 EL 亮。经过一段时间，电容 C3 放电完成后，晶闸管 VT2 截止，导致无电流通过照明灯，照明灯 EL 灭。

13.2.3 声光双控照明电路

图 13-7 为典型的声光双控照明电路。该电路主要由电源供电端、照明灯、三极管、电阻器、电容器、晶闸管、二极管、光敏电阻器和声音感应器等元器件构成。

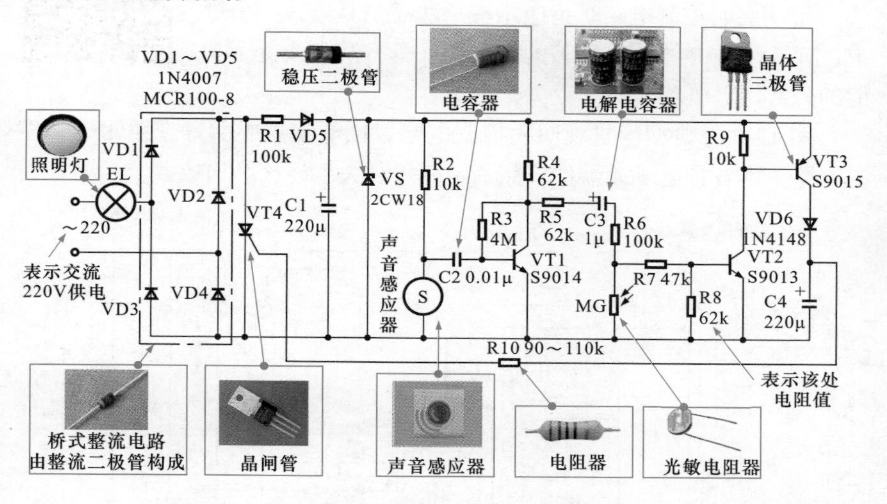

图 13-7 典型的声光双控照明电路

声光双控照明电路是利用光和声音对照明灯进行双重控制的电路。

声光双控照明电路便于节约能源，常常用在小区的楼道照明中。在白天时楼道中光照充足，在白天光照强度较大时，光敏电阻器 MG 的阻值随之减小。

由于光敏电阻器阻值较小，使三极管 VT2 的基极就锁定在低电平状态而截止，即使有声音控制信号也不能使 VT2 导通，没有信号触发晶闸管 VT4，照明电路不能形成回路，照明灯 EL 不亮。

当天黑时，光敏电阻器 MG 的阻值增大。由于电容器 C3 的隔直作用，三极管 VT2 的基极处于低电平，因而处于截止状态。

当声音感应器接收到声音时，声音信号加到三极管 VT1 的基极上，经放大后音频信号由三极管 VT1 的集电极输出，经 C3 加到晶体三极管 VT2 的基极上。三极管 VT2 导通，于是三极管 VT3 和二极管 VD6 导通，为电容器 C4 充电，同时为晶闸管 VT4 发射极提供信号，使晶闸管 VT4 导通，整个照明电路形成回路，照明灯 EL 点亮。

当音频信号消失后，由于电容器 C4 放电需要时间，因而照明灯会延迟熄灭。

13.2.4 景观照明控制电路

景观照明控制电路是指应用在一些观赏景点或广告牌上，或者用在一些比较显著的位置上，具有观赏或提示功能的公共用电电路。

图 13-8 为典型的景观照明控制电路。该电路主要由景观照明灯和控制电路（由各种电子元器件按照一定的控制关系连接）构成。

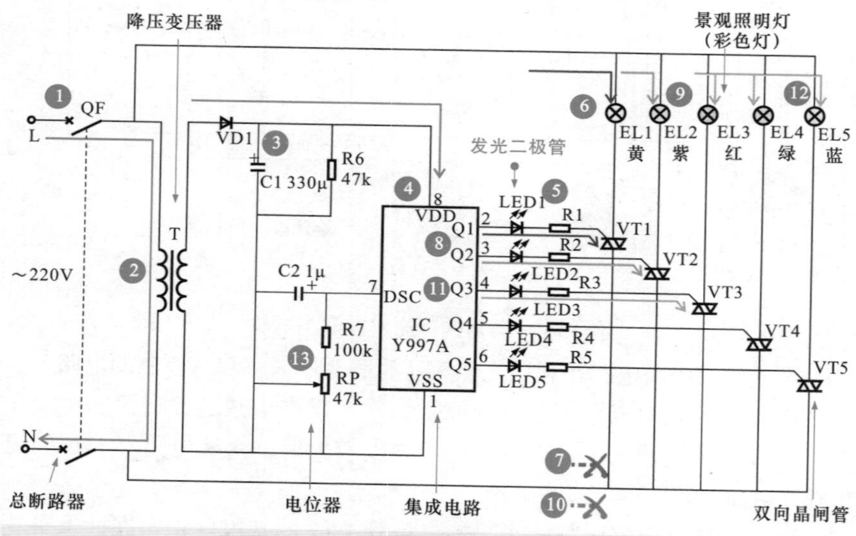

图 13-8　典型的景观照明控制电路

1）合上总断路器 QF，接通交流 220V 市电电源。

2）交流 220V 市电电压经变压器 T 变压后变为交流低压。

3）交流低压再经整流二极管 VD1 整流、滤波电容器 C1 滤波后变为直流电压。

4）直流电压加到 IC（Y997A）的⑧脚为其提供工作电压。

5）IC 的⑧脚有供电电压后，内部电路开始工作，②脚首先输出高电平脉冲信号，使 LED1 点亮。

6）同时，高电平信号经电阻器 R1 后，加到双向晶闸管 VT1 的控制极上，VT1 导通，彩色灯 EL1（黄色）点亮。

7）此时，IC 的③脚、④脚、⑤脚、⑥脚输出低电平脉冲信号，外接的晶闸管处于截止状态，LED 和彩色灯不亮。

8）一段时间后，IC 的③脚输出高电平脉冲信号，LED2 点亮。

9）同时，高电平信号经电阻器 R2 后，加到双向晶闸管 VT2 的控制极上，VT2 导通，彩色灯 EL2（紫色）点亮。

10）此时，IC 的②脚和③脚输出高电平脉冲信号，有两组 LED 和彩色灯被点亮；④脚、⑤脚和⑥脚输出低电平脉冲信号，外接晶闸管处于截止状态，LED 和彩色灯不亮。

11）依此类推，当 IC 的输出端② ~ ⑥脚输出高电平脉冲信号时，LED 和彩色灯便会被点亮。

12）由于② ~ ⑥脚输出脉冲的间隔和持续时间不同，双向晶闸管触发的时间也不同，因而五个彩灯便会按驱动脉冲的规律发光和熄灭。

13）IC 内的振荡频率取决于⑦脚外的时间常数电路，微调电位器 RP 的阻值可改变振荡频率。

13.2.5 彩灯闪烁控制电路

图 13-9 为典型的彩灯闪烁控制电路。彩灯闪烁控制电路利用与非门电路控制彩灯的闪烁，该电路比较适合应用在庆祝场合的装饰中。

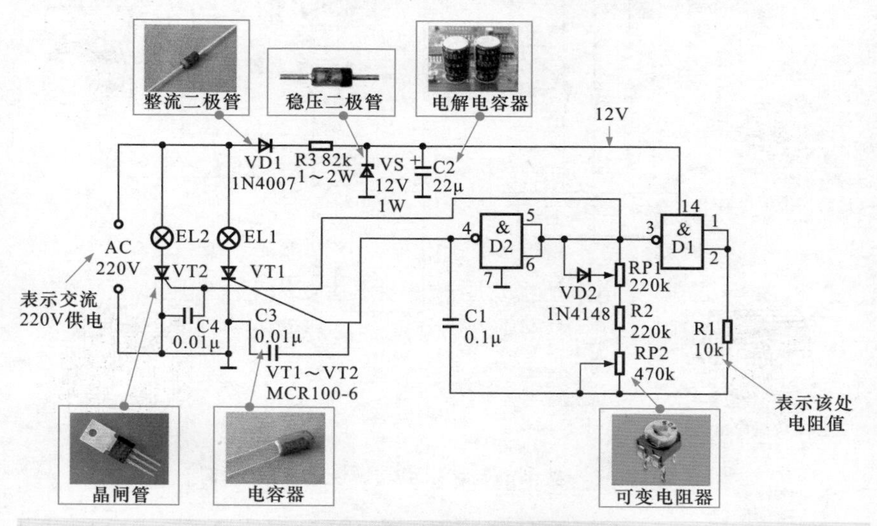

图 13-9　典型的彩灯闪烁控制电路

电路中，由交流 220 V 电源直接为照明灯 EL1、EL2 供电，照明灯 EL1、EL2 分别受晶闸管 VT1、VT2 的控制。

交流 220V 经二极管 VD1 整流、电阻器 R3 限流，由稳压二极管 VS 稳压后，输出 +12V 直流电压为与非门电路供电。

两个与非门与外围电路构成振荡电路，并用两个相位相反的振荡脉冲信号去驱动单向晶闸管 VT1、VT2，使两个晶闸管交替导通，于是彩灯 EL1、EL2 交替发光。

13.3 识读电动机控制电路

13.3.1 电动机点动、连续控制电路

图 13-10 为典型的电动机点动、连续控制电路。

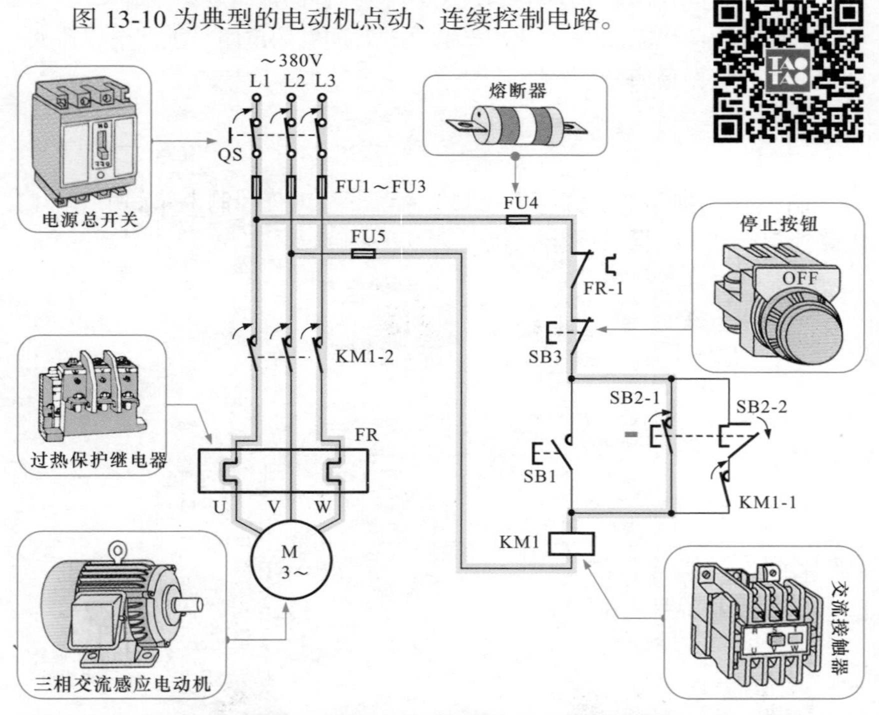

图 13-10 典型的电动机点动、连续控制电路

当电动机需要点动起动时，合上电源总开关 QS，接通三相电源。按下点动控制按钮 SB2，常开触点 SB2-1 接通，常闭触点 SB2-2 断开。

常开触点 SB2-1 接通后，交流接触器 KM1 线圈得电，常开触点 KM1-2 接通，电动机接通交流 380 V 电压起动运转；常闭触点 SB2-2 断开后，防止交流接触器 KM1 线圈得电，常开触点 KM1-1 接通，对 SB2-1 锁定。

当需要电动机停机时，松开点动控制按钮 SB2，常开触点 SB2-1、常闭触点 SB2-2 复位。交流接触器 KM1 线圈失电，常开触点 KM1-2 断开，电动机停止运转，常开触点 KM1-1 也断开。

当电动机需要连续起动时，按下连续控制按钮 SB1。交流接触器 KM1 线圈得电，常开触点 KM1-1 接通，对 SB1 进行锁定。即使连续控制按钮复位断开，交流电源仍能通过 KM1-1 为交流接触器 KM1 供电，维持交流接触器的持续工作，使电动机连续工作，而实现连续控制。KM1-2 接通，电动机接通交流 380V 电源起动运转。

当电动机需要停机时，按下停止按钮 SB3。交流接触器 KM1 线圈失电，常开触点 KM1-1 断开，解除自锁功能，KM1-2 断开，电动机停止运转。

13.3.2 电动机电阻降压起动控制电路

图 13-11 为典型的电动机电阻降压起动控制电路。

该电路起动时，利用串入的电阻器起到降压限流的作用；当电动机起动完毕后，再通过电路将串联的电阻器短接，从而使电动机进入全压正常运行状态。

控制电路工作时，合上电源总开关 QS，接通三相电源。按下起动按钮 SB1，交流接触器 KM1 线圈得电。

交流接触器 KM1 线圈得电，常开触点 KM1-1 接通实现自锁功能；常开触点 KM1-2 接通，电源经串联电阻器 R1、R2、R3 为电动机供电，电动机降压起动开始。

同时时间继电器 KT 线圈得电，当时间继电器 KT 达到预定的延时时间后，其常开触点 KT-1 接通。

时间继电器 KT 的常开触点 KT-1 接通，接触器 KM2 线圈得电，常开触点 KM2-1 接通，短接起动电阻器 R1、R2、R3，电动机在全压状态下开始运行。

当需要电动机停机时，按下停止按钮 SB2，断开接触器 KM1 和 KM2 线圈的供电，常开触点 KM1-2、KM2-1 断开，从而断开电动机的供电，电动机停止运转。

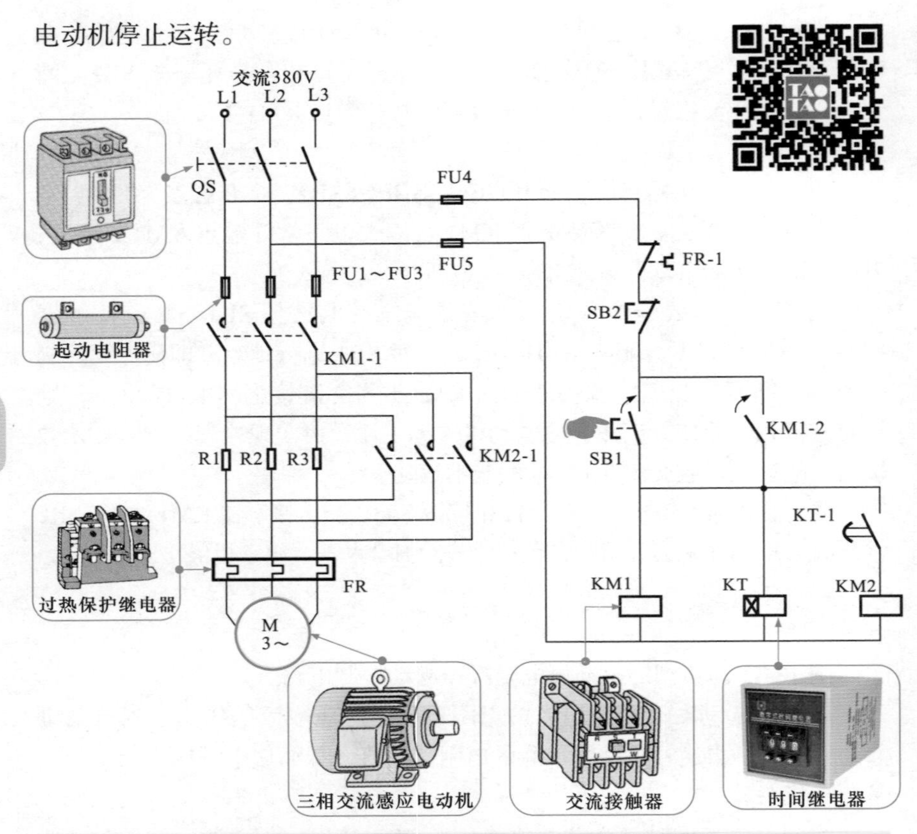

图 13-11 典型的电动机电阻降压起动控制电路

13.3.3 电动机Y-△降压起动控制电路

图 13-12 为典型的电动机Y-△降压起动控制电路。

电动机Y-△降压起动控制电路是指电动机起动时，通过Y形连接进入降压起动运转；当转速达到一定值后，通过△形连接进入全压起动运行。

合上电源总开关 QS，接通三相电源。按下起动按钮 SB1，交流接触器 KM1 线圈得电。

交流接触器 KM1 线圈得电，常开触点 KM1-2 接通实现自锁功能；常开触点 KM1-1 接通，为降压起动做好准备。

同时，交流接触器 KMY线圈也得电，常开触点 KMY-1 接通，常闭触点 KM Y -2 断开，保证 KM △的线圈不会得电。此时电动机以 Y 形方式接通电路，电动机降压起动运转。

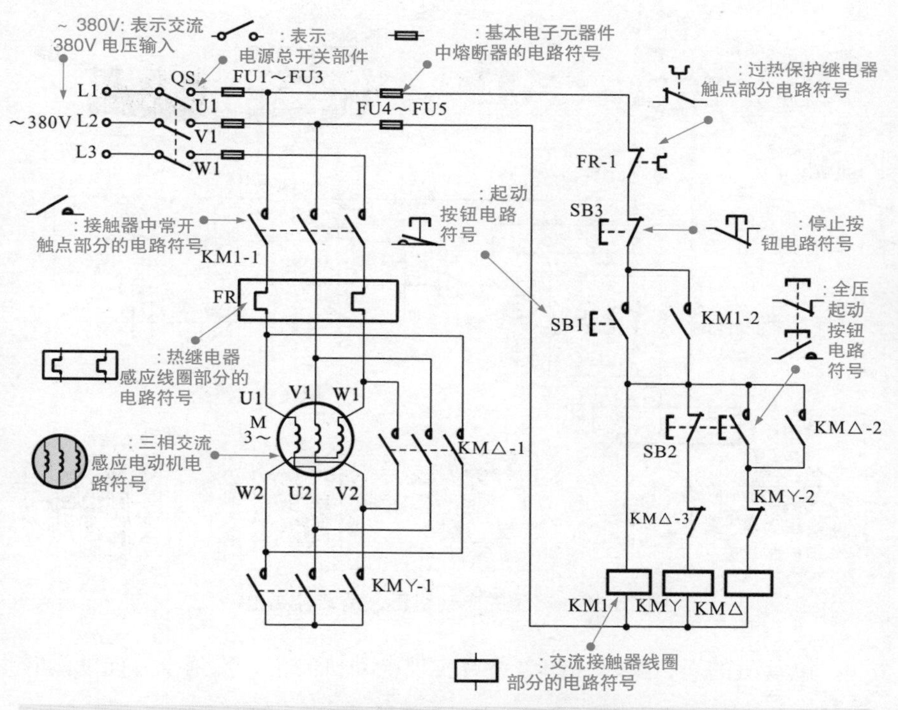

图 13-12　典型的电动机Y - △降压起动控制电路

当电动机转速接近额定转速时，按下全压起动按钮 SB2，其常闭触点断开，常开触点接通。

全压起动按钮 SB2 常闭触点断开，接触器 KM Y 线圈失电，常开触点 KM Y -1 断开，常闭触点 KM Y -2 接通。

全压起动按钮 SB2 常开触点接通，接触器 KM △的线圈得电，常闭触点 KM △ -2 断开，保证 KMY的线圈不会得电，常开触点 KM △ -1 接通。此时电动机以△形方式接通电路，电动机在全压状态下开始运转。

当需要电动机停止时，按下停止按钮 SB3，接触器 KM1、KM △的线圈将同时失电断开，接着接触器的常开触点 KM1-1、KM △ -1 同时断开，电动机停止运转。

13.3.4 电动机正、反转控制电路

图 13-13 为典型的电动机正、反转控制电路。

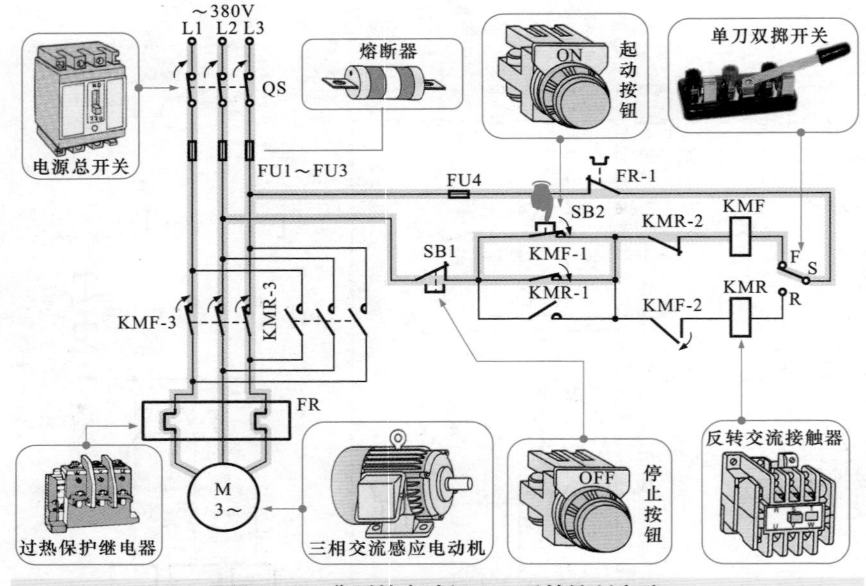

图 13-13 典型的电动机正、反转控制电路

电动机的正、反转控制电路可实现电动机的正、反两个方向的运转控制。

正转起动时，合上电源总开关，接通三相电源。将单刀双掷开关 S 拨至 F 端（正转），按下起动按钮 SB2。

正转交流接触器 KMF 线圈得电，常开触点 KMF-1 接通，实现自锁功能；常闭触点 KMF-2 断开，防止反转交流接触器 KMR 得电；常开触点 KMF-3 接通，电动机接通相序 L1、L2、L3 正向运转。

反转起动时，将单刀双掷开关 S 拨至 R 端（反转）。

正转交流接触器 KMF 线圈失电，常开触点 KMF-1 断开，解除自锁；KMF-3 断开，电动机停止运转；常闭触点 KMF-2 接通。

同时反转交流接触器 KMR 线圈得电，常开触点 KMR-1 接通，实现自锁功能；常闭触点 KMR-2 断开，防止正转交流接触器 KMF 得电；常开触点 KMR-3 接通，电动机接通相序 L3、L2、L1 反向运转。

当电动机需要停机时，按下停止按钮 SB1，不论电动机处于正转运行状态还是反转运行状态，接触器线圈均断电，电动机停止运行。

13.4 识读农机控制电路

13.4.1 湿度检测控制电路

图 13-14 为典型的湿度检测控制电路。该控制电路由电池供电、电路开关、三极管、电压比较器、可变电阻器、湿度电阻器和发光二极管等构成。

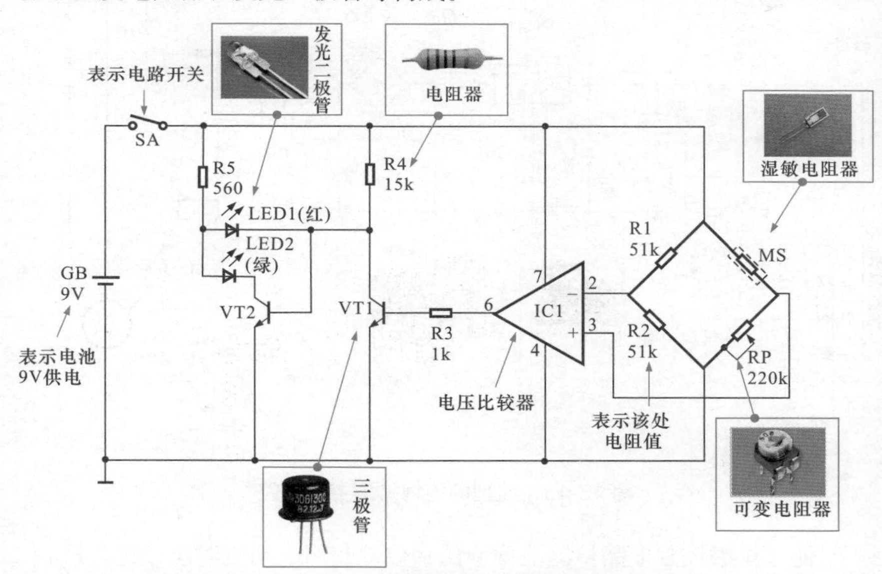

图 13-14 典型的湿度检测控制电路

工作时，开关 SA 闭合，9V 电源为检测电路供电。湿度正常时，湿敏电阻器 MS 的阻值大于可变电阻器 RP 的阻值，使电压比较器 IC1 的③脚电压低于②脚、IC1 的⑥脚输出低电平，三极管 VT1 截止、VT2 导通，指示二极管 LED2 绿灯亮。

当土壤的湿度过大时，湿敏电阻器 MS 的阻值减小，则 IC1 ③脚的电压上升。电压经比较器 IC1 的⑥脚输出高电平，使三极管 VT1 导通、VT2 截止，指示二极管 LED1 点亮、LED2 熄灭，给农户以提示，应当适当减小大棚内的湿度。

13.4.2 池塘排灌控制电路

图 13-15 为典型的池塘排灌控制电路。

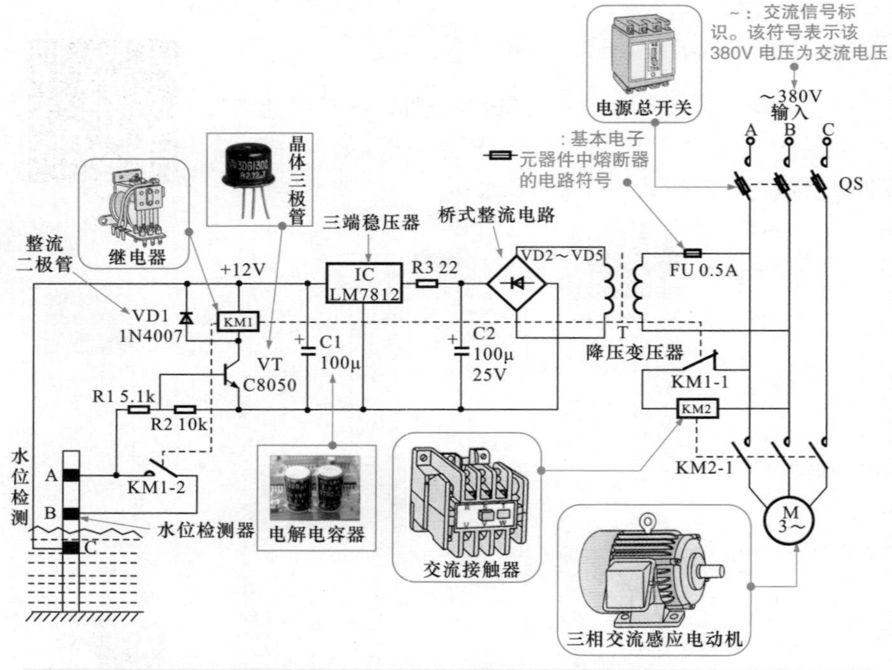

图 13-15 典型的池塘排灌控制电路

池塘排灌控制电路检测池塘中的水位，利用电动机对水位进行调整，使其水位可以保持在设定值。

工作时，将带有熔断器的刀闸总开关 QS 闭合。交流 380V 电压经变压器 T 进行降压，再由桥式整流电路和电容器 C2 进行滤波和整流，再经电阻器 R3 限流后输入到三端稳压电路 IC 中，经三端稳压电路后输出 +12V 电压供给检测电路。

当水位监测器检测到池塘中的水位低于 C 点时，三极管 VT 截止，继电器 KM1 不动作，交流接触器 KM2 得电，常开触点 KM2-1 接通，电动机起动向池塘中注水。

当水位超过 A 点时，三极管 VT 导通，继电器 KM1 动作，常闭触点

KM1-1 断开，常开触点 KM1-2 接通。交流接触器 KM2 失电复位，其常开触点 KM2-1 复位，电动机失电停止工作。

13.4.3 秸秆切碎机驱动控制电路

图 13-16 为秸秆切碎机驱动控制电路。

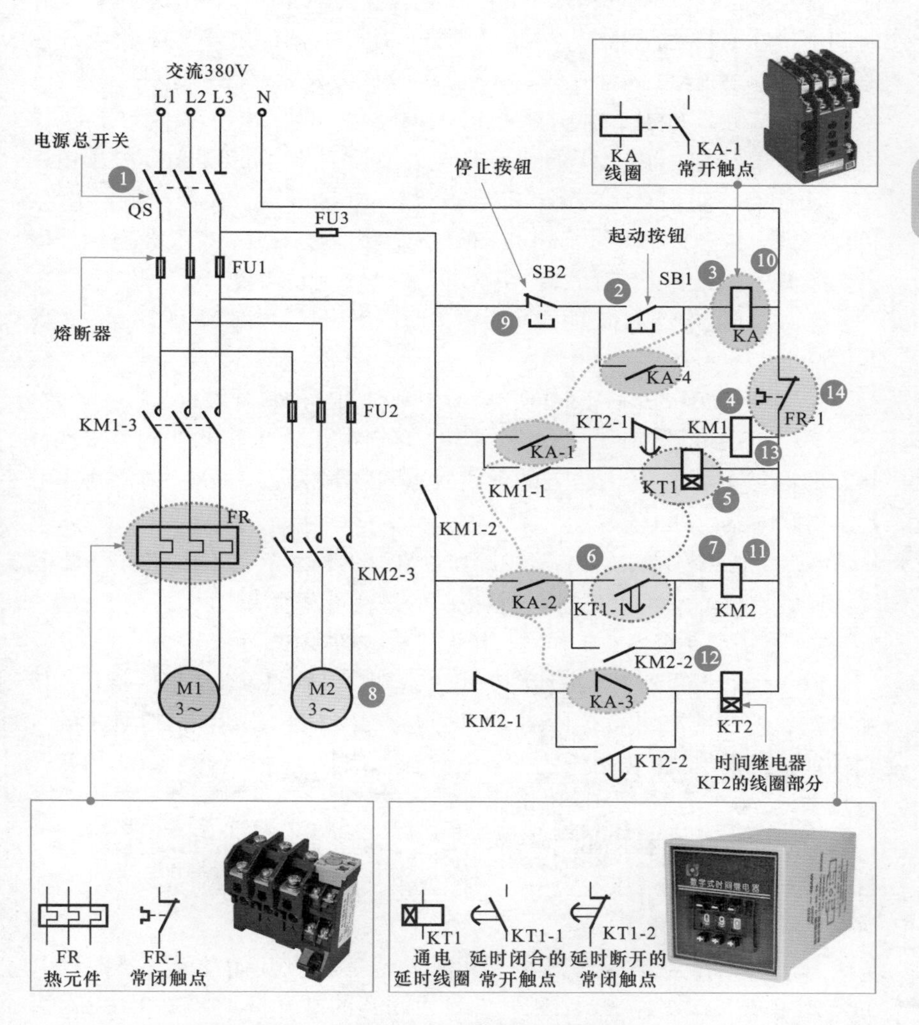

图 13-16　秸秆切碎机驱动控制电路

秸秆切碎机驱动控制电路利用两个电动机带动机械设备动作，完成送料和切碎工作。

1）闭合电源总开关 QS。

2）按下起动按钮 SB1，触点闭合。

3）中间继电器 KA 的线圈得电，相应触点动作。自锁常开触点 KA-4 闭合，实现自锁，即使松开 SB1，中间继电器 KA 仍保持得电状态；控制时间继电器 KT2 的常闭触点 KA-3 断开，防止时间继电器 KT2 得电；控制交流接触器 KM2 的常开触点 KA-2 闭合，为 KM2 线圈得电做好准备；控制交流接触器 KM1 的常开触点 KA-1 闭合。

4）交流接触器 KM1 的线圈得电，相应触点动作。自锁常开触点 KM1-1 闭合，实现自锁控制，即当触点 KA-1 断开后，交流接触器 KM1 仍保持得电状态；辅助常开触点 KM1-2 闭合，为 KM2、KT2 得电做好准备；常开主触点 KM1-3 闭合，切料电动机 M1 起动运转。

5）时间继电器 KT1 的线圈得电，时间继电器开始计时（30s），实现延时功能。

6）当时间经 30s 后，时间继电器中延时闭合的常开触点 KT1-1 闭合。

7）交流接触器 KM2 的线圈得电。自锁常开触点 KM2-2 闭合实现自锁，时间继电器 KT2 电路上的常闭触点 KM2-1 断开，KM2 的常开主触点 KM2-3 闭合。

8）接通送料电动机电源，电动机 M2 起动运转。实现 M2 在 M1 起动 30s 后才起动，可以防止因进料机中的进料过多而溢出。

9）当需要系统停止工作时，按下停机按钮 SB2，触点断开。

10）中间继电器 KA 的线圈失电。自锁常开触点 KA-4 复位断开，接触自锁；控制交流接触器 KM1 的常开触点 KA1 断开，由于 KM1-1 的自锁功能，此时 KM1 线圈仍处于得电状态；控制交流接触器 KM2 的常开触点 KA-2 断开；控制时间继电器 KT2 的常开触点 KA-3 闭合。

11）交流接触器 KM2 的线圈失电；辅助常闭触点 KM2-1 复位闭合；自锁常开触点 KM2-2 复位断开，解除自锁；常开主触点 KM2-3 复位断开，送料电动机 M2 停止工作。

12）时间继电器 KT2 线圈得电，相应的触点开始动作，延时断开的常闭触点 KT2-1 在 30s 后断开，延时闭合的常开触点 KT2-2 在 30s 后闭合。

13）交流接触器 KM1 的线圈失电，触点复位。自锁常开触点 KM1-1 复位断开，解除自锁，时间继电器 KT1 的线圈失电。辅助常开触点 KM1-2 复位断开，时间继电器 KT2 的线圈失电。常开主触点 KM1-3 复位断开，切料电动机 M1 停止工作，M1 在 M2 停转 30s 后停止。

14）在秸秆切碎机电动机驱动控制电路工作过程中，若电路出现过载、电动机堵转导致过电流、温度过高时，热继电器 FR 主电路中的热元件发热，常闭触点 FR-1 自动断开，使电路断电，电动机停转，进入保护状态。

13.5 识读机电控制电路

13.5.1 传输机控制电路

图 13-17 是一种双层皮带式传输机控制电路。双层皮带传动方式是由上层传送带和下层传送带共同完成的，分别由各自的电动机为动力源，从料斗出来的料先经上层传送带传送后，到达下层传动带，再经下层传送带继续传送，这样可实现传送距离的延长。

为了防止在起动和停机过程中出现传送料在皮带上堆积的情况，起动时，应先起动 M1 电动机，再起动 M2 电动机；而在停机时，需先停下 M2 电动机，再使 M1 电动机停止。电路设有两个接触器，KM1、KM2 分别控制电动机 M1、M2 的起停。

1）闭合总断路器 QF，三相交流电源接入电路。

2）起动时，按下先起控制按钮 SB2，其触点闭合。

3）交流接触器 KM1 的线圈得电，其相应触点动作。常开主触点 KM1-1 闭合，接通电动机 M1 电源，电动机起动运转，下层传送带运转；常开辅助触点 KM1-2 闭合实现自锁，维持 KM1 的供电；常开辅助触点 KM1-3 闭合，为 KM2 得电做好准备。

4）再操作后起控制按钮 SB4，其常开触点闭合。

5）交流接触器 KM2 的线圈得电，其相应触点动作。常开主触点 KM2-1 闭合，电动机 M2 起动，上层传动带起动；常开辅助触点 KM2-2 闭合，防止误操作按下后停控制按钮 SB1，导致工序错误；常开辅助触点 KM2-3 闭合实现自锁，维持 KM2 得电，传动带处于正常工作状态。

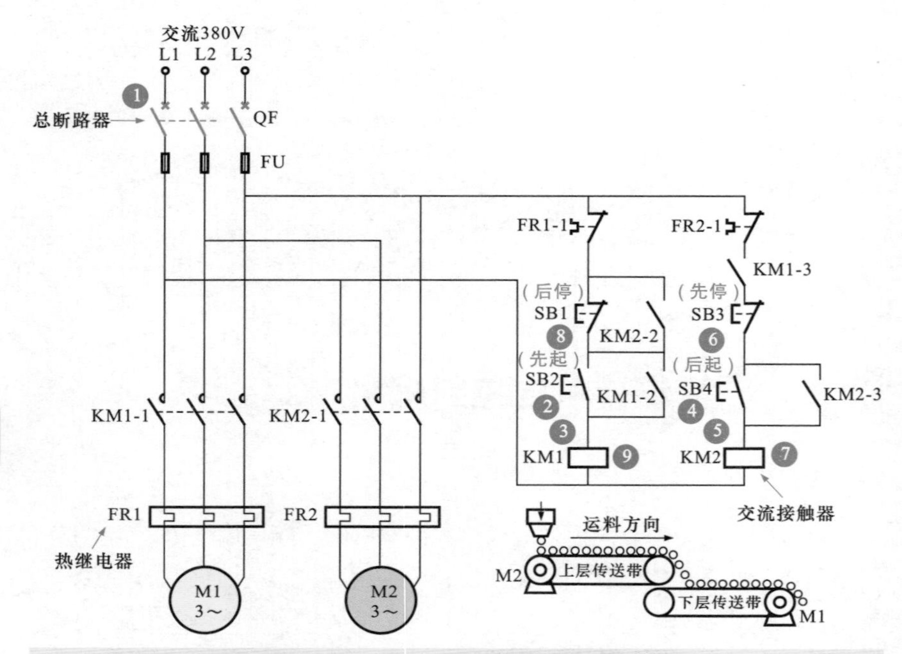

图 13-17　双层皮带式传输机控制电路

6）当需要停止工作时，要先操作先停控制按钮 SB3，其常闭触点断开。

7）交流接触器 KM2 的线圈失电，其相应触点全部复位。常开主触点 KM2-1 复位断开，M2 电动机停止，上层传送带停止运转；常开辅助触点 KM2-2 复位断开；常开辅助触点 KM2-3 复位断开，解除自锁。

8）然后操作后停控制按钮 SB1，其常闭触点断开。

9）交流接触器 KM1 线圈立即断电，其所有触点复位。常开主触点 KM1-1 复位断开，M1 停机，下层传送带也停止运行；常开辅助触点 KM1-2 复位断开，解除自锁；常开辅助触点 KM1-3 复位断开。

因此，四个操作键必须标清楚，即先起、后起、先停、后停等字符。

13.5.2　铣床控制电路

图 13-18 为典型的铣床控制电路。该控制电路共包含两台电动机，分别为冷却泵电动机 M1 和铣头电动机 M2。其中铣头电动机 M2 采用调速和正反转控制，可根据加工工件对其运转方向及旋转速度进行设置；而冷却泵电动机则根据需要通过转换开关直接进行控制。

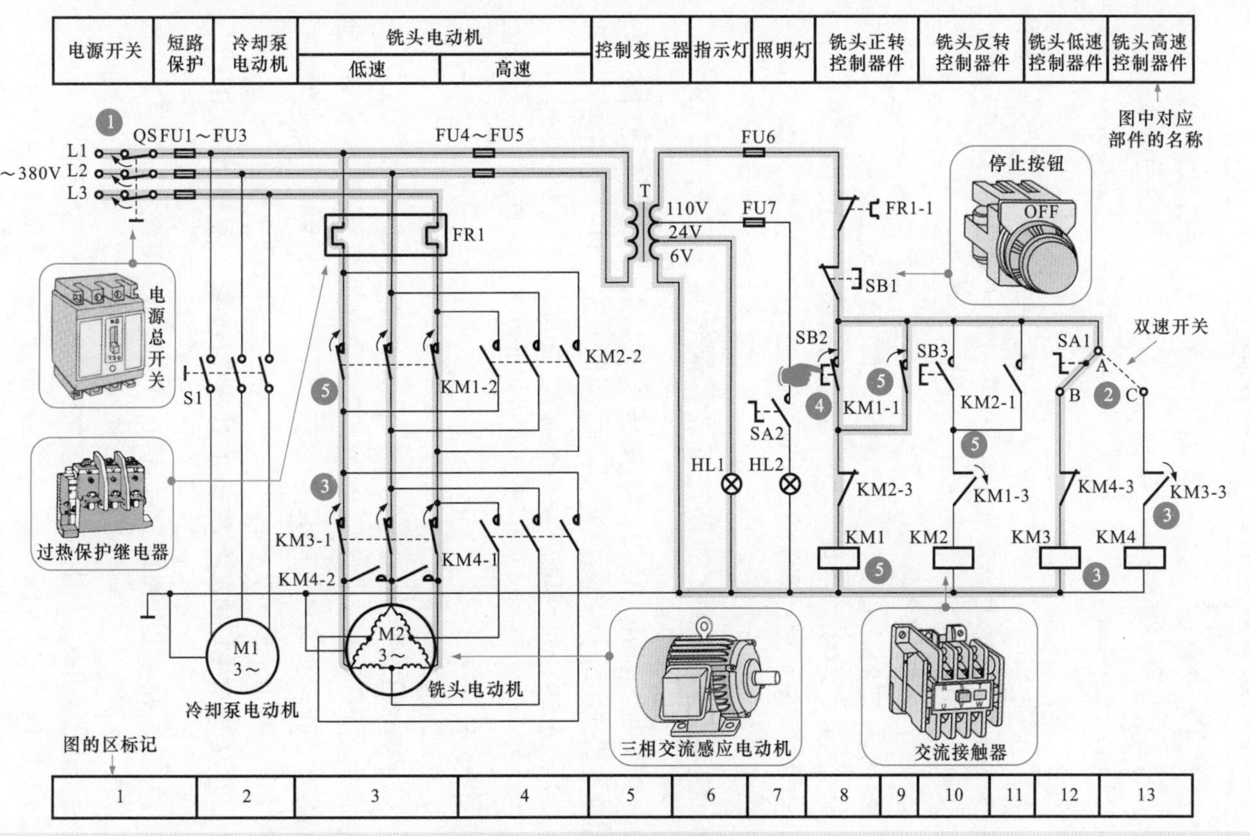

图 13-18 典型的铣床控制电路

1 铣头电动机 M2 的低速正转控制过程

1）铣头电动机 M2（3 区）用于对加工工件进行铣削加工，当需要起动机床进行加工时，需先合上电源总开关 QS（1 区），接通总电源。

2）将双速开关 SA1（12、13 区）拨至低速运转位置，A、B（12 区）点接通。

3）接触器 KM3（12 区）线圈得电，常开触点 KM3-1（3 区）接通，为铣头电动机 M2 低速运转做好准备；常闭触点 KM3-3（13 区）断开，防止接触器 KM4（13 区）线圈得电，起联锁保护作用。

4）按下正转起动按钮 SB2（8 区）。

5）接触器 KM1（8 区）线圈得电，常开触点 KM1-1（9 区）接通，实现自锁功能；KM1-2（3 区）接通，铣头电动机 M2 绕组呈 Δ 形低速正转起动运转；常闭触点 KM1-3（10 区）断开，防止接触器 KM2（10 区）线圈得电，实现联锁功能。

2 铣头电动机 M2 的低速反转控制过程（见图 13-19）

1）当铣头电动机 M2 需要低速反转运转加工工件时，若电动机正处于低速正转运转时，需先按下停止按钮 SB1（8 区），断开正转运行。

2）松开 SB1 后，双速开关 SA1 的 A、B（12 区）点接通通电。

3）接触器 KM3（12 区）线圈得电，触点动作，为铣头电动机 M2 低速运转做好准备。

4）按下反转起动按钮 SB3（10 区）。

5）接触器 KM2（10 区）线圈得电，常开触点 KM2-1（11 区）接通，实现自锁功能；KM2-2（4 区）接通，铣头电动机 M2 绕组呈 Δ 形低速反转起动运转；常闭触点 KM2-3（8 区）断开，防止接触器 KM1（8 区）线圈得电，实现联锁功能。

3 铣头电动机 M2 的高速正转控制过程（见图 13-20）

1）当铣头电动机 M2 需要高速正转运转加工工件时，将双速开关 SA1（12、13 区）拨至高速运转位置，A、C（13 区）点接通，A、B 点断开。

2）接触器 KM3 线圈失电，触点复位，电动机低速运转停止。

3）接触器 KM4（13 区）线圈得电，常开触点 KM4-1（4 区）、KM4-2（3 区）接通，为铣头电动机 M2 高速运转做好准备；常闭触点

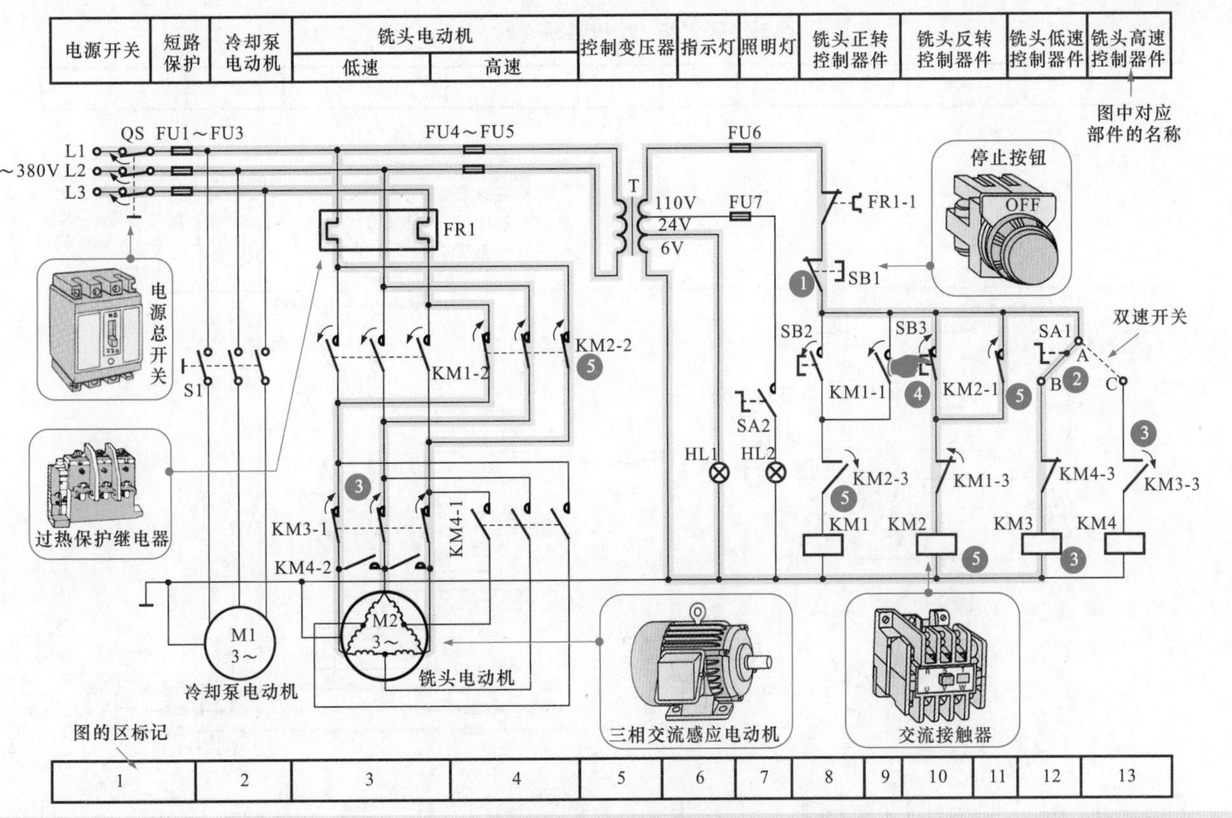

图 13-19 铣头电动机 M2 的低速反转控制过程

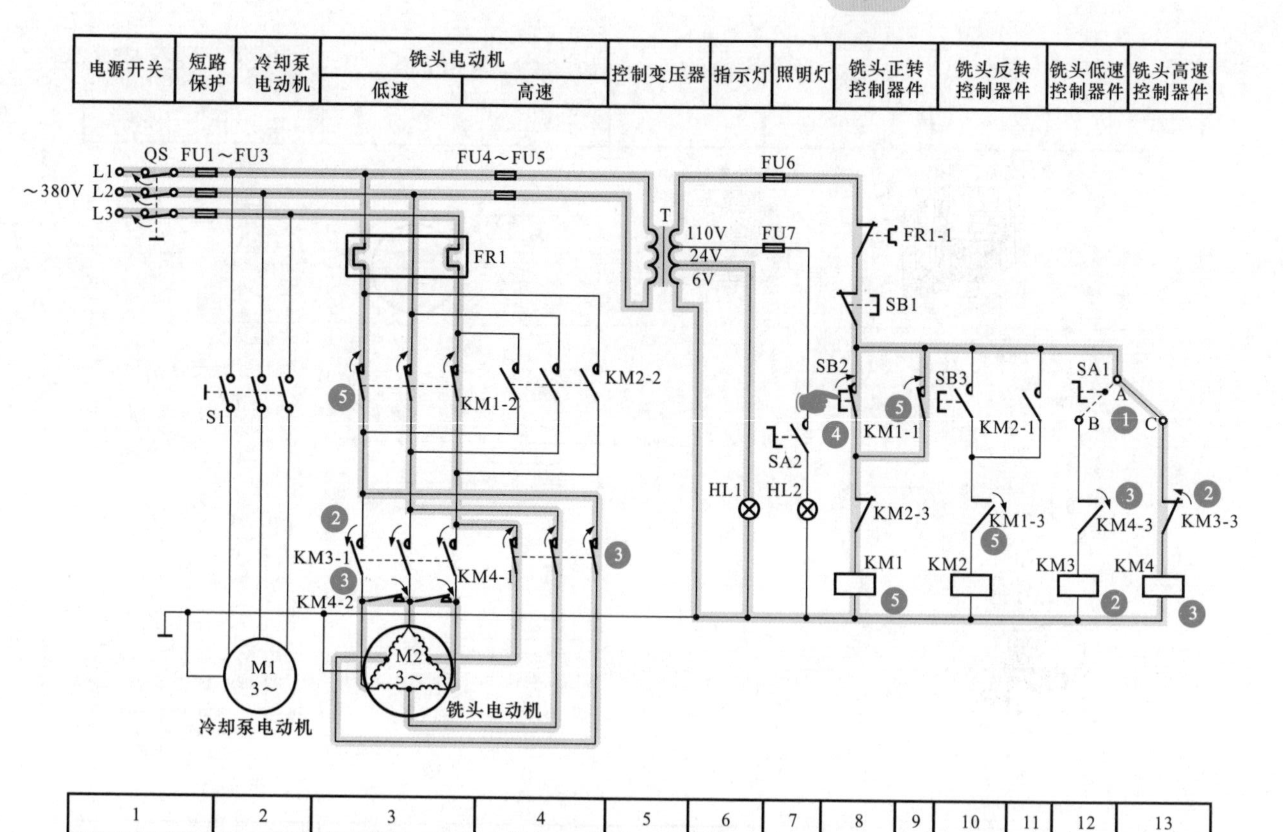

图 13-20 铣头电动机 M2 的高速正转控制

KM4-3（12 区）断开，防止接触器 KM3 线圈得电，起联锁保护作用。

4）此时按下正转起动按钮 SB2（8 区）。

5）接触器 KM1 线圈得电，常开触点 KM1-1 接通，实现自锁功能；KM1-2 接通，铣头电动机 M2 绕组呈Y形高速正转起动运转；常闭触点 KM1-3（10 区）断开，防止接触器 KM2（10 区）线圈得电，实现联锁功能。

4 铣头电动机 M2 的高速反转控制及冷却泵电动机 M1 的控制过程（见图 13-21）

1）当铣头电动机 M2 需要高速反转运转加工工件时，若电动机正处于高速正转运转，需先按下停止按钮 SB1（8 区），接触器 KM1 线圈断电，触点复位，断开正转运行。

2）松开 SB1 后，双速开关 SA1 的 A、C（13 区）点接通通电。

3）接触器 KM4（12 区）线圈得电，触点动作，为铣头电动机 M2 高速运转做好准备。

4）按下反转起动按钮 SB3（10 区）。

5）接触器 KM2（10 区）线圈得电，常开触点 KM2-1（11 区）接通，实现自锁功能；KM2-2（4 区）接通，铣头电动机 M2 绕组呈Y形高速反转起动运转；常闭触点 KM2-3（8 区）断开，防止接触器 KM1（8 区）线圈得电，实现联锁功能。

6）当铣削加工完成后，按下停止按钮 SB1（8 区），无论电动机处于任何方向或以任何速度运转，接触器线圈均失电，铣头电动机 M2 停止运转。

7）冷却泵电动机 M1（2 区）通过转换开关 S1（2 区）直接进行起停的控制。在机床工作过程中，当需要为铣床提供冷却液时，可合上转换开关 S1，冷却泵电动机 M1 接通供电电压，电动机 M1 起动运转。若机床工作过程中不需要起动冷却泵电动机时，则将转换开关 S1 断开，切断供电电源，冷却泵电动机 M1 即停止运转。

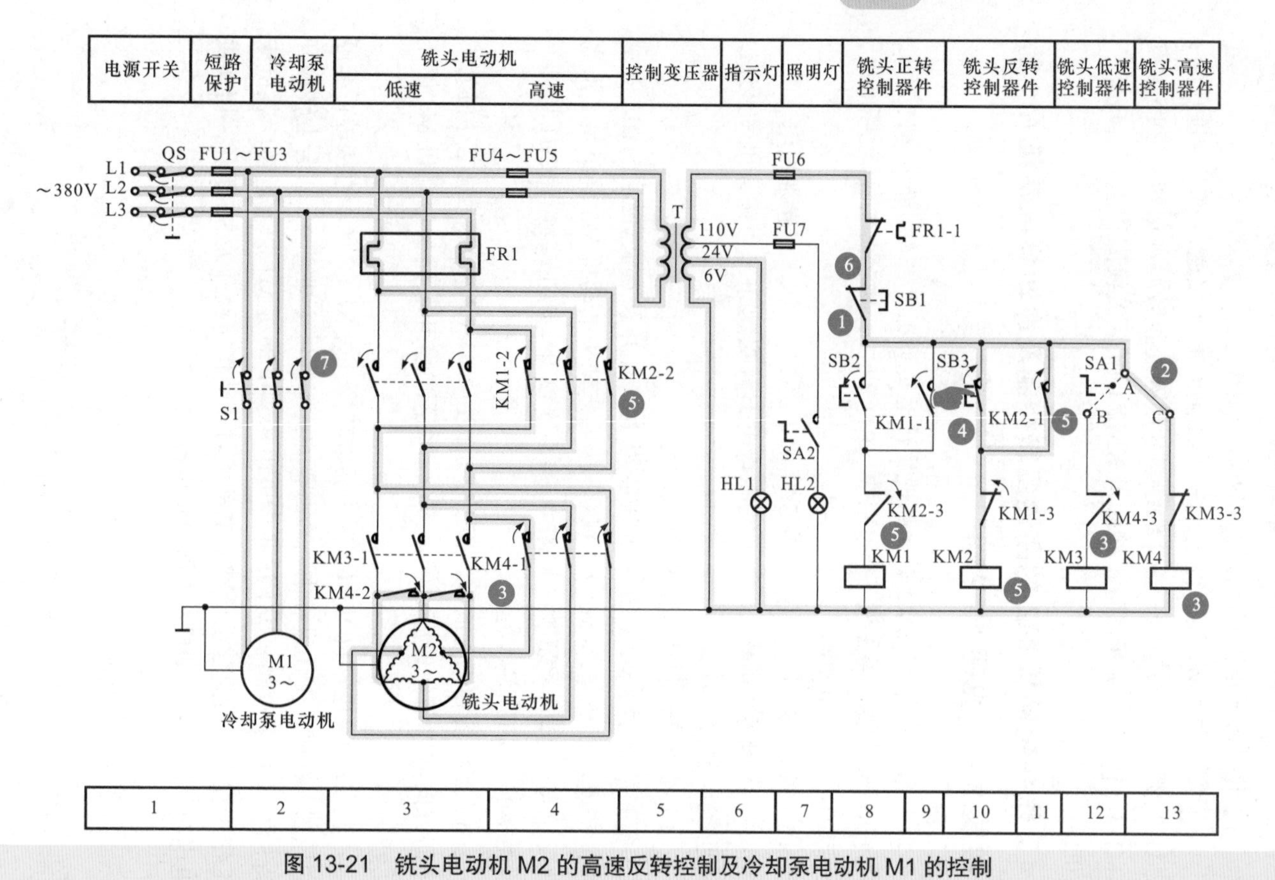

图 13-21 铣头电动机 M2 的高速反转控制及冷却泵电动机 M1 的控制

第 14 章

PLC 与变频技术应用

14.1 PLC 的控制特点与技术应用

14.1.1 PLC 的控制特点

图 14-1 为传统的电动机控制电路。传统电动机控制系统主要是指由继电器、接触器、控制按钮、各种开关等电气零部件构成的电动机控制电路，其各项控制功能或执行动作都是由相应的实际存在的电气零部件来实现的。

PLC 控制电路一般由大规模集成电路与可靠元器件组成，可通过计算机控制方式实现对电动机的控制。

在 PLC 电动机控制系统中，主要用 PLC 控制方式取代了电气零部件之间复杂的连接关系。电动机控制系统中各主要控制部件和功能部件都直接连接到 PLC 相应的接口上，然后根据 PLC 内部程序的设定，即可实现相应的电路功能，如图 14-2 所示。

可以看到，整个电路主要由 PLC（可编程序控制器）、与 PLC 输入接口连接的控制部件（FR、SB1 ~ SB4）、与 PLC 输出接口连接的执行部件（KM1、KM2）等构成。

在该电路中，PLC 采用的是三菱 FX2N-32MR 型 PLC，外部的控制部件和执行部件都是通过 PLC 预留的 I/O 接口连接到 PLC 上的，各部件之间没有复杂的连接关系。

控制部件和执行部件分别连接到 PLC 输入接口相应的 I/O 接口上，它是根据 PLC 控制系统设计之初建立的 I/O 分配表进行连接分配的，其所连接接口名称也将对应于 PLC 内部程序的编程地址编号。由 PLC 控制的电动机顺序起停控制系统的 I/O 分配见表 14-1。

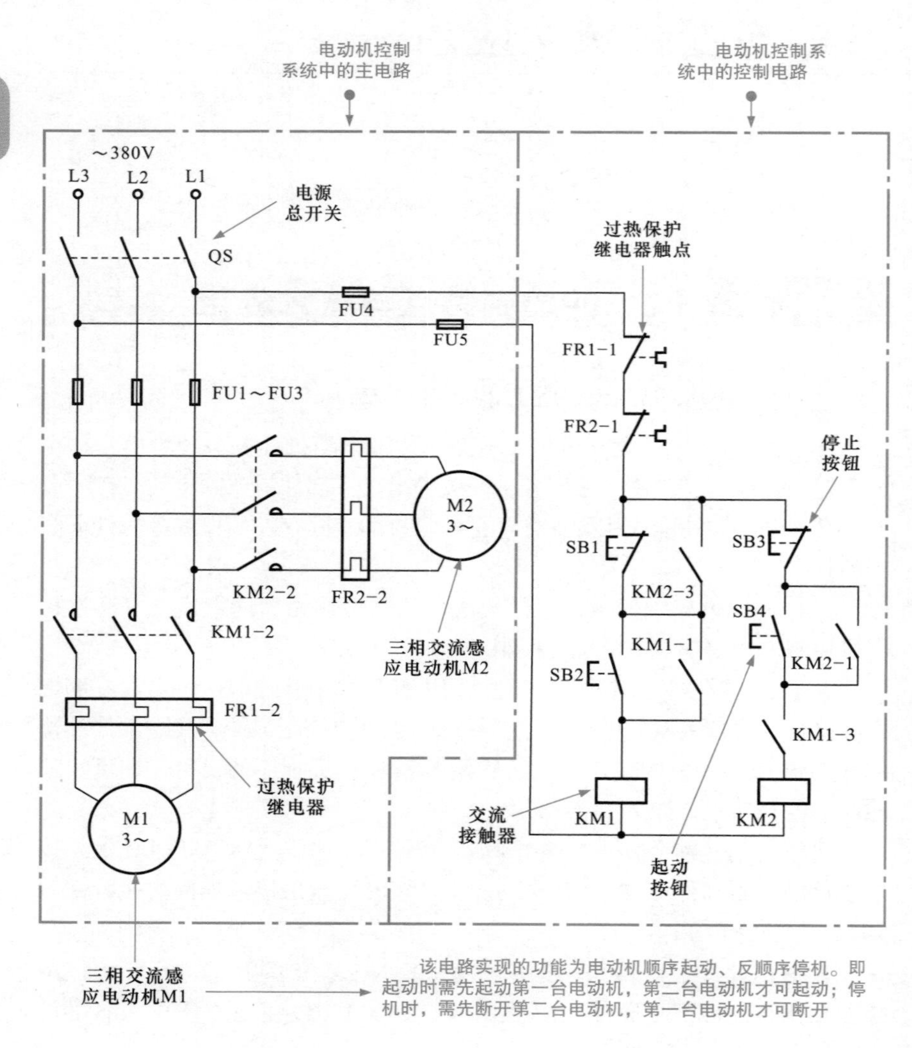

图 14-1　传统的电动机控制电路

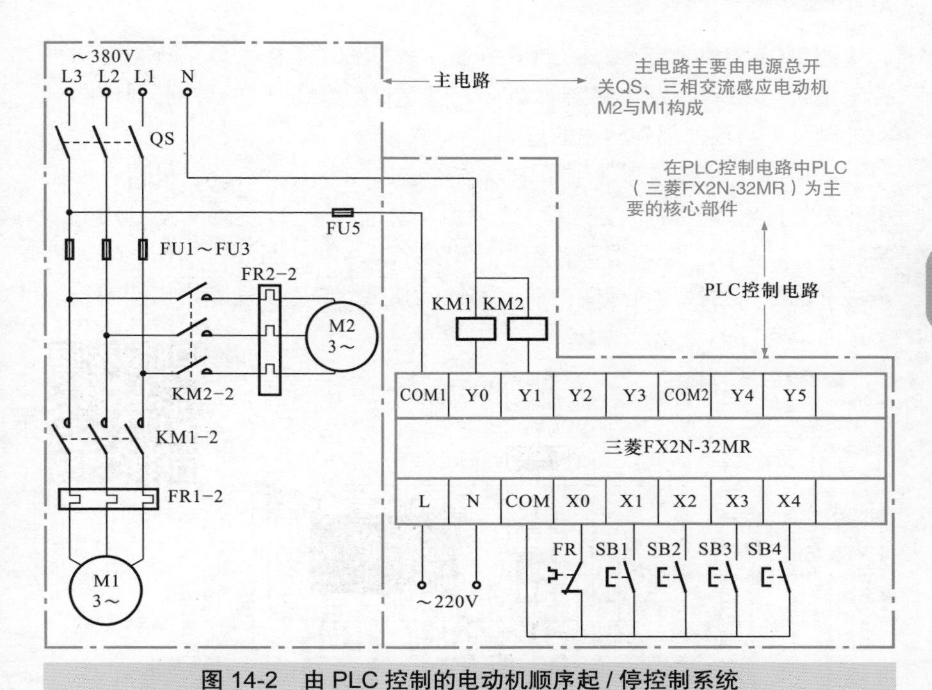

图 14-2　由 PLC 控制的电动机顺序起 / 停控制系统

表 14-1　由三菱 FX2N-32MR PLC 控制的电动机顺序起 / 停控制系统的 I/O 分配

输入信号及地址编号			输出信号及地址编号		
名称	代号	输入点地址编号	名称	代号	输出点地址编号
过热保护继电器	FR	X0	电动机 M1 交流接触器	KM1	Y0
M1 停止按钮	SB1	X1	电动机 M2 交流接触器	KM2	Y1
M1 起动按钮	SB2	X2			
M2 停止按钮	SB3	X3			
M2 起动按钮	SB4	X4			

图 14-3 为典型电动机的 PLC 控制系统结构示意图。该系统将电动机控制系统与 PLC 控制电路进行结合，主要是由操作部件、控制部件和电动机以及一些辅助部件构成的。

其中，各种操作部件用于为该系统输入各种人工指令，包括各种按钮开关、传感器件等；控制部件主要包括总电源开关（总断路器）、PLC、接触器、过热保护继电器等，用于输出控制指令和执行相应动作；电动机是将系统电能转换为机械能的输出部件，其执行的各种动作是该控制系统实现的最终目的。

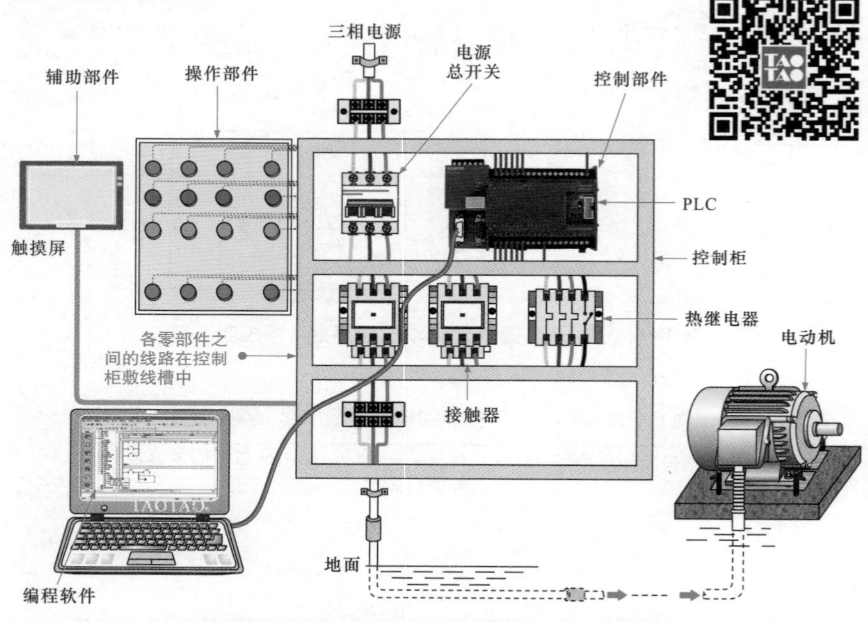

图 14-3　典型电动机的 PLC 控制系统结构示意图

14.1.2　常见 PLC 的品牌

1　西门子 PLC

德国西门子（SIEMENS）公司的 PLC 系列产品在我国的推广较早，在很多的工业生产自动化与控制领域，都曾有过经典的应用。

图 14-4 为典型西门子 PLC 的实物外形。PLC 产品主要有 PLC 主机

（CPU 模块）、电源模块（PS）、信号模块（SM）、通信模块（CP）、功能模块（FM）、接口模块（IM）等部分。

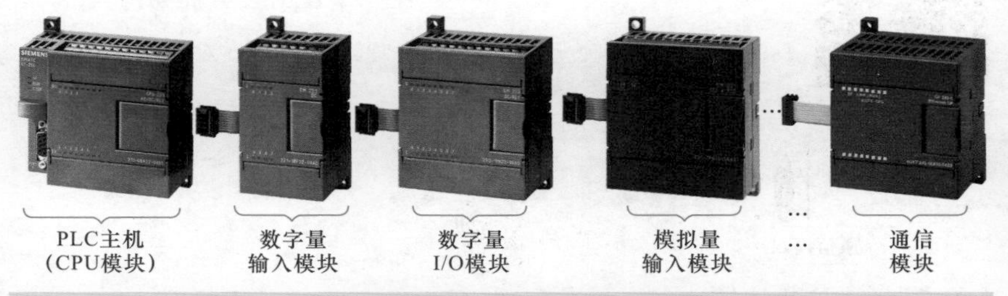

图 14-4　典型西门子 PLC 的实物外形

2　三菱 PLC

三菱公司为了满足各行业不同的控制需求，推出了多种系列多种型号的 PLC，如 Q 系列、AnS 系列、QnA 系列、A 系列和 FX 系列等，如图 14-5 所示。

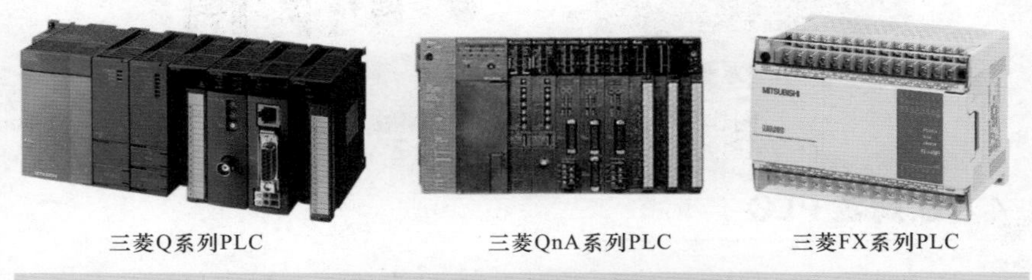

图 14-5　三菱各系列型号的 PLC

三菱公司为了满足用户的不同要求，也在 PLC 主机的基础上，推出了多种 PLC 产品。

如图 14-6 所示，三菱 FX 系列 PLC 产品中，除了 PLC 基本单元（相当于上述的 PLC 主机）外，还包括扩展单元、扩展模块以及特殊功能模块等，这些产品可以结合构成不同的控制系统。

3　松下 PLC

松下 PLC 也是目前国内较为常见的 PLC 产品之一，其功能完善、性价比较高。图 14-7 为松下 PLC 不同系列产品的实物外形图。松下 PLC 可分为小型的 FP-X、FP0、FP1、FPΣ、FP-e 系列产品，中型的 FP2、FP2SH、FP3 系列产品，大型的 EP5 系列产品等。

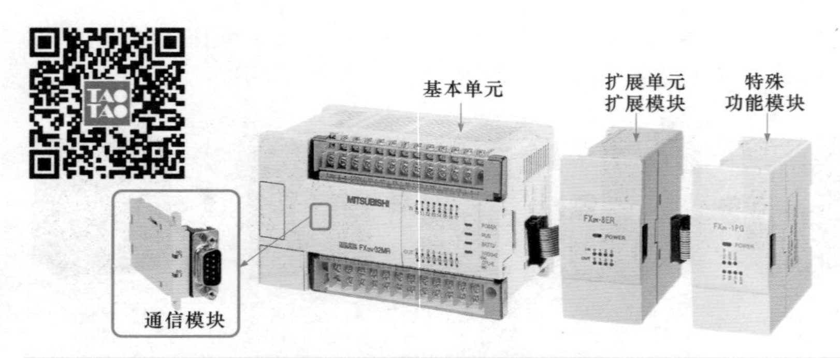

图 14-6　三菱 FX 系列 PLC 产品

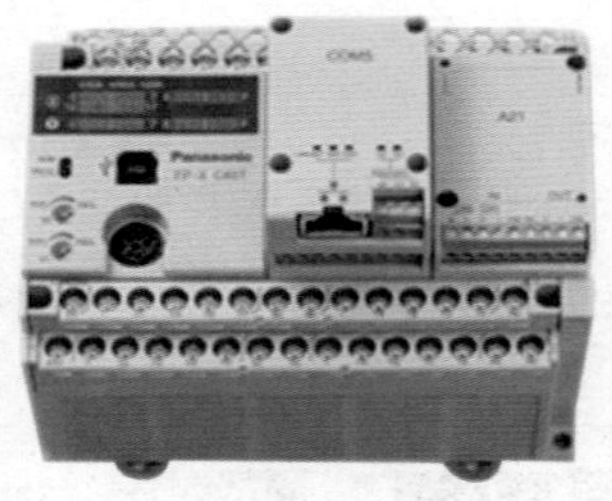

松下FP-X系列的PLC

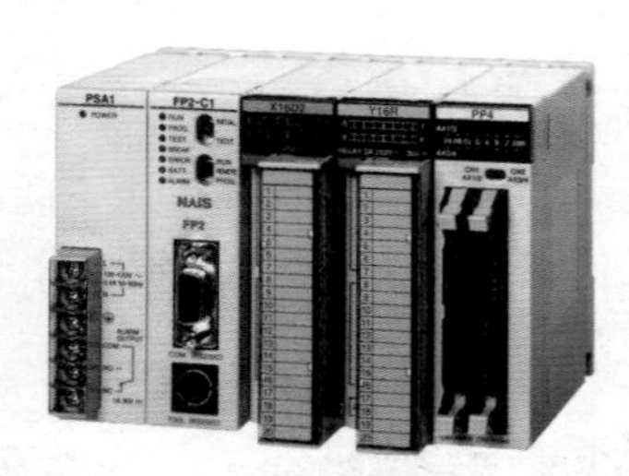

松下FP系列的PLC

图 14-7　松下系列的 PLC 实物外形图

4　欧姆龙 PLC

日本欧姆龙（OMRON）公司的 PLC 较早进入我国市场，开发了最大的 I/O 点数在 140 点以下的 C20P、C20 等微型 PLC，最大 I/O 点数在 2048 点的 C2000H 等大型 PLC。图 14-8 为欧姆龙 PLC 系列产品的实物外形图，该公司产品广泛用于自动化系统设计的产品中。

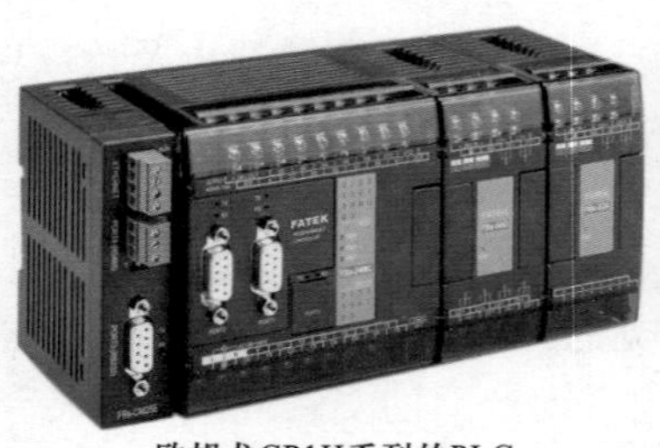

欧姆龙CP1H系列的PLC

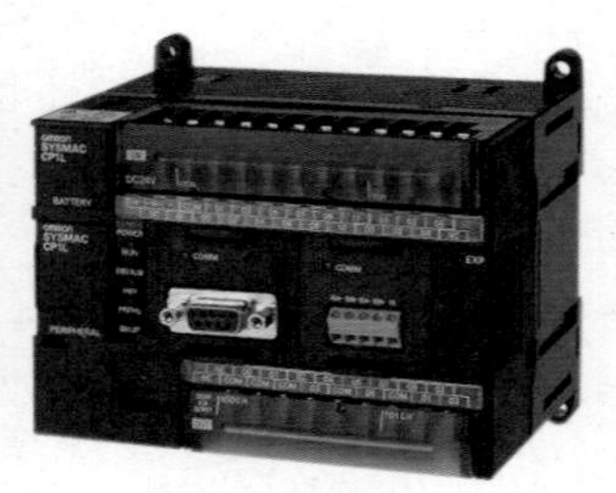

欧姆龙CP1L系列的PLC

图 14-8　欧姆龙的 PLC 产品实物外形图

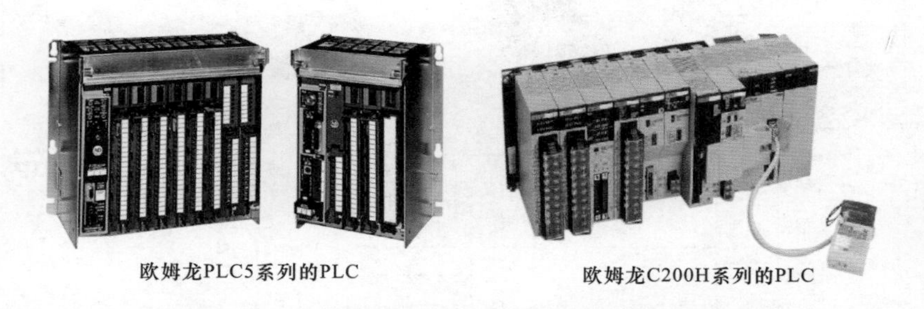

图 14-8 欧姆龙的 PLC 产品实物外形图（续）

14.1.3 PLC 技术应用

PLC 控制电路主要用 PLC 控制方式取代了电气零部件之间复杂的连接关系。控制电路中各主要控制部件和功能部件都直接连接到 PLC 相应的接口上，然后根据 PLC 内部程序的设定，即可实现相应的电路功能。

图 14-9 为传统电镀流水线的功能示意图和控制电路。在操作部件和控制部件的作用下，电动葫芦可实现在水平方向平移重物，并能够在设定位置（限位开关）处进行自动提升和下降重物的动作。

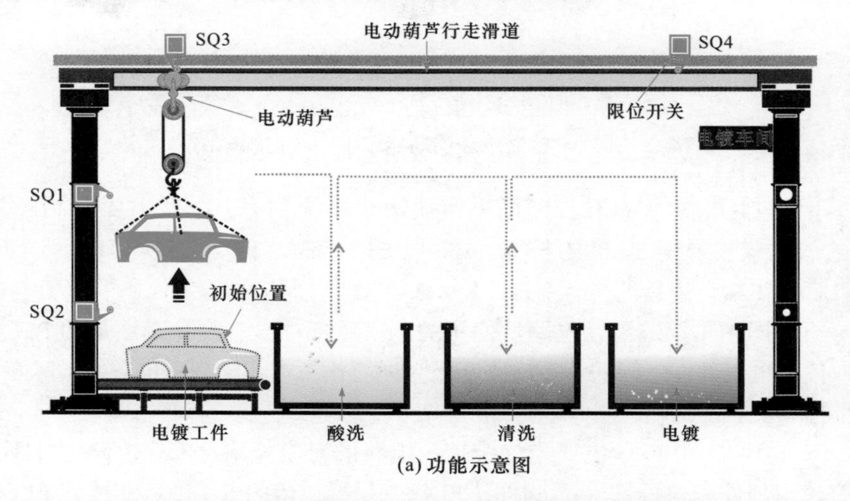

(a) 功能示意图

图 14-9 传统电镀流水线的功能示意图和控制电路

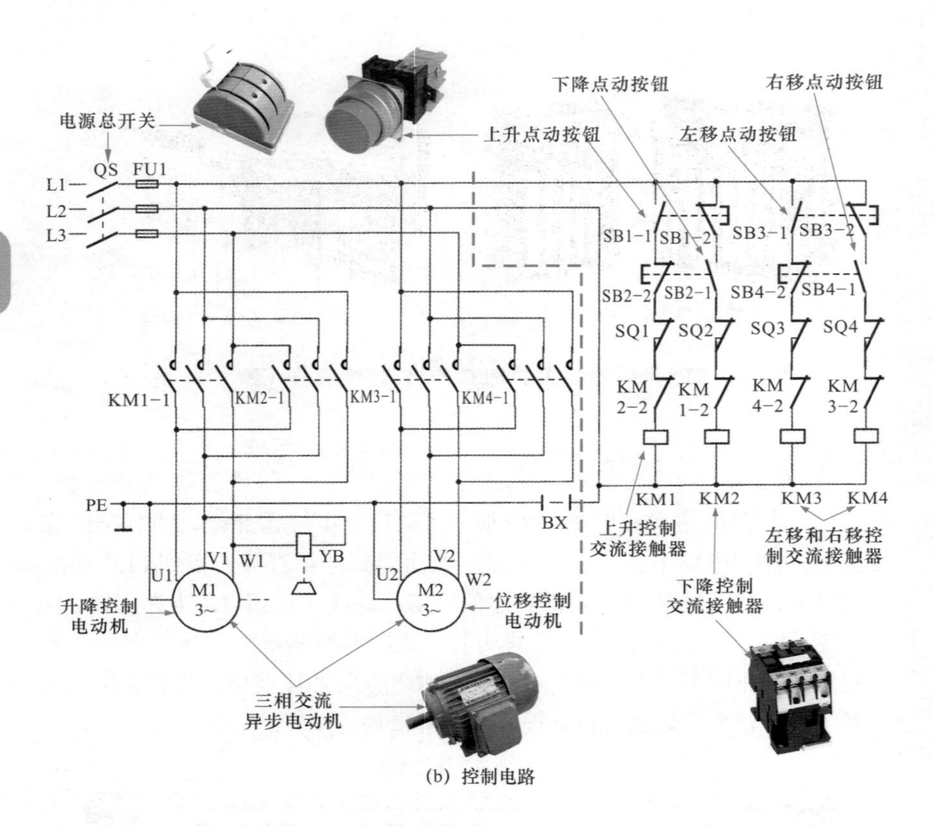

(b) 控制电路

图 14-9 传统电镀流水线的功能示意图和控制电路（续）

图 14-10 为由 PLC 控制的电镀流水线系统。整个电路主要由 PLC、与 PLC 输入接口连接的控制部件（SB1 ~ SB4、SQ1 ~ SQ4、FR）、与 PLC 输出接口连接的执行部件（KM1 ~ KM4）等构成。

从图中可以看到，电路所使用的电气零部件没有变化，添加的 PLC 取代了电气部件之间的连接线路，极大地简化了电路结构，也方便实际零部件的安装。

图 14-11 为 PLC 电路与传统控制电路的对应关系。PLC 电路中外部的控制部件和执行部件都是通过 PLC 控制器预留的 I/O 接口连接到 PLC 上的，各部件之间没有复杂的连接关系。

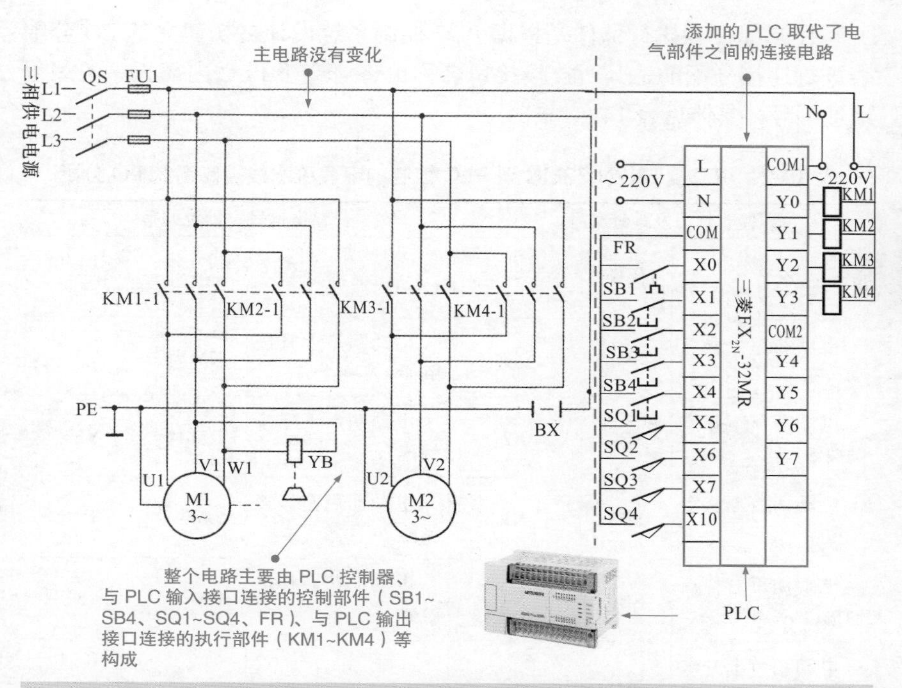

图 14-10　由 PLC 控制的电镀流水线系统

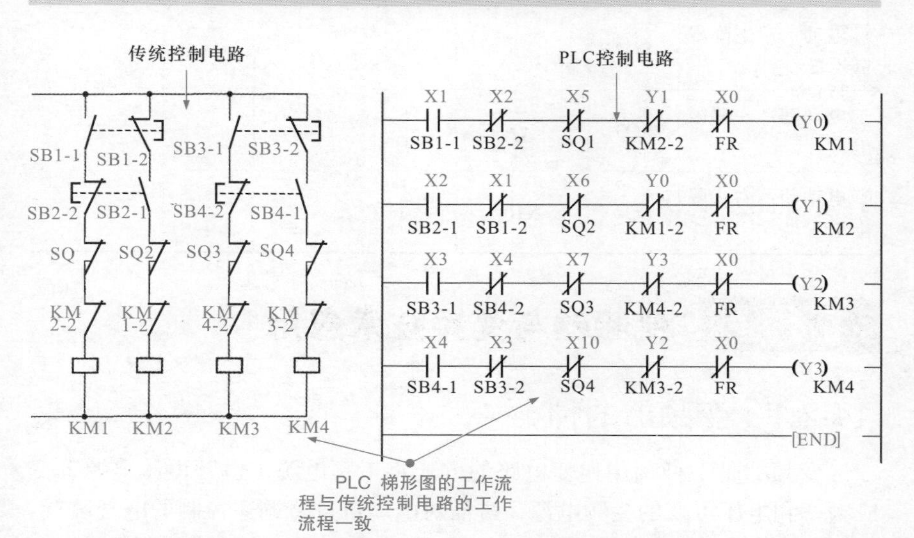

图 14-11　PLC 电路与传统控制电路的对应关系

控制部件和执行部件是根据PLC控制系统设计之初建立的I/O分配表进行连接分配的，其所连接接口名称也将对应于PLC内部程序的编程地址编号，具体见表14-2。

表14-2 由三菱FX2N-32MR型PLC控制的电镀流水线控制系统I/O分配

输入信号及地址编号			输出信号及地址编号		
名称	代号	输入点地址编号	名称	代号	输出点地址编号
电动葫芦上升点动按钮	SB1	X1	电动葫芦上升接触器	KM1	Y0
电动葫芦下降点动按钮	SB2	X2	电动葫芦下降接触器	KM2	Y1
电动葫芦左移点动按钮	SB3	X3	电动葫芦左移接触器	KM3	Y2
电动葫芦右移点动按钮	SB4	X4	电动葫芦右移接触器	KM4	Y3
电动葫芦上升限位开关	SQ1	X5			
电动葫芦下降限位开关	SQ2	X6			
电动葫芦左移限位开关	SQ3	X7			
电动葫芦右移限位开关	SQ4	X10			

14.2 变频器与变频技术应用

14.2.1 变频器的种类

变频器是一种利用逆变电路的方式将工频电源（恒频恒压电源）变成频率和电压可变的变频电源，进而对电动机进行调速控制的电气装置。变频器的控制方式有VFD、VVVF等，图14-12为典型变频器的实物外形。

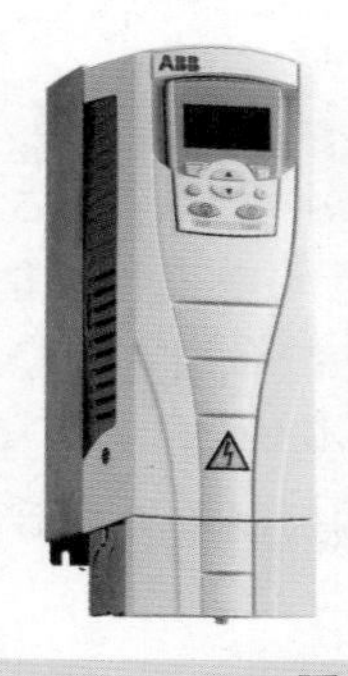
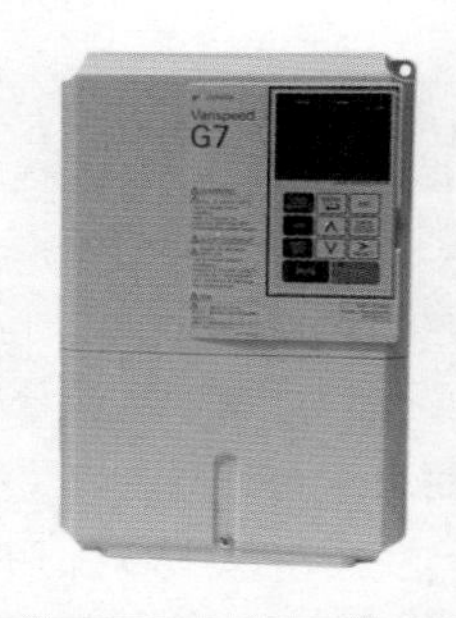

图 14-12　典型变频器的实物外形

变频器按用途可分为通用变频器和专用变频器两大类。

1　通用变频器

通用变频器的通用性较强，对其使用的环境没有严格的要求，以简便的控制方式为主。这种变频器的适用范围广，多用于精确度或调速性能要求不高的通用场合，具有体积小、价格低等特点。

图 14-13 为几种常见通用变频器的实物外形。

三菱D700型通用变频器

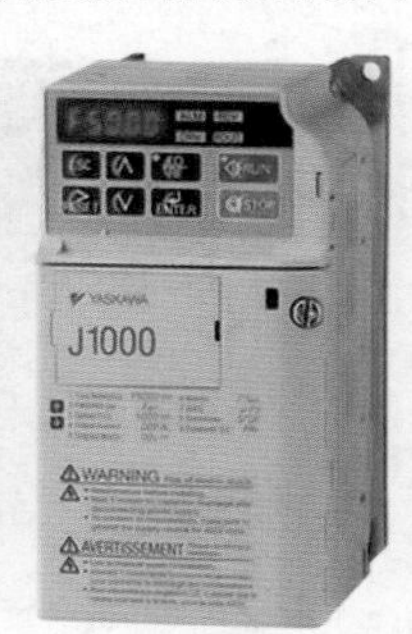

安川J1000型通用变频器

西门子MM420型通用变频器

图 14-13　几种常见通用变频器的实物外形

提示

通用变频器是指在很多方面具有很强通性的变频器。该类变频器简化了一些系统功能，且主要以节能为主要目的；多为中小容量变频器，一般应用于水泵、风扇、鼓风机等对于系统调速性能要求不高的设备。

2 专用变频器

专用变频器通常指专门针对某一方面或某一领域而研发设计的变频器。该类变频器针对性较强，具有适用于所针对领域独有的功能和优势，从而能够更好地发挥变频调速的作用。例如，高性能专用变频器、高频变频器、单相变频器和三相变频器等，都属于专用变频器。它们的针对性较强，对安装环境有特殊的要求，可以达到较好的控制效果，但其价格较高。图 14-14 为几种常见专用变频器的实物外形。

西门子MM430型水泵风机专用变频器

风机专用变频器

恒压供水（水泵）专用变频器

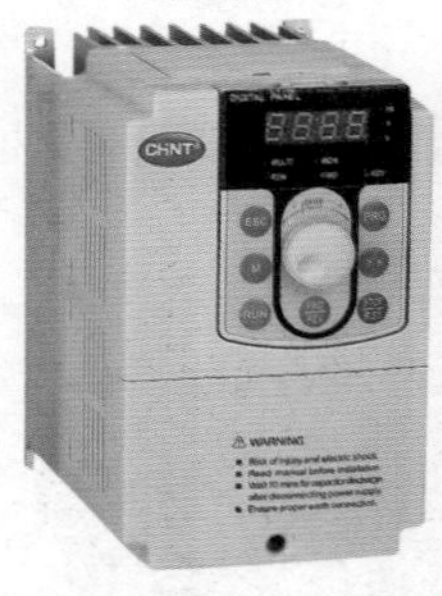

NVF1G-JR系列卷绕专用变频器

LB-60GX系列线切割专用变频器

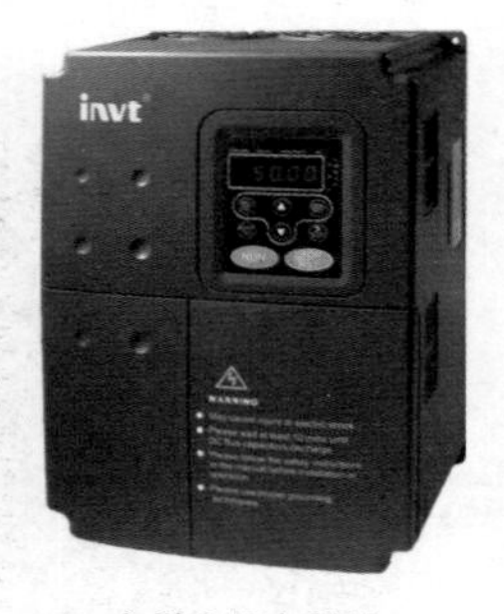

电梯专用变频器

图 14-14　几种常见专用变频器的实物外形

提示

较常见的专用变频器主要有风机专用变频器、恒压供水（水泵）专用变频器、机床类专用变频器、重载专用变频器、注塑机专用变频器、纺织类专用变频器等。

14.2.2 变频器的功能与应用

变频器是一种集起停控制、变频调速、显示及按键设置功能、保护功能等于一体的控制装置，主要用于需要调整转速的设备中，既可以改变输出的电压，又可以改变频率（即可改变电动机的转速）。

图 14-15 为变频器的功能原理图。从图中可以看到，变频器用于将频率一定的交流电源，转换为频率可变的交流电源，从而实现对电动机的起动及对转速进行控制。

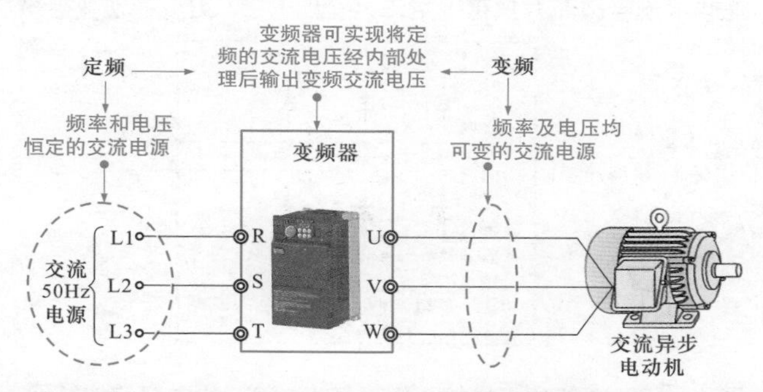

图 14-15 变频器的功能原理图

1 制冷设备中的变频技术应用

图 14-16 为典型变频空调器中变频电路板的实物外形。可以看到，变频电路主要是由智能功率模块、光电耦合器、连接插件或接口等组成的。

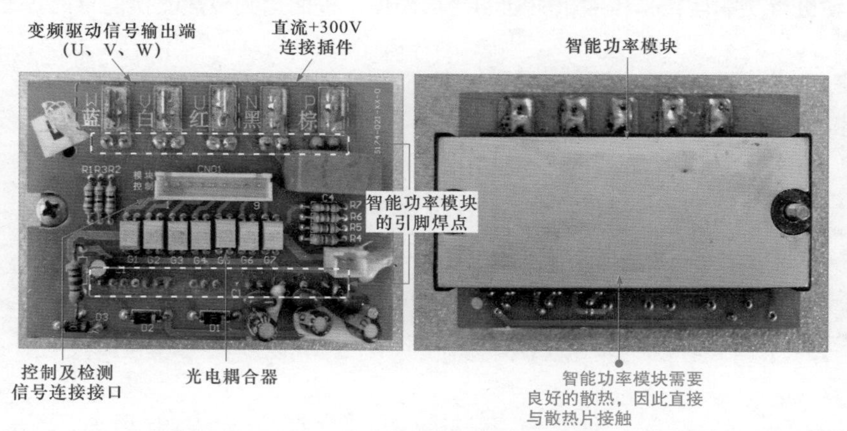

图 14-16 变频电路板的实物外形

在变频电路中，智能功率模块是电路中的核心部件，其通常为一只体积较大的集成电路模块，内部包含变频控制电路、驱动电流、过电压过电流检测电路和功率输出电路（逆变器），一般安装在变频电路背部或边缘部分。

提示

图 14-17 为智能功率模块（STK621-410）的内部结构简图，可以看到其内部有逻辑控制电路和六只带阻尼二极管的 IGBT 组成的逆变电路。

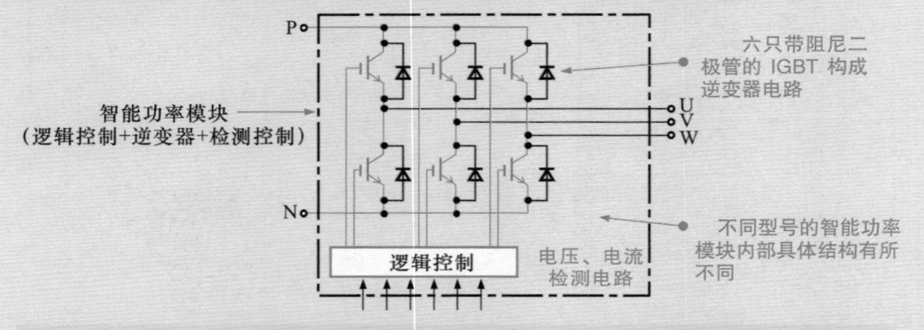

图 14-17　智能功率模块（STK621-410）的内部结构简图

图 14-18 为变频空调器中变频电路的流程框图。智能功率模块在控制信号的作用下，将供电部分送入的 300V 直流电压逆变为不同频率的交流电压（变频驱动信号），加到变频压缩机的三相绕阻端，使变频压缩机起动进行变频运转，压缩机驱动制冷剂循环，进而达到冷热交换的目的。

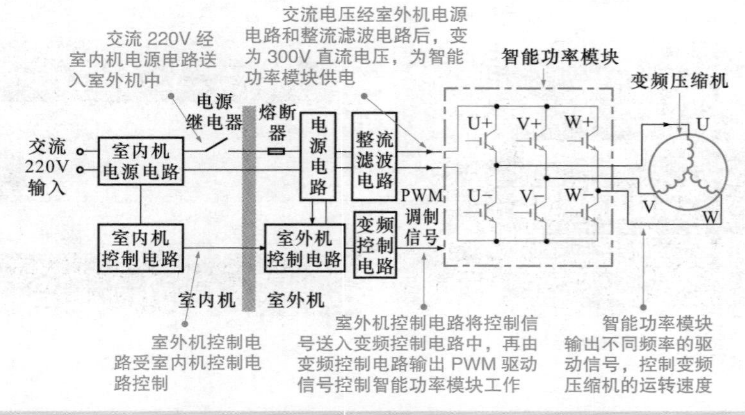

图 14-18　变频空调器中变频电路的流程框图

图 14-19 为海信 KFR-4539（5039）LW/BP 变频空调器的变频电路，该变频电路主要由控制电路、过流检测电路、变频模块和变频压缩机构成。

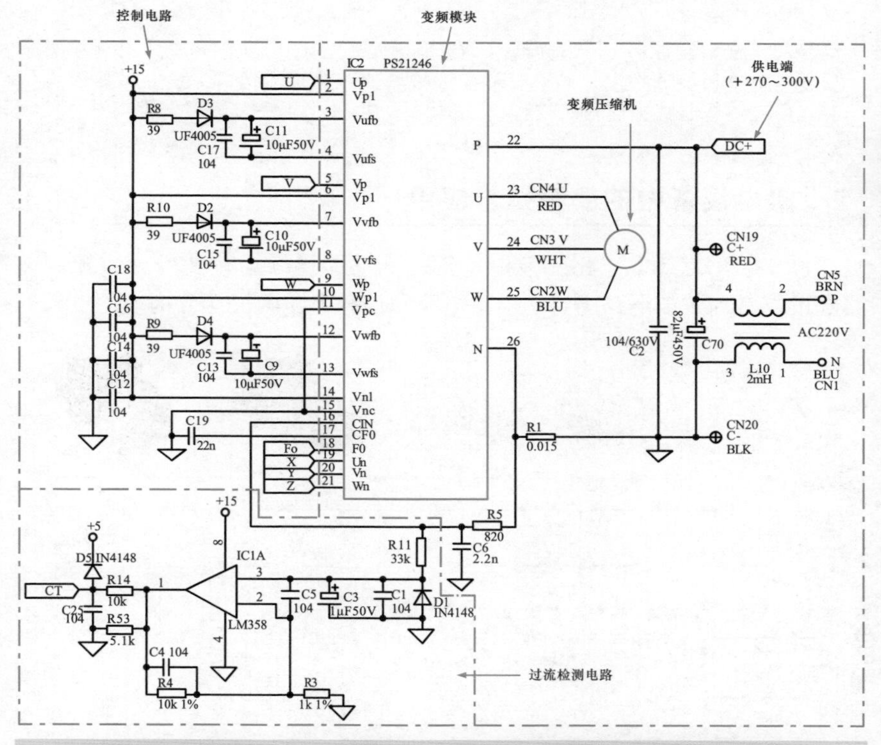

图 14-19 海信 KFR-4539（5039）LW/BP 变频空调器的变频电路

提示

电源供电电路输出的 +15 V 直流电压分别送入变频模块 IC2（PS21246）的②脚、⑥脚、⑩脚和 n 脚中，为变频模块提供所需的工作电压。变频模块 IC2 的 v 脚为 + 300 V 电压输入端，为该模块提供工作电压。

室外机控制电路中的微处理器 CPU 为变频模块 IC2 的①脚、⑤脚、⑨脚、r ~ u 脚提供控制信号，控制变频模块内部的逻辑电路工作。控制信号经变频模块 IC2（PS21246）内部电路的逻辑处理后，由 ㉓ ~ ㉕ 脚输出变频驱动信号，分别加到变频压缩机的三相绕组端。变频压缩机在变频驱动信号的驱动下起动运转工作。

过电流检测电路用于对变频电路进行检测和保护。当变频模块内部的电流值过高时，过电流检测电路便将过流检测信号送往微处理器中，由微处理器对室外机电路实施保护控制。

海信变频空调器 KFR-25GW/06BP 采用智能变频模块作为变频电路对变频压缩机进行调速控制，同时智能变频模块的电流检测信号会送到微处理器中，由微处理器根据信号对变频模块进行保护。

2 机电设备中的变频技术应用

图 14-20 为典型三相交流电动机的点动、连续运行变频调速控制电路。可以看到，该电路主要是由主电路和控制电路两大部分构成的。

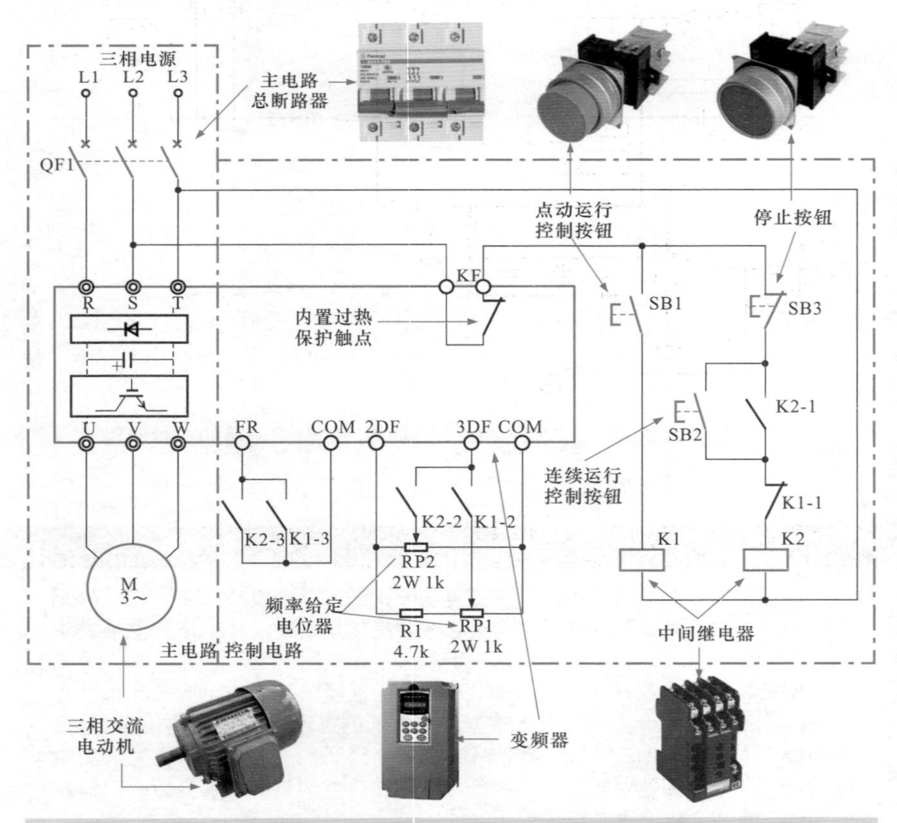

图 14-20 典型三相交流电动机的点动、连续运行变频调速控制电路

主电路部分主要包括主电路总断路器 QF1、变频器内部的主电路（三相桥式整流电路、中间波电路、逆变电路等部分）、三相交流电动机等。

控制电路部分主要包括控制按钮 SB1 ~ SB3、继电器 K1/K2、变频器的运行控制端 FR、内置过热保护端 KF 以及三相交流电动机运行电源频率给定电位器 RP1/RP2 等。

控制按钮用于控制继电器的线圈，从而控制变频器电源的通断，进而控制三相交流电动机的起动和停止；同时继电器触点控制频率给定电位器有效性，通过调整电位器控制三相交流电动机的转速。

（1）点动运行控制过程　图 14-21 为三相交流电动机的点动、连续运行变频调速控制电路的点动运行起动控制过程。合上主电路的总断路器 QF1，接通三相电源，变频器主电路输入端 R、S、T 得电，控制电路部分也接通电源进入准备状态。

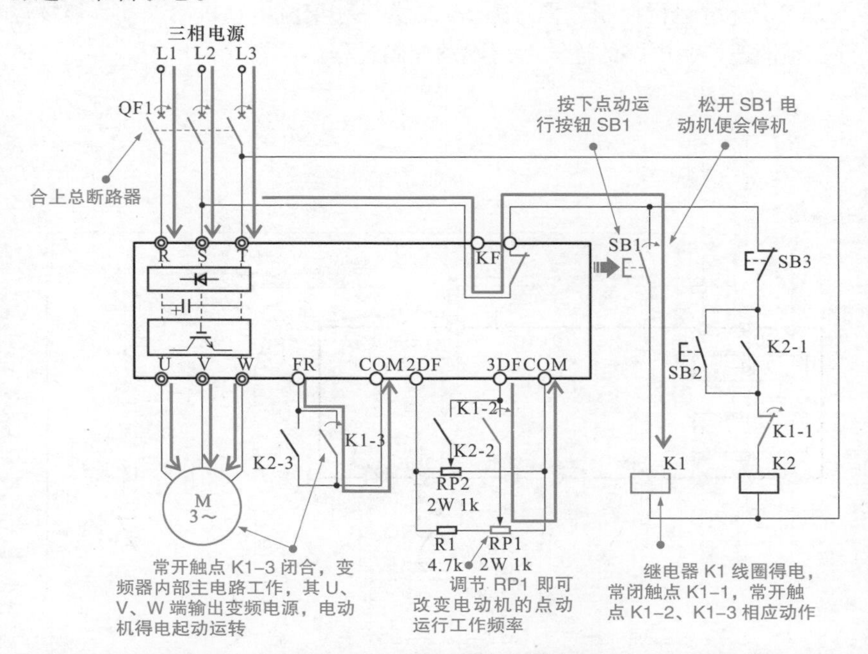

图 14-21　点动运行起动控制过程

当按下点动控制按钮 SB1 时，继电器 K1 线圈得电，常闭触点 K1-1 断开，实现联锁控制，防止继电器 K2 得电；常开触点 K1-2 闭合，变频器的 3DF 端与频率给定电位器 RP1 及 COM 端构成回路，此时 RP1 电位器有效，调节 RP1 电位器即可获得三相交流电动机点动运行时需要的工作频率；常开触点 K1-3 闭合，变频器的 FR 端经 K1-3 与 COM 端接通。

变频器内部主电路开始工作，U、V、W 端输出变频电源，电源频率按预置的升速时间上升至与给定对应的数值，三相交流电动机得电起动运行。

提示

电动机运行过程中，若松开按钮开关 SB1，则继电器 K1 线圈失电，常闭触点 K1–1 复位闭合，为继电器 K2 工作做好准备；常开触点 K1–2 复位断开，变频器的 3DF 端与频率给定电位器 RP1 触点被切断；常开触点 K1–3 复位断开，变频器的 FR 端与 COM 端断开，变频器内部主电路停止工作，三相交流电动机失电停转。

（2）连续运行控制过程　图 14-22 为三相交流电动机的点动、连续运行变频调速控制电路的连续运行起动控制过程。

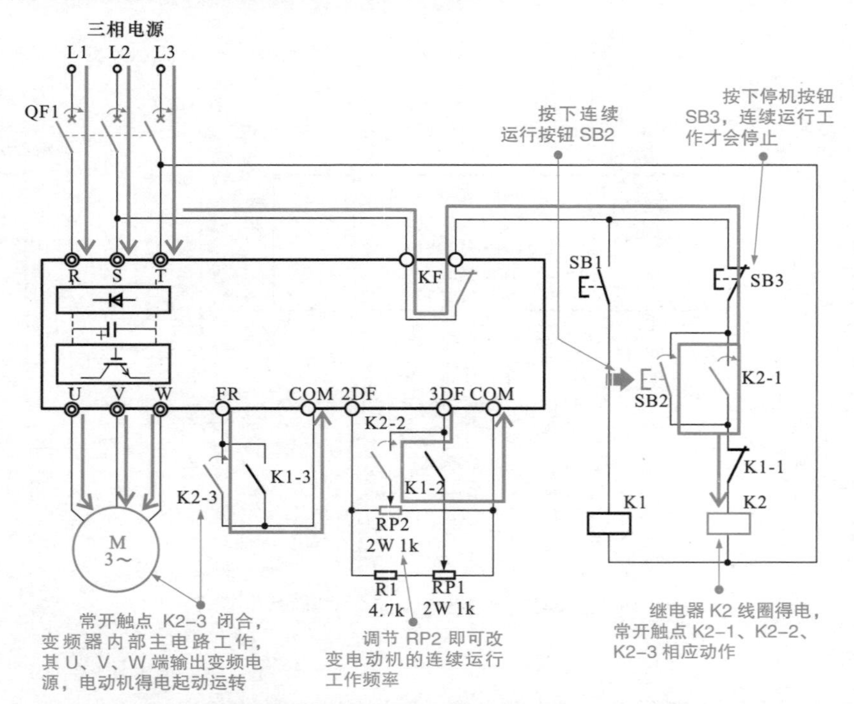

图 14-22　连续运行起动控制过程

当按下连续控制按钮 SB2 时，继电器 K2 线圈得电，常开触点 K2-1 闭合，实现自锁功能（当手松开按钮 SB2 后，继电器 K2 仍保持得电）；常开触点 K2-2 闭合，变频器的 3DF 端与频率给定电位器 RP2 及 COM 端构成回路，此时 RP2 电位器有效，调节 RP2 电位器即可获得三相交流电动机连续运行时需要的工作频率；常开触点 K2-3 闭合，变频器的 FR 端经 K2-3 与 COM 端接通。

变频器内部主电路开始工作，U、V、W 端输出变频电源，电源频率按预置的升速时间上升至与给定对应的数值，三相交流电动机得电起动运行。

提示

变频电路所使用的变频器都具有过热、过载保护功能。若电动机出现过载、过热故障时，变频器内置过热保护触点（KF）便会断开，切断继电器线圈供电，变频器主电路断电，三相交流电动机停转，起到过热保护的作用。

编著 / 翻译图书推荐表

姓　名		出生年月		职称 / 职务	
手机号码		联系电话		E-mail	
专　业		研究方向或教学科目			
工作单位					
通讯地址				邮政编码	
个人简历（毕业院校、所学专业、从事的项目、发表过的论文）					
您近期的写作计划有：					
您推荐的外版图书有：					
您认为目前国内图书市场上比较缺乏的图书主题或产品类型有：					

感谢您的推荐与支持！如果您还有其他相关问题，欢迎随时和我们联系沟通！

地　　址：北京市海淀区中关村南大街 27 号 中央民族大学出版社　邮政编码：100081
联系电话：13520543780（同微信）　电子邮箱：buptzjh@163.com（可来信索取本表电子版）
联 系 人：张老师　　　　　　　购书热线：010-68932751　　传真号码：010-68932447